·高等学校计算机基础教育教材精选·

新编大学计算机基础教程

谢安俊　主编

张燕姑　姜科　李莹　副主编

王贤志　黄海隆　张焰林　陈赛娉　何家勇　编著

清华大学出版社

北京

内 容 简 介

本书介绍当前流行的 Windows XP 操作系统和 Office 2003 办公软件,还介绍了艺术设计及其计算机技术,以及许多近年来发展迅速的与计算机技术密切相关的新内容,如云计算、云安全、移动互联网和物联网等。

本书内容深入浅出,图表丰富,适合作为高等院校艺术类专业的本科生使用。

图书在版编目(CIP)数据

新编大学计算机基础教程 / 谢安俊主编 . —北京:清华大学出版社,2011.6
(高等学校计算机基础教育教材精选)
ISBN 978-7-302-24862-0

Ⅰ. ①新… Ⅱ. ①谢… Ⅲ. ①电子计算机－高等学校－教材 Ⅳ. ①TP3

中国版本图书馆 CIP 数据核字(2011)第 033272 号

责任编辑:焦 虹 张为民
责任校对:焦丽丽
责任印制:王秀菊

出版发行:清华大学出版社　　　　　　　　　　地　　　址:北京清华大学学研大厦 A 座
　　　　　http://www.tup.com.cn　　　　　　邮　　　编:100084
　　　　　社　总　机:010-62770175　　　　邮　　　购:010-62786544
　　　　　投稿与读者服务:010-62795954,jsjjc@tup.tsinghua.edu.cn
　　　　　质　量　反　馈:010-62772015,zhiliang@tup.tsinghua.edu.cn
印　刷　者:北京市世界知识印刷厂
装　订　者:三河市溧源装订厂
经　　销:全国新华书店
开　　本:185×260　　印　　张:23.5　　字　　数:540 千字
版　　次:2011 年 6 月第 1 版　　印　　次:2011 年 6 月第 1 次印刷
印　　数:1～3000
定　　价:33.00 元

产品编号:038984-01

出版说明

在教育部关于高等学校计算机基础教育三层次方案的指导下,我国高等学校的计算机基础教育事业蓬勃发展。经过多年的教学改革与实践,全国很多学校在计算机基础教育这一领域中积累了大量宝贵的经验,取得了许多可喜的成果。

随着科教兴国战略的实施及社会信息化进程的加快,目前我国的高等教育事业正面临着新的发展机遇,但同时也必须面对新的挑战。这些都对高等学校的计算机基础教育提出了更高的要求。为了适应教学改革的需要,进一步推动我国高等学校计算机基础教育事业的发展,我们在全国各高等学校精心挖掘和遴选了一批经过教学实践检验的优秀的教学成果,编辑出版了这套教材。教材的选题范围涵盖了计算机基础教育的三个层次,包括面向各高校开设的计算机必修课、选修课,以及与各类专业相结合的计算机课程。

为了保证出版质量,同时更好地适应教学需求,本套教材将采取开放的体系和滚动出版的方式(即成熟一本、出版一本,并保持不断更新)。坚持宁缺毋滥的原则,力求反映我国高等学校计算机基础教育的最新成果,使本套丛书无论在技术质量上还是出版质量上均成为真正的“精选”。

清华大学出版社一直致力于计算机教育用书的出版工作,在计算机基础教育领域出版了许多优秀的教材。本套教材的出版将进一步丰富和扩大我社在这一领域的选题范围、层次和深度,以适应高校计算机基础教育课程层次化、多样化的趋势,从而更好地满足各学校由于条件、师资和生源水平、专业领域等的差异而产生的不同需求。我们热切期望全国广大教师能够积极参与到本套丛书的编写工作中来,把自己的教学成果与全国的同行们分享;同时也欢迎广大读者对本套教材提出宝贵意见,以便我们改进工作,为读者提供更好的服务。

我们的电子邮件地址是 jiaoh@tup.tsinghua.edu.cn。联系人:焦虹。

清华大学出版社

前言

随着计算机技术的发展和互联网的广泛应用和普及,刚进入大学的学生的计算机基础已不再是"零起点"了。所以本书在编写过程中,根据计算机技术的新发展,本着"继承与创新"的原则,介绍当前流行的软件平台 Windows XP 操作系统和 Office 2003,以及近年来发展迅速的计算机新技术。

本书根据高等院校艺术类专业学生形象思维能力强的特点,更注重让学生掌握 Windows 操作系统和 Office 办公软件在艺术设计方面的应用。在本书中,尽量减少一些理论知识,增加一些图形、图片处理、艺术制作的案例,以及动画设计的技巧和案例,这对艺术类学生今后开设的后续课程和应用很有益。

本书突出实用性、实战性。有大量的插图、丰富的制作案例,通俗的语言描述,简明的问题导入,通俗易懂。同时,以能力培养为中心,以目标教学为基础,注重知识与能力相结合,理论与实训相结合。与本书配套的还有一本实训和习题教材,以达到巩固基础、提高应用能力。

本书由四川国际标榜职业学院的谢安俊教授任主编,温州职业技术学院的张燕姑教授、四川国际标榜职业学院的姜科副教授和温州大学城市学院的李莹老师任副主编。其中,谢安俊编写第 1 章和第 7 章,张燕姑编写第 2 章,姜科编写第 6 章,李莹编写第 5 章。参加编写的还有:温州职业技术学院的王贤志编写第 3 章,温州职业技术学院的张焰林编写第 4 章,温州大学物理与电子信息工程学院的黄海隆和陈赛娉编写第 8 章,四川国际标榜职业学院的何家勇编写第 6 章的 6.4.4 节。

本书在编写过程中还得到一些同仁的大力支持和帮助,在此表示衷心的感谢。

由于编写时间仓促,书中难免有疏漏和不当之处,恳请读者不吝赐教和批评指正,编者的电子邮箱是 *anjunxie@126.com*。

另外,本书所有截屏图来自相关软件,未作改动。

谢安俊

于成都

目录

第  章 计算机技术概述

　　21世纪,人类步入了一个信息化的崭新时代。计算机不仅在科研、教育、工农业生产等领域中得到广泛应用,也成为人们学习、工作、生活、娱乐不可缺少的工具。掌握计算机系统的必要基础知识不仅是计算机专业人员必备的技能,同时也是每一位计算机使用者所应该掌握的知识。计算机的产生与发展,是人类在20世纪最伟大的发明创造。什么是计算机? 计算机有哪些用途? 计算机系统是怎样构成的? 计算机有哪些常用物理设备? 计算机中的数是怎样表示的? 什么是多媒体计算机? 什么是病毒? 病毒有哪些种类与特性? 这些都是本章的主要内容。通过对本章的学习,读者对计算机的认识将会有更深入的了解,为进一步学习计算机、把计算机作为学习、工作、生活、娱乐的必要工具奠定更好的基础。

1.1　计算机基础知识

　　计算机(也称电子计算机)的最早用途是用于科学计算,所以它也就因此而得名。目前,计算机并不仅用于计算,更多、更广泛的是用于信息处理、自动控制、辅助设计、辅助制造、辅助艺术设计与造型、辅助教学、人工智能、现代通信和商务活动等。目前,电子计算机已具有备人脑的一些功能,它可以替代人的一些脑力劳动,同时还可以开发人的智力,所以计算机又称为"电脑"。

1.1.1　计算机的发展历史

　　20世纪40年代中期,正是第二次世界大战期间,敌对双方都使用了飞机和火炮,猛烈轰炸对方军事目标。为解决导弹、火箭、原子弹等军事武器中遇到的复杂的数学问题,美国宾夕法尼亚大学电工系由莫利奇和艾克特领导,为美国陆军军械部阿伯丁弹道研究实验室研制了一台用于炮弹弹道轨迹计算的"电子数值积分和计算机"(Electronic Numerical Integrator and Calculator,ENIAC),如图1-1所示。这台叫做埃尼阿克的计算机占地面积170平方米,总重量30吨,使用了18 000只电子管,

图1-1　ENIAC电子计算机

6000 个开关,7000 只电阻,10 000 只电容,500 000 条线,耗电量 140 千瓦,可进行 5000 次加法/秒运算。这个庞然大物于 1946 年 2 月 15 日在美国举行了揭幕典礼。这台计算机的问世,标志着电脑时代的开始。

从第一台计算机诞生至今 50 多年来,发展极为迅速,更新换代非常快,按照计算机系统中采用的电子逻辑器件的不同,其发展可划分为 4 个时代。

1. 第一代计算机（1946—1957 年）

图 1-2　第一代电子计算机

第一代计算机是以电子管作为主要部件,所以又称为"电子管计算机",如图 1-2 所示。其输入、输出都在穿孔的纸带和卡片上进行,运算速度每秒几千次至几万次。当时软件还处于初始阶段,没有操作系统,程序设计使用机器语言或汇编语言。第一代计算机体积庞大,功耗大,运算速度低,存储容量小,使用和维护困难,可靠性差,且价格昂贵,主要应用于军事和科学研究领域。

第一代计算机的设计采用了由美籍匈牙利数学家冯·诺依曼首先提出的理论和设计思想,即"存储程序原理"和"二进制"的思想,先将程序存入存储器中,然后按照程序逐次进行运算,因此这种计算机被称为"诺依曼"计算机。

2. 第二代计算机（1958—1964 年）

第二代计算机以晶体管作为主要部件,运算速度提高到每秒几十万次。这一时期计算机的软件也有了较大的发展,出现了监控程序并发展成为后来的操作系统,程序设计中使用 FORTRAN、COBOL 等高级语言。与第一代计算机相比,这一代计算机速度快、体积小、重量轻、耗电少、性能高、存储容量增大,应用领域也由单一的数值计算扩展到数据处理、事务管理以及工业控制等方面。

3. 第三代计算机（1965—1971 年）

第三代计算机以中、小规模集成电路作为主要部件,运算速度为每秒几十万次至几百万次,软件在这个时期形成了产业。操作系统在规模和功能上发展很快,日趋成熟,开始提出了结构化、模块化的程序设计思想,出现了结构化的程序设计语言 PASCAL。这一时期计算机设计的基本思想是标准化、模块化、系列化,计算机兼容性更好,成本更低,应用更广。

4. 第四代计算机（1972 年至今）

第四代计算机以大规模超大规模集成电路作为主要部件,内存储器也以集成度很高的半导体存储器完全代替了磁芯存储器。磁盘的存取度和存储容量大幅上升,引入光盘作为新的储存介质,运算速度可达每秒几百万次至数亿次。在系统结构方面发展了并行处理技术、分布式计算机系统和计算机网络等。在软件方面发展了数据库系统、软件工程标准化系统等,并逐步形成了产业部门。操作系统向虚拟操作系统发展,数据管理系统不断完善和提高,程序语言进一步发展和创新,软件行业发展成为新兴的、全球性高科技产业。计算机的应用领域不断向社会各个方面渗透。

从 20 世纪 90 年代以来,随着计算机网络的迅速发展,促使计算机得到广泛地应用并普及到普通百姓家庭中。

5. 第五代计算机(未来)

目前,美日等许多国家正在积极研制第五代智能化计算机,它是把信息采集、存储、处理、通信和人工智能结合在一起,它将突破当前计算机的结构模式,更注重于逻辑推理或模拟人的"智能",即具有对知识进行处理和模拟的功能,计算机将向智能化方向发展。可以预言,新一代智能化计算机在不远的将来即可成为现实,并将对人类社会的发展产生更深远的影响。

第五代计算机系统结构将突破传统的诺依曼机器的概念。第五代计算机的发展必然引起新一代软件工程的发展和计算机通信技术发展,促进综合业务数字网络的发展和通信业务的多样化,并使多种多样的通信业务集中于统一的系统之中,有力地促进了社会信息化。

1.1.2 计算机的特点

计算机的主要特点表现在以下几个方面。

1. 自动控制程序运行

计算机采取存储程序的工作方式,能够按人的意愿自动执行为它规定好的各种操作。只要把需要进行的各种操作以程序方式存入计算机中并运行时,计算机会自动执行其规定的各种操作和指令,完成人们预想的结果,而不用手动干预。

2. 运算高速度

电子计算机具有极高的运算速度。运算速度是指计算机每秒钟内执行指令的数目。目前微机的速度一般可达每秒几亿次至几十亿次;大型机、巨型机可达每秒几千亿次至几万亿次。目前,我国已经研制出每秒万亿次的巨型机。随着新技术的不断发展,运算速度仍在不断提高。

3. 存储容量大

计算机的存储器类似于人的大脑,可以"记忆"大量的数据和信息。随着微电子技术的发展,计算机内存储器的容量越来越大。目前一般的微机内存容量为 512MB~2GB。硬盘容量可达几百 GB 至几千 GB。

4．计算精度高

计算机的运算精度取决于字长,字长越长精度越高。目前微型计算机的字长有 16 位、32 位、64 位等,精度数字可达十几位甚至几十位有效数字。

5．具有记忆和逻辑判断功能

这是计算机最突出的特点之一,计算机运算时可以把原始数据、中间结果及最终结果保存(记忆)起来,供以后调用,还可以对运算的中间结果或最终结果进行分析判断以决定下一步操行的命令。

6．可靠性高

计算机在数据的计算及加工处理上,差错率极低,除非程序设计上有问题或硬件出现故障或运算的精度超过了计算机指定的位数以外,一般不会出现差错。它会严格地按人们设计好的步骤和指令工作。

1.1.3　计算机的分类

计算机发展到今天,已是琳琅满目,种类繁多。可以用不同的方式对其进行分类。

1．按规模大小分

按照规模的大小不同,计算机可分为巨型机、大型机、小型机、微型机。

1) 巨型机

巨型机具有最高的运算速度和最大的存储能力,运算速度达每秒百亿次以上,属于尖端技术。从某种程度上讲,巨型机的研发是一个国家的经济实力和国防实力的体现。主要用于解决诸如气象、太空、能源、医药等尖端科学研究和战略武器研制中的复杂计算。它们安装在国家高级研究机关中,可供几百个用户同时使用,称为国家级资源。世界上只有少数几个国家能生产巨型机,我们国家就是其中的一个。我国自主生产的银河—Ⅲ型百亿次巨型计算机、曙光-2000 型机和"神威"千亿次机都属于巨型机。

2) 大型机

大型机也有很高的运算速度和很大的存储容量,并允许相当多的用户同时使用。大型机的特点是通用性好,有很强的综合处理能力,可以同时接许多终端和外设。主要应用于银行、政府部门以及一些大型企业、商业管理或大型数据库管理系统中。在电子商务系统中,如果数据库服务器或电子商务服务器需要高性能、高 I/O 处理能力时,可以采用大型机。

3) 小型机

小型机与大型机相比,其规模比大型机要小,研制周期短,结构简单,可靠性好,维护方便,操作容易,便于推广。与微型机相比,它的速度、性能又明显占优势,能支持十几个用户同时使用。这类机器价格相对比较便宜,又有广泛的应用范围,特别适合于中小型企事业单位使用。

4）微型机

微型机又称个人计算机（Personal Computer，PC）。通常一次只能供一个用户使用。其最主要的特点是小巧、灵活、便宜，其应用领域迅猛扩展，进入到生产、生活、教育、科研等各个部门。微型机又包括俗称的台式电脑、笔记本电脑、掌上电脑等。

2. 按信息的处理方式分

1）数字计算机

数字计算机所处理的数据都是以 0 和 1 表示的二进制数字，是不连续的数字量。数字计算机的优点是精度高、存储量大、通用性强。通常所说的"计算机"即指电子数字计算机。

2）模拟计算机

模拟计算机是用连续变化的模拟量表达数据并完成其运算功能。模拟量是以电信号的幅值来模拟数值或某物理量的大小，如电压、电流、温度等都是模拟量。模拟计算机所接收的模拟数据经过处理后，仍以连续的数据输出。一般来说，模拟计算机解题速度快，但不如数字计算机精确，且通用性差。

3. 按照用途不同分

按照用途的不同，计算机可分为通用计算机和专用计算机。

1）通用计算机

能适用于一般科技运算、学术研究、工程设计和数据处理等广泛用途的计算。通常所说的计算机均指通用计算机。

2）专用计算机

专门用来解决某类特定问题或专门与某些设备配套使用的计算机称为专用计算机。如数控机床上用的计算机、过程控制用的计算机、坦克上的火控系统中用的计算机等都属于专用计算机。

1.1.4　计算机的应用

计算机的应用范围相当广泛，已经深入到工业、农业、财政、金融、交通运输、文化教育、商务活动、军事等各行各业，并为家庭娱乐也增添了许多色彩。应用技术领域可以分为以下几个方面。

目前微型计算机已经广泛应用到政府机关、企事业单位，直至家庭生活等各个领域，给人们的工作、学习和生活带来极大的方便。根据计算机的应用特点，可以将计算机的应用领域划分为以下几个方面。

1. 科学计算

科学计算也称为数值计算。它是指用计算机来完成大量、复杂的数学问题的计算。

具有很高的运算速度和精度,使得过去用手工无法完成的计算成为现实。利用计算机进行数值计算,可以节省大量时间、人力和物力。如天气预报、航天飞机的轨道设计、导弹的弹道设计、化工过程模拟计算等。

2．信息处理

用计算机来实现对各类数据进行加工、操作和管理的过程,统称为信息处理。它是计算机从最初的数值计算发展到非数字计算领域的一个重大突破,也是计算机最广泛的应用领域。例如,在办公自动化中的文字、表格、图片等的处理等;在管理工作中的人事管理、财务管理、银行资金管理、证券交易管理、企业资源计划(ERP)、客户关系管理(CRM)、供应链管理(SCM)、电子商务、电子政务、电子教务、电子军务等;在文化领域中的各类电子出版物、多媒体百科全书、各类动画片的制作等。

3．过程控制

过程控制是工业实现生产自动化的重要手段,是军事实现现代化的重要保证。

采用计算机对连续的工业生产过程进行实时控制称为过程控制,又称为实时控制。它是利用计算机对其工作过程的数据进行自动的实时采集、检测、监控、处理和判断,并采取相应措施以保证整个过程正常进行,最终能按人预定的目标和预定的状态完成任务。同时可以节省劳动力、减轻劳动强度、提高生产效率、节省原料及能源消耗,并可降低生产成本。

例如,在工业中炼钢车间的控制加料、调节炉温;石油天然气长输管道温度、压力流量等参数的监控;煤矿作业安全生产的控制等各类自动控制系统;在军事上各类巡航导弹在远距离击中目标等。用于控制的计算机需要配有专门的数字-模拟转换设备(D/A 转换器)和模拟-数字转换设备(A/D 转换器),且要求其可靠性高。

4．计算机辅助系统

计算机辅助系统是近 30 年来迅速发展起来的计算机应用领域,它包括计算机辅助设计(CAD)、计算机辅助制造(CAM)、计算机集成制造系统(CIMS)、计算机辅助工程(CAE)、计算机辅助教学(CAI)、计算机辅助测试(CAT)、计算机辅助决策等多项内容。计算机辅助系统已广泛应用于机械、电子、化工、建筑、船舶、航空、汽车、纺织、服装、教育、教学、美术、艺术等众多行业。

5．人工智能

人工智能(Artificial Intelligence,AI)是用计算机来模仿人类的智能特征,该领域的研究包括机器人、语言识别、图像识别、自然语言处理和专家系统等。人工智能是计算机应用的前沿领域,科学家们对它的研究正处于不断发展阶段,目前应用在指纹识别、人脸识别、视网膜识别、虹膜识别、掌纹识别、专家系统、智能搜索、定理证明、博弈、自动程序设计、智能控制、机器人学、遗传编程、机器人工厂等方面。

6. 多媒体应用

20世纪90年代中期，在计算机应用领域中出现了一场新的革命，多媒体技术(Multimedia Technology)利用计算机对文本、图形、图像、声音、动画、视频等多种信息综合处理、建立逻辑关系和人机交互等功能，使计算机由单纯的文字、数据处理上升为能处理声音、文字、图像、动画、电影、电视等多种传播媒体和应用系统。近年来，利用计算机技术和数字通信技术来处理和控制多媒体信息的系统，已广泛应用于电视、电影制作，音乐谱曲、艺术设计与制作等方面。同时多媒体以具备交互播放功能为主的教育/培训系统应用于辅助教学和远程教学；家用多媒体系统也用于家庭娱乐和学习。

7. 计算机通信及网络应用

计算机网络是具有独立功能的多个计算机系统，通过通信设备和通信连接起来，在网络软件的支持下实现彼此之间的数据通信和资源共享。计算机在通信及网络方面的应用使人类之间的交流跨越了时间和空间障碍。计算机网络已成为人类建立信息社会的物质基础，它给我们的工作带来极大的方便和快捷。例如，在全国范围内的银行信用卡的使用，火车和飞机票系统的使用等。现在，可以在全球最大的互联网络——Internet上进行浏览、检索信息、收发电子邮件、阅读书报、玩网络游戏、选购商品与网上交易、参与众多问题的讨论、实现远程医疗服务等。

1.1.5　计算机技术的发展趋势

随着计算机应用的广泛和深入，又向计算机技术提出了更高的要求。当前计算机的发展趋势为巨型化、微型化、网络化、智能化，计算机技术主要朝着以下3个方向发展。

1. 向"高"度方向发展

计算机性能越来越高，速度越来越快，主要表现在计算机的主频越来越高。英特尔公司预计在2010年推出集成10亿以上个晶体管的微处理器，一个计算机中可能不只用一个处理器，而是用几百个几千个处理器，这就是所谓并行处理。

未来的计算机将是微电子技术、光学技术、超导技术和电子仿生技术相结合的产物。量子计算机、光子计算机、生物计算机、纳米计算机也将会出现，光子计算机比电子计算机要快1000倍。不久的将来，计算机会发展到一个更高更先进的水平。

2. 向"广"度方向发展

计算机发展的趋势无处不在，以至于像"没有计算机一样"，如图1-3所示。近年来更明显的趋势是网络化与向各个领域的渗透，即在广度上的发展与开拓。国外称这种趋势为无处不在的计算或叫普适计算，如图1-4所示。

随着互联网的发展，网速在不断提升，接入互联网的机器越来越多，人们对大容量、高密度计算的需求在不断上升。未来十年，包括软件、硬件、服务等在内的计算资源，将由大

图1-3 计算机无处不在

图1-4 无所不在的普适计算

众化、个人化、多点(终端)化的分布式应用不断向互联网聚合,计算将由"端"走向"云",最终全部聚合到云中形成一种新的计算模式——云计算(Cloud Computing)模式,如图1-5所示。在这种模式中,应用、数据和IT资源以服务的形式通过网络提供给用户。

云计算将把互联网上的各种计算资源整合在一起,如PC、手机、掌上电脑及其他移动终端,实现计算的无处不在、无时不在,如图1-6所示。在云计算时代,"网络就是计算机"有望成为可见的东西。

图1-5 云计算模式

图1-6 云计算的资源整合

人们再不是从自己的计算机上,也不是从某个指定的服务器上,而是从浩瀚如云海的互联网络上,通过各种设备(如移动终端等)获得所需的信息、知识、服务等。这个世界已经从以硬件为中心转向以软件为中心,并正转向以服务为中心的时代。

进入云计算时代后,将实现任何时间(Anytime)、任何地点(Anywhere)、任何人(Anybody)、任何方式(Anytype)、任何信息(Anyinfo)的无限沟通。真正实现比尔·盖茨在1994年的预言——"信息随手可得"。

3. 向"深"度方向发展

第三个方向是向"深"度方向发展,即向信息的智能化发展。网上有大量的信息,怎样把这些浩如烟海的东西变成自己想要的知识,这是计算科学的重要课题,同时人机界面更加友好。计算机将具备更多的智能成分,人与计算机的交互通过智能接口,它将具有多种

新编大学计算机基础教程

感知能力、一定的思考能力,未来人们可以用自己的自然语言与计算机打交道,用文字、声音、图像与计算机进行自然对话,甚至可以用自己的表情、手势来与计算机沟通,使人机交流更加方便快捷。让人产生身临其境感觉的各种交互设备已经出现,虚拟现实技术是这一领域发展的集中体现。支持云计算的高速度、大容量的智能计算机和信息的永久存储也将成为现实,大容量的云存储器正在研制中。

1.2　计算机系统的基本组成及原理

到目前为止,世界上使用的计算机一直沿用冯·诺依曼体系结构。从整个计算机系统的组成来看,一个完整的计算机系统由计算机硬件系统和计算机软件系统两部分构成。硬件系统是组成计算机系统的各种看得见的物理设备的总称,是计算机系统的物质基础。软件系统是为运行、管理和维护计算机而编制的看不见、摸不着而实际存在的各种程序、数据和文档的总称。计算机的功能不仅取决于硬件系统,而且更大程度上是由所安装的软件系统所控制。

从某种程度上来说,硬件是计算机的躯体,软件是计算机的灵魂,它们两者相辅相成、缺一不可。如果计算机硬件不执行任何程序,那么它仅是一堆废物铁;如果没有硬件,那么软件也就没有支持其运行的物质基础,起不了任何作用。

计算机系统的组成如图 1-7 所示。

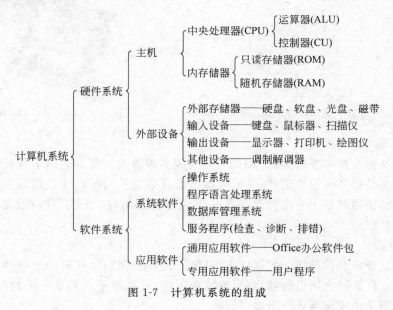

图 1-7　计算机系统的组成

1.2.1　计算机硬件

硬件系统从外观上看主要有主机箱、鼠标、键盘、打印机和显示器,如图 1-8 所示。

图 1-8　机箱、鼠标、打印机和显示器

硬件系统从逻辑功能上可以分为中央处理器(包括控制器和运算器)、存储器、输入设备、输出设备 5 个部分,如图 1-9 所示。

1. 中央处理器

中央处理器是计算机系统的核心部件,是 Central Processing Unit 的缩写,简称 CPU。它包括运算器和控制器两大部件。在微型计算机中,它称为微处理器,如图 1-10 所示。

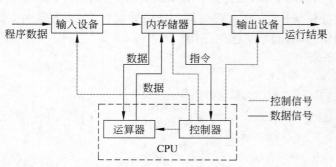

图 1-9　计算机的硬件组成及各部分关系

图 1-10　微处理器

1) 运算器

运算器又称为算术逻辑单元(ALU),是实现各种算术运算和逻辑运算的实际执行部件。算术运算是指各种数值运算,逻辑运算是指因果关系判断的非数值运算。运算器的核心部件是加法器和若干个高速寄存器,前者用于实施运算,后者用于存放参加运算的各类数据及运算结果。

2) 控制器

控制器是分析和执行指令的部件,也是统一指挥和控制计算机各个部件按时序协调操作的部件。计算机之所以能够自动、连续地工作,是依赖于人们事先编制好的程序,而程序的执行则是由控制器统一指挥完成的。

CPU 的性能在一定程度上决定了计算机的性能,CPU 有两个重要的性能指标,即字长和时钟频率(主频)。字长是指计算机能直接处理的二进制信息的位数,字长越长,运算的精度越高;主频表示 CPU 的工作节奏,主频越高,表明 CPU 的工作节奏越快,运算速度就越快。CPU 的主频通常以频率数来标识,例如 Intel Core 2 2.4GHz 或者 Intel

　新编大学计算机基础教程

Pentium 4 3.0GHz 等,这里的 2.4GHz 和 3.0GHz 指的就是 CPU 的主频。另外,CPU 的性能还与制作工艺、指令系统、高速缓存 Cache 等有关。

目前,市场上的 CPU 主流产品有 Intel 公司生产的 Pentium 系列芯片和 AMD 公司生产的 Athlon 系列芯片两大类。CPU 的性能指标越来越高,字长已达到 64 位以上,主频一般都是 2GHz 以上,高速缓存大都在 512kB 以上。

2. 存储器

存储器是有记忆功能的部件,可将用户编好的程序和数据及中间运算结果存入其中。当程序执行时,由控制器将程序从存储器中逐条取出并执行,执行的中间结果又存回到存储器,所以存储器的作用就是存储程序和数据。存储器一般可分为两大类,即内存储器(简称内存)和外存储器(简称外存)。

1)内存储器

一般都由半导体器件组成,又分为随机存储器(RAM,见图 1-11)和只读存储器(ROM)两种。

(1)随机存储器(RAM):用于存储当前正在运行的程序、各种数据及其运行的中间结果。数据可以随时读入和输出。由于信息是通过电信号写入这种内存的,因此这些数据不能永久保存,在计算机断电后,RAM 中的信息就会丢失。所以

图 1-11　微型计算机的内存条

应特别注意在关闭计算机前要将其中的内容保存到外部存储器中。随机存取存储器的容量一般为 128MB、256MB、512MB、1GB、2GB、4GB、8GB、16GB 等。

(2)只读存储器(ROM):ROM 中的信息一般都是比较重要的数据或程序,如计算机的开机自检程序等。ROM 中的信息是厂家在制造时用特殊方法写入的,用户不能修改,断电后信息不会丢失。

只读存储器与读写存储器的区别在于只读存储器中的内容是固化的,一般不能改变,断电也不会丢失;而读写存储器中的内容是随时可变的,断电即会丢失。

2)外存储器

外存的功能是用来存放计算机需要长期保存的程序、数据和文件等其他信息。按外存的适用环境不同,可分为磁带、磁盘、光盘和 U 盘。磁带在普通微机中已基本不用了,下面重点介绍后两种外存储器,即磁盘存储器和光盘存储器。外存储器(外存)的功能是用来存放计算机暂时不用的或需要长期保存的程序。

(1)磁盘存储器。

磁盘存储器有软盘、硬盘和可移动硬盘等几种类型。

① 软盘存储器。微机的软盘直径为有 5 英寸、3.5 英寸的,不过 5 英寸早已不用,3.5 英寸的现在也很少使用。3.5 英寸的软盘存储容量为 1.44MB。在软盘的左下角有一个写保护口,可以打开或关闭写保护口。一旦软盘就处于写保护状态,即只能进行读操

作而不允许写操作,这样可以防止误操作或防止病毒感染。

② 硬盘存储器。硬盘存储器通常是把硬盘(Hard Disk)和硬盘驱动器合为一体,总称为硬盘。硬盘作为微机系统的外存储器,如图 1-12 所示。硬盘具有存储容量大、存取速度快等特点。它的存储容量可达 20GB、40GB、640GB、750GB、1TB、4TB,甚至更大。硬盘的存取速度主要取决它的转速,早期的硬盘转速一般为 3600r/min、4800r/min、5400r/min,目前普遍使用高速硬盘,转速可达 7200r/min。

③ 可移动盘存储器。目前移动盘存储器主要分为两种:一种是称为闪存(也称 U盘)的电子存储器,如图 1-13 所示;另一种是移动硬盘,一般是 2.5 英寸或 3.5 英寸的硬盘。移动硬盘将驱动装置和盘片一体化,采用类似硬盘的结构,增加了多级抗震功能,体积小可随身携带,通过 USB 接口与微机相连,存取速度与固定硬盘相当,存储容量一般为 10GB、20GB、……、640GB、750GB、1TB,甚至更大。由于 U 盘和移动硬盘可以移动,在有需要进行大批量数据移动时比硬盘方便得多。

图 1-12 硬盘

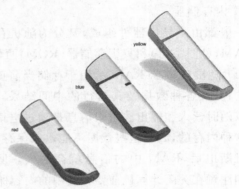

图 1-13 U 盘

U 盘采用闪存存储介质(Flash Memory)和通用串行总线(USB)接口与计算机 USB接口相连。它可以作为计算机外存储器使用。U 盘的存储容量一般为 16MB、32MB、64MB、128MB、256MB、……、2GB、4GB、8GB、16GB、32GB,甚至更大。

(2) 光盘存储器(光盘)。

光盘是 20 世纪 90 年代以来发展起来的一种外部存储设备,如图 1-14 所示。目前已成为厂商提供系统软件存储的标准介质。常用的光盘有两类,即 CD 光盘和 DVD 光盘。

图 1-14 光盘

① CD 光盘:盘片的直径有 80mm 和 120mm 两种。120mm光盘的存储容量标准为 650MB,使用寿命为 100 年。根据读写特性,CD 光盘分为 3 种类型,分别是只读型(CD-ROM)、一次写入型(CD-R)和可重写型(CD-RW)。

② DVD 光盘:称数字通用光盘。光盘的直径有 80mm 和 120mm 两种。根据读写特性分为 3 种类型,分别是只读型(DVD-ROM)、一次写入型(DVD-R)和可重写型(DVD-RW)。DVD 光盘存储容量一般在 1.4~17.08GB 之间。

3. 输入输出设备

1) 输入设备

在计算机处理数据之前,数据和指令必须被输入计算机。由于输入设备在接收数据和指令后,需要将其转化为计算机能够处理的格式,因此输入设备是用户控制计算机或计算机获取数据的必需设备。

常用的输入设备有键盘、鼠标、光学标记阅读机(见图1-15)、扫描仪、数码相机和手写系统等,其中键盘和鼠标是微机必备的输入设备。

图 1-15　光学标记阅读机

(1) 键盘。

键盘是微机系统中一个重要的输入设备,也是人机交互的一个主要界面。目前键盘已达到标准化,除笔记本电脑外大都使用 101 键或 104 键的键盘,如图 1-16 所示。

图 1-16　101 键和 104 键的键盘

(2) 鼠标。

鼠标是一种使用方便、简单、直观、移动速度快的重要输入设备,它的外形像一个小老鼠,通过一条电缆线连到计算机上。鼠标是一种"指点"设备(pointing device),利用它可方便地"指点"光标在屏幕上的位置,准确地移动光标来进行定位,并可在各种应用软件的支持下,通过鼠标上的按键完成特定的功能。

从工作原理上来分,目前使用最多的是机械鼠标和光电鼠标,如图 1-17 所示。机械鼠标的寿命短、精度差,但是其成本比较低廉,因此广为使用。光电鼠标是通过其内部的红外光发射和接收装置来确定鼠标的位置,而且某些光电鼠标需要使用一块专用的鼠标垫,光电鼠标具有精度高、寿命长等优点,但是光电鼠标的价格比较昂贵。

(a) 机械鼠标　　　　　　　(b) 光电鼠标

图 1-17　鼠标

2) 输出设备

输出设备可以将计算机运行处理的结果以用户熟悉的信息形式反馈给用户,输出形式有数字、字符、图形、视频和声音等几种类型。常用的输出设备有显示器、打印机、绘图仪等,其中显示器是微机必备的设备。

(1) 显示器。

显示器是计算机标准的输出设备,它是人机对话的主要工具和界面。显示器有分辨率、点距、视频带宽、刷新频率等几个主要技术指标。显示器屏幕是由点构成的矩阵,水平方向的点数乘以垂直方向的点数称为分辨率,如 640×480、800×600、1024×768、1280×1024 等。显示器的分辨率是判断显示器性能优劣的指标之一。分辨率越高,屏幕的清晰度也就越高。

显示器按显像管的工作原理分类,主要分为 CRT 显示器和液晶显示器两种,如图 1-18(a)和图 1-18(b)所示。在启动计算机时,需要先打开显示器的电源开关,才能在显示器屏幕上显示图像画面。在显示器下方有几个屏幕调节按钮,它们可以用来调节显示器屏幕的显示尺寸、形状、亮度、对比度和饱和度等。

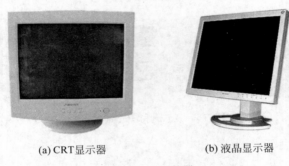

(a) CRT显示器   (b) 液晶显示器

图 1-18　显示器

(2) 打印机。

打印机是计算机系统常用的输出设备之一。打印机把计算机的输出结果,像文书文本(如文章)、非文书文本(如程序)、图形图像等在打印纸上打印出来,也称硬拷贝。

打印机按颜色划分,有单色和彩色两种;按数据传输方式划分,有串行接口与并行接口两种。串行接口以串行方式传送数据,速度比较慢;并行接口以并行方式传送数据,故打印速度快。

常见的打印机有点阵式打印机、喷墨式打印机和激光打印机 3 种,如图 1-19(a)、图 1-19(b)、图 1-19(c)所示。

打印机有两个重要指标:打印机分辨率,即每英寸打印点的数目,包括纵向与横向两个方向,分辨率用 dpi(dot per inch)表示,它决定打印效果的清晰度;另一个是打印速度,每分钟打印的页数(A4 纸),用 ppm(page per minute)表示,它决定打印速度的快慢。显然这两个指标越高越好。

──────── 新编大学计算机基础教程

(a) 点阵式打印机　　　　　(b) 喷墨式打印机　　　　　(c) 激光式打印机

图 1-19　打印机

1.2.2　计算机软件系统

计算机能完成一组特定操作的若干条指令,是按照计算机程序员编写的指令代码,称为"程序"。一个程序既包括需要实现操作的内容,也包括执行各操作的步骤(先后次序)。广义上讲,软件就是程序、程序运行时所需的数据以及相关的文档资料的集合。

一台计算机必须配备软件才能运行。软件系统是计算机配置的各种程序的总称及相关资料的集合。软件又分为系统软件和应用软件两类。

1. 系统软件

系统软件是指挥和控制计算机的工作过程,有效地管理计算机资源,充分发挥计算机各部分的作用,提高计算机的使用效率,支持应用软件的运行,方便用户使用的程序。系统软件又分为操作系统、语言处理程序、支持软件和数据库管理系统 4 类。

1) 操作系统

一般把对计算机的全部硬件和软件资源进行统一管理、统一调度和统一分配的软件系统称为计算机的操作系统。操作系统是计算机系统中必不可少的软件,它是用户和计算机之间的接口,任何一个用户要使用计算机都必须首先经过操作系统。

操作系统是管理计算机硬件和软件资源、为用户提供方便的操作环境的程序集合。它的基本职能是管理、控制、协调整个计算机系统的运行。操作系统是计算机运行的总指挥,是一切软件的支撑软件。启动计算机时,首先将它装入内存并激活计算机,在它的管理与控制下,计算机才能正常运行。

操作系统是系统软件中的核心,主要负责 CPU 管理、存储管理、设备管理、文件管理和进程管理。目前微机常用的操作系统有 Windows、UNIX、Linux 系统等,早期的还有 DOS 操作系统。

2) 语言处理程序

编写计算机能运行的指令代码所用的语言称为程序设计语言,它是人与计算机之间交换信息的工具。按照其功能和与人类语言的接近程度可分为机器语言、汇编语言和高级语言。

（1）机器语言。

用二进制指令代码（如 00100101）描述的程序语言称为机器语言。用机器语言编写的程序，计算机可直接识别并执行，不需要任何解释，效率高；要求程序员对计算机的硬件和指令系统很熟悉，不过人们很难编写、阅读、记忆、调试和修改。第一代的计算机程序就是用机器语言直接编写的。

（2）汇编语言。

汇编语言是符号化的机器语言，编程用语言指定的符号（如 ADD AX,5）进行，所以要经过汇编程序翻译后才能在机器上运行。相对机器语言，汇编语言易读、易检查和修改，运行速度快，但可移植性差，只能在某些机器上运行。用汇编语言编写的程序称源程序，机器无法直接执行。必须用相应的汇编程序把它编译成目标程序（即机器语言）才能执行。由于它能控制计算机内部最底层的操作，因此目前很多系统软件的核心部分仍然需要用汇编语言去描述。

（3）高级语言。

高级语言采用了与人的自然语言相近的表达方式（如 INPUT A,A＝A＋5,PRINT A）简化了程序的编制、调试，提高了编程效率，使程序易于阅读和理解。此外，高级语言独立于机器，因此大大提高了程序的通用性和可移植性。

用高级语言编写的程序称为源程序，机器无法直接执行，同汇编语言程序一样，因此必须将其翻译成目标程序后机器才能执行。高级语言有用两种翻译方式：一种是逐条指令边解释边执行，运行结束后目标程序并不保存，执行这种处理过程的程序称为解释程序；另一种是先把源程序全部一次性翻译成目标程序，然后再执行目标程序，执行这种处理过程的程序称为编译程序。早期的带行号的 Basic 语言的翻译程序属于解释程序，而 FORTRAN、C、Pascal、COBOL、QBasic 等属于编译程序。这是一种面向过程的程序设计工具，需要把每一步操作都描述下来。

目前流行的 Visual Basic、Visual C++ 等虽然是面向对象的程序设计，但也属于高级语言处理程序。

3）支持软件

支持软件是在软件开发过程中进行管理和实施时使用的一些软件工具。它包括编辑程序、连接程序、诊断程序和调试程序等。

编辑程序主要用于源程序、文本文件、表格等的输入、修改和打印等。现在采用的是全屏幕编辑程序。

连接程序（Link），用于高级语言经过编译所产生的程序与程序库中的程序连接，使之能够运行。

诊断程序用于诊断电路各个部件能否正常工作，如使用 QAPLUS 进行硬件故障的诊断，使用 NORTON、DM 等程序进行硬盘的管理和诊断维护。

调试程序（DEBUG）用于程序调试、查错使用。

另外还包括一些各种驱动程序、视频播放软件、阅读软件、下载工具和防病毒软件等。

4）数据库管理系统

计算机中存储着大量各种类型的信息，为了便于使用，人们将这些数据信息分门别类地放入专门的管理系统中,便于方便地存、取数据修改数据和更新数据,这个管理系统被称为数据库管理系统。常见的数据库管理系统有 FoxPro、SQL Server、DB2、Oracle、Sybase 和 MySQL 等。

这是一种管理数据库的软件,用来维护数据库中的数据信息,接受和完成用户提出的访问请求,帮助用户建立和使用数据库,与其他工具一起开发用户的管理信息系统(MIS)。

2. 应用软件

应用软件是为了解决各种实际问题而编制的计算机应用程序及其有关资料的总称。它涉及到计算机应用的所有领域,所以应用软件也是多种多样的。如银行利息计算程序、学生档案管理程序、图书管理程序、文字与表格处理程序、游戏程序、电子商务网站等,都是专为处理某一类应用而设计的软件或系统。按其用途大致可分为:

(1) 办公自动化管理软件,如财务管理、档案管理软件等。

(2) 工业控制软件,如车床控制、锅炉控制等。

(3) 计算机辅助设计软件包。

(4) 数据信号处理及科学计算程序包。

(5) 门户网站、商务网站等前后台支持程序。

(6) 游戏、娱乐软件、手机 3D 软件。

如今应用最广泛的应用软件是文字处理软件,它可以实现文本的编辑、排版和打印,如 Microsoft 公司的 Word 软件。

总之,应用软件是建立在系统软件基础之上,为人们的生产活动与社会活动提供服务的软件。

1.2.3 计算机的主要性能指标

1. 字长

字长是指计算机运算部件一次能同时处理的二进制数据的位数。字长越长,作为存储数据,则计算机的运算精度就越高;作为存储指令,则计算机的处理能力就越强,价格也越高。通常计算机的字长总是 8 的整数倍,如 8 位、16 位、32 位、64 位等。

字长是由 CPU 内部的寄存器、加法器和数据总线的位数决定的。目前,流行的 CPU 产品的字长已经达到了 64 位。

2. 运算速度

计算机的运算速度是衡量计算机性能的一项主要指标,它取决于指令执行时间,即用计算机每秒钟可以执行的指令条数来衡量计算机的速度。常用单位是 MIPS (每秒百万条指令)和 BIPS(每秒 10 亿条指令)。计算机的运算速度通常是指每秒钟所能执行加法指令的数目,常用百万次/秒来表示。这个指标更能够直观地反映机器的运算速度。

3．主频

主频是指 CPU 的时钟频率，它是指 CPU 在单位时间（秒）内所发出的脉冲数，单位为兆赫兹（MHz）。一般来说，主频越高，速度越快。CPU 的主频作为计算机选型时的一个重要的参数来考虑，由于微处理器发展迅速，微机的主频也在不断提高，目前 Pentium 主频已超过 3000MHz（3GHz）。

4．内存容量

内存大小表示存储数据的容量大小，显然，内存容量越大，机器所能运行的程序就越大，处理能力就越强。在微机中一般以字节为单位。存储容量包括主存容量和辅存容量，主要指内存储器的容量。尤其是当前微机应用多涉及图像信息处理，要求存储容量会越来越大，没有足够大的内存容量甚至就无法运行一些软件。目前微机的内存容量一般已达到 640MB。

5．存取速度

存储器完成一次读写操作所需的时间称为存储器的存取时间或访问时间。存储器连续进行读写操作所允许的最短时间间隔，称为存取周期。存取周期越短，则存取速度越快，它是反映存储器性能的一个重要参数。通常，存取速度的快慢决定了运算速度的快慢。半导体存储器的存取周期约为几十到几百微秒之间。

6．可靠性

可靠性是指在给定时间内，计算机系统能正常运转的概率。一般用平均无故障时间（Mean Time Between Failures，MTBF）来衡量。目前许多计算机的 MTBF 已达 10 万小时以上，当然这是在理想环境中进行测试的，也就是无尘，电压恒定等。

总之，在评价一台计算机时还应当综合考虑，需要尽量做到经济合理、使用方便、性能价格比高、售后服务好、软件兼容性和品牌等方面考虑。

1.2.4 微型计算机总线结构

微型计算机是应用最广泛的一种计算机类型，其硬件系统是由主机和外设（I/O 设备）两大部分组成的总线结构，如图 1-20 所示。

从原理上讲，微型计算机也是由硬件系统和软件系统构成，硬件同样由运算器、控制器、存储器、输入输出（I/O）设备 5 大部分组成，这些部件在前面已做介绍，不同的是，微型计算机采用的是总线结构，总线把这些部件连接在了一起。下面重点介绍总线和系统主板这两部分。

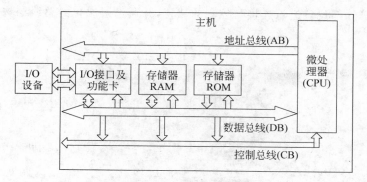

图 1-20　微型计算机总线结构

1. 总线（BUS）

总线是微型计算机各个部件之间进行信息传送的一组公共通道。通过总线来实现各部件信息和数据的交换。根据总线中流动的信息不同，可将其分为 3 种类型，分别是地址总线、数据总线、控制总线，如图 1-20 所示。

（1）地址总线（Address Bus，AB）：用来传送存储单元和 I/O 设备地址。地址总线是单向线，不同微机的地址总线宽度不同。

（2）数据总线（Data Bus，DB）：用来实现 CPU 与内存或 I/O 设备接口电路之间的数据交换，即负责计算机内部各部件之间，内部与外设之间的数据交换。数据总线是双向线，既可读，也可写。一般数据总线与 CPU 的字长相同。

（3）控制总线（Control Bus，CB）：用来传送控制、应答和请求等各种信号，除了用于存储器和 I/O 读写操作控制的基本控制外，还包括数据传输和中断控制等。

归纳起来总线应至少具备以下 3 种功能：

（1）和存储器之间交换信息；

（2）和输入输出设备交换信息；

（3）为了系统工作而接受和输出必要的信号，如脉冲信号。

PCI（Peripheral Component Interconnect，外部设备互连）总线已成为微型计算机总线的主流，奔腾主板多采用 PCI 总线。AGP（Accelerated Graphics Port，图形加速端口标准）总线对图形加速具有很好的作用，主要用于显示卡、3D 图形加速卡等部件的插槽。

芯片组的技术这几年来也是突飞猛进，ISA、PCI、AGP 技术，ATA、SATA、Ultra DMA 技术，双通道内存技术，高速前端总线等，每一次新技术的进步都带来计算机性能的提高。最引人注目的就是 PCI Express 总线技术，它极大地提高了设备带宽，从而带来一场计算机技术的革命。

2. 系统主板

系统主板（简称主板）安装在主机箱内，如图 1-21 所示。主板上安放有 CPU、内存条、BIOS 芯片、CMOS 芯片、Cache 芯片、扩充插槽（固定扩展卡并将其连接到系统总线上的插槽，如图中的 PCI 总线插槽与 AGP 总线插槽）以及与软盘驱动器、硬盘驱动器、光盘驱动器、电源等外部设备进行连接与控制的装置，并通过层次化的总线结构将各主要部件互相连接起来。

图 1-21　系统主板

到目前为止，能够生产芯片组的厂家有英特尔(美国)、VIA(中国台湾地区)、SiS(中国台湾地区)、ALi(中国台湾地区)、AMD(美国)、NVIDIA(美国)、ATI(加拿大)、Server Works(美国)等几家，其中以英特尔和 VIA 的芯片组最为常见。

不同的主板板型要求使用不同的机箱，目前市场上的主流产品是 Intel 公司设计的ATX 主板结构。

1.3　计算机中数的表示及信息编码

计算机是对由数据表示的各种信息进行自动、高速处理的机器。这些数据信息往往是数字、字符、符号、表达式等，再通过计算机识别处理。而在计算机的中央处理器只能处理 0和 1 这两种符号，因此计算机在处理各种信息时，需要把处理的信息都转化为 0 和 1，即计算机中的各种信息都使用 0 和 1 的代码来表示。下面简单介绍计算机中数的表示方法。

1.3.1　数制的表示

数制(Number System)是指用一组固定的数字和一套统一的规则表示数据的方法。计算机在信息处理中常用到的数制有二进制、八进制、十进制和十六进制。

1. 进位记数制及其表示法

十进制数是最常用到的数制，其特点是"逢十进一"。即加法运算时逢十进一，减法运算时借一当十。在一个十进制数中，需要用到 10 个数字符号 0,1,2,…,9 来表示。即十进制中的每一位数字都是这 10 个数字符号之一。

【例 1-1】　把一个十进制的整数 562 用多项式表示，以 R 为基数。
$$562 = 5 \times 10^2 + 6 \times 10^1 + 2 = 5 \times R^2 + 6 \times R^1 + 2$$

【例 1-2】　把一个十进制的小数 0.463 用多项式表示，以 R 为基数。
$$0.463 = 4 \times 10^{-1} + 6 \times 10^{-2} + 3 \times 10^{-3} = 4 \times R^{-1} + 6 \times R^{-2} + 3 \times R^{-3}$$

【例 1-3】　把一个十进制的实数 562.463 用多项式表示，以 R 为基数。

$$562.463 = 5 \times 10^2 + 6 \times 10^1 + 2 + 4 \times 10^{-1} + 6 \times 10^{-2} + 3 \times 10^{-3}$$
$$= 5 \times R^2 + 6 \times R^1 + 2 + 4 \times R^{-1} + 6 \times R^{-2} + 3 \times R^{-3}$$

在以上的式子中，R 称为基数，R^i 称为位权。一般来说，在基数为 R 的记数制中，所用的数字符号有 $0,1,\cdots,R-1$。其中每个数位计满 R 就向高位进一，称为 R 进制。本例中 R 为 10，故称为十进制。

在采用进位记数制的数字系统中，如果某一种进制含有 R 个基本数码符号（即 $0,1,2,\cdots,R-1$），则该数制应是逢 R 进一，称其为基 R 数制，R 被称为该数制的"基数"，而数制中每一固定位置对应的单位值（R^i）称为"位权"。若选择 R 为 2,8,16 则可以得到二进制、八进制、十六进制。几种常用记数制的基数、位权和数字符号如表 1-1 所示。

表 1-1　几种常用记数制的基数、位权和数字符号

进位制	二进制	八进制	十进制	十六进制
进位规则	逢二进一	逢八进一	逢十进一	逢十六进一
基数	2	8	10	16
位权	2^i	8^i	10^i	16^i
数字符号	0,1	0,1,2,3,4,5,6,7	0,1,2,3,4,5,6,7,8,9	0,1,2,3,4,5,6,7,8,9,A,B,C,D,E,F
进制标识	B	O	D	H

注意：十六进制数的 10～15 分别用英文字母 A(10)，B(11)，C(12)，D(13)，E(14)，F(15) 来表示。

为了区分不同的进制数据，常在数据的尾部加进制标识：B（二进制）、O（八进制）、D（十进制）和 H（十六进制）。例如：1011B 或 $(1011)_2$ 为二进制数，50617O 或 $(50617)_8$ 为八进制数，125D 或 $(125)_{10}$ 为十进制数（十进制数中 D 可以省略），9DEH 或 $(9DE)_{16}$ 为十六进制数。

几种常用记数制的表示和对应关系如表 1-2 所示。

表 1-2　几种常用记数制数的表示及其对应关系

十进制	二进制	八进制	十六进制	十进制	二进制	八进制	十六进制
0	0	0	0	9	1001	11	9
1	1	1	1	10	1010	12	A
2	10	2	2	11	1011	13	B
3	11	3	3	12	1100	14	C
4	100	4	4	13	1101	15	D
5	101	5	5	14	1110	16	E
6	110	6	6	15	1111	17	F
7	111	7	7	16	10000	20	10
8	1000	10	8				

2．不同进制数之间的相互转换

从表 1-2 可看到八进制、十进制、十六进制数据与二进制数据之间有等值对应关系，就必然存在数据之间的转换问题。有一点必须指出，无论各进制之间进行怎样的转换，整数部分转换后仍为整数，小数部分转换后仍为小数。

1）非十进制（二进制、八进制、十六进制）数转换成十进制数

非十进制数（R 进制）的基数是 R，转换成十进制采用"按权展开法"。

公式：任何 R 进制数都可以按权展开成如下形式：

$$(a_n a_{n-1} a_{n-2} \cdots a_2 a_1 a_0 a_{-1} a_{-2} \cdots a_{-m})_R$$

$$= a_n R^n + a_{n-1} R^{n-1} + a_{n-2} R^{n-2} + a_2 R^2 + a_1 R^1 + a_0 + a_{-1} R^{-1} + \cdots + a_{-m} R^{-m}$$

其中，R 是基数，a_i 是 i 位上的数码，R_i 是 i 位上的权位值。

【例 1-4】 将二进制数 1011.101B 转换成十进制数。

$$1011.101B = 1 \times 2^3 + 0 \times 2^2 + 1 \times 2^1 + 1 \times 2^0 + 1 \times 2^{-1} + 0 \times 2^{-2} + 1 \times 2^{-3}$$

$$= 8 + 2 + 1 + 0.5 + 0.125$$

$$= 11.625$$

【例 1-5】 将八进制数 143.65O 转换成十进制数。

$$143.65O = 1 \times 8^2 + 4 \times 8^1 + 3 \times 8^0 + 6 \times 8^{-1} + 5 \times 8^{-2}$$

$$= 64 + 32 + 3 + 0.75 + 0.078\,125$$

$$= 99.828\,125$$

【例 1-6】 将十六进制数 1CB.D8H 转换成十进制数。

$$1CB.D8H = 1 \times 16^2 + 12 \times 16^1 + 11 \times 16^0 + 13 \times 16^{-1} + 8 \times 16^{-2} = 459.843\,75$$

2）十进制数转换成非十进制数（R 进制数，即二进制、八进制、十六进制数）

十进制数转换成 R 进制数时，整数与小数的转换方法不同。

（1）整数转换方法："除 R 倒取余法"，即采取除以基数 R 取其余数，直到商为零时为止，并将所得到的余数倒序排列，即第一次得到的余数为 R 进制数的最低位，最后一次得到的余数为 R 进制数的最高位。具体转换过程见例 1-7、例 1-8 和例 1-9。

【例 1-7】 将十进制数 77 转换为二进制数。

77 是一整数，采用"除倒取余法"，其中 $R = 2$，以 2 为除数，整个转化过程如下：

2⌊77	余数为 1	$a_0 = 1$
2⌊38	余数为 0	$a_1 = 0$
2⌊19	余数为 1	$a_2 = 1$
2⌊9	余数为 1	$a_3 = 1$
2⌊4	余数为 0	$a_4 = 0$
2⌊2	余数为 0	$a_5 = 0$
2⌊1	余数为 1	$a_6 = 1$

结果为：

$$(77)_{10} = (a_6\, a_5\, a_4\, a_3\, a_2\, a_1\, a_0) = (1001101)_2$$

【例 1-8】 将十进制数 77 转换为八进制数。

77 是一整数,采用"除 R 倒取余法",其中 $R=8$,以 8 为除数,整个转化过程如下:

$$
\begin{array}{ll}
8\ \underline{|\ 77} & \text{余数为 5} \qquad a_0 = 5 \\
8\ \underline{|\ 9} & \text{余数为 1} \qquad a_1 = 1 \\
8\ \underline{|\ 1} & \text{余数为 1} \qquad a_2 = 1
\end{array}
$$

结果为:

$$(77)_{10} = (a_2\, a_1\, a_0) = (115)_8$$

【例 1-9】 将十进制数 77 转换为十六进制数。

77 是一整数,采用"除 R 倒取余法",其中 $R=16$,以 16 为除数,整个转化过程如下:

$$
\begin{array}{ll}
16\ \underline{|\ 77} & \text{余数为}(13)_{10},\text{即}(C)_{16} \qquad a_0 = C \\
16\ \underline{|\ 4} & \text{余数为 4} \qquad a_1 = 4
\end{array}
$$

其结果为:

$$(77)_{10} = (a_1\, a_0) = (4C)_{16}$$

(2) 小数转换方法:乘基(R)顺取整法,即采取乘以基数取其整数:将十进制整数乘以 R,得到一个乘积,保留乘积中的整数部分(若无整数部分则保留 0),再用乘积中的小数部分乘以 R,又得到第二个乘积,同样保留第二个整数部分,继续这个过程,直到满足计算精度为止。最后将每次乘以基数后所得的整数按顺序排列。即从保留的第一个整数开始依次所保留的各个整数,即为十进制小数转换成 R 进制小数后的值。

注意:各进制之间的小数在转换时,除特殊数值外一般存在转换误差,可按精度要求保留一定的小数位数。舍入规则为:转换为二进制时 0 舍 1 入;转换为八进制时 3 舍 4 入;转换为十六进制时 7 舍 8 入。

【例 1-10】 将 $(0.625)_{10}$ 转换为二进制数。

$(0.625)_{10}$ 是一小数,采用"乘基(R)顺取整法",其中 $R=2$,以 2 为乘数,整个转化过程如下:

$$
\begin{array}{ll}
\begin{array}{r}
0.625 \\
\times\quad 2 \\
\hline
1.250
\end{array} & \text{整数为 1} \qquad a_{-1} = 1 \\[2ex]
\begin{array}{r}
0.250 \\
\times\quad 2 \\
\hline
0.500
\end{array} & \text{整数为 0} \qquad a_{-2} = 0 \\[2ex]
\begin{array}{r}
0.500 \\
\times\quad 2 \\
\hline
1.000 \\
0.000
\end{array} & \text{整数为 1} \qquad a_{-3} = 1
\end{array}
$$

所以,

$$(0.625)_{10} = (0.\, a_{-1}\, a_{-2}\, a_{-3}) = (0.101)_2$$

【例 1-11】 将 $(0.625)_{10}$ 转换为八进制数。

$(0.625)_{10}$是一小数,采用"乘基(R)顺取整法",其中$R=8$,以 8 为乘数,整个转化过程如下:

$$\begin{array}{r} 0.625 \\ \times \quad\quad 8 \\ \hline 5.000 \\ 0.000 \end{array} \qquad \text{整数为 5} \qquad a_{-1}=5 \qquad \downarrow$$

所以,

$$(0.625)_{10}=(0.a_{-1})=(0.5)_8$$

【例 1-12】 将$(0.625)_{10}$转换为十六进制数。

$(0.625)_{10}$是一小数,采用"乘基(R)顺取整法",其中$R=16$,以 16 为乘数,整个转化过程如下:

$$\begin{array}{r} 0.625 \\ \times \quad\quad 16 \\ \hline 10.000\,,(A)_{16} \\ 0.000 \end{array} \qquad \text{整数为 10,A} \qquad a_{-1}=A \qquad \downarrow$$

所以,

$$(0.625)_{10}=(0.a_{-1})=(A)_{16}$$

【例 1-13】 将$(0.345)_{10}$转换为八进制数,保留 3 位小数。

$(0.345)_{10}$是一小数,采用"乘基(R)顺取整法",其中$R=8$,以 8 为乘数,整个转化过程如下:

$$\begin{array}{r} 0.345 \\ \times \quad\quad 8 \\ \hline 2.760 \end{array} \qquad \text{整数为 2} \qquad a_{-1}=2$$

$$\begin{array}{r} 0.760 \\ \times \quad\quad 8 \\ \hline 6.080 \end{array} \qquad \text{整数为 6} \qquad a_{-2}=6$$

$$\begin{array}{r} 0.080 \\ \times \quad\quad 8 \\ \hline 0.640 \end{array} \qquad \text{整数为 0} \qquad a_{-3}=0$$

$$\begin{array}{r} \times \quad\quad 8 \\ \hline 5.120 \end{array} \qquad \text{整数为 5} \qquad a_{-4}=2$$

所以,

$$(0.345)_{10}=(0.a_{-1}\,a_{-2}\,a_{-3}\,a_{-4}\cdots)\approx(0.2605)_8\approx(0.261)_8$$

依题意要求,保留 3 位小数,第四位为 5,根据八进制的"三舍四入"的规则,进一位。最终结果近似为$(0.261)_8$。

(3) 任意十进制数转换为非十进制数。

当一个十进制数即有整数又有小数时,整数、小数分别按前述方法分别转换,小数点位置不变。

【例 1-14】 将$(77.625)_{10}$转换为二进制数。

根据例 1-7 和例 1-10 转换结果,得到:

$$(77.625)_{10}=(1001101.101)_2$$

同理，

$$(77.625)_{10} = (115.5)_8$$

$$(77.625)_{10} = (4C. A)_{16}$$

3）二进制、八进制、十六进制数之间的相互转换

（1）二进制转换成八进制。

以小数点为基准分别向左和向右每隔 3 位一组，最高位和最低位不足 3 位时，添 0 补足 3 位；然后将每 3 位一组的二进制数用相应的八进制数表示，即可得到八进制数。

【例 1-15】 将二进制数 10111011.11001 转换为八进制数。

根据表 1-2 中不同数制数的表示及其对应关系，有：

$$010 \quad 111 \quad 011 \quad . \quad 110 \quad 010$$
$$2 \qquad 7 \qquad 3 \qquad . \quad 6 \qquad 2$$

即：

$$(10111011.11001)_2 = (273.62)_8$$

或者

$$10111011.11001B = 273.62 \text{ O}$$

（2）二进制转换成十六进制。

以小数点为基准，向左、向右每隔 4 位一组，最高位和最低位不足 4 位时添 0 补足 4 位；然后将每 4 位一组的二进制数用相应的十六进制数表示，即可得到十六进制数。

【例 1-16】 将二进制数 10111011.11001 转换为十六进制数。

根据表 1-2 中不同数制数的表示及其对应关系，有：

$$1011 \quad 1011 \quad . \quad 1100 \quad 1000$$
$$B \qquad B \qquad . \quad C \qquad 8$$

即：

$$(10111011.11001)_2 = (BB. C8)_8$$

或者

$$10111011.11001 \text{ B} = BB. C8 \text{ O}$$

（3）八进制转换成二进制。

将每位八进制数用相应的 3 位二进制数代替。

【例 1-17】 将八进制数 62.35 转换为二进制。

根据表 1-2 中不同数制数的表示及其对应关系，有：

$$6 \qquad 2 \qquad . \quad 3 \qquad 5$$
$$110 \quad 010 \quad . \quad 011 \quad 101$$

即：

$$(62.35)_8 = (110010.011101)_2$$

（4）十六进制转换成二进制。

将每位十六进制数用相应的 4 位二进制数代替。

【例 1-18】 将十六进制 8F.7 转换为二进制数。

根据表 1-2 中不同数制数的表示及其对应关系，有：

$$8 \qquad F \quad . \quad 7$$
$$1000 \quad 1111 \quad . \quad 0111$$

即

$$(8F.7)_{16} = (10001111.0111)_2$$

或者

$$8F.7H = 10001111.0111 \text{ B}$$

（5）八进制与十六进制数相互转换。

一般以二进制数作桥梁进行相互转换。

【例 1-19】 将十六进制 8F.7 转换为八进制数。

$$(8F.7)_{16} = (10001111.0111)_2 = (217.34)_8$$

① 先将十六进制转化成二进制：

$$8 \qquad F \quad . \quad 7$$
$$1000 \quad 1111 \quad . \quad 0111$$

② 再将二进制转化成八进制：

$$010 \quad 001 \quad 111 \quad . \quad 011 \quad 100$$
$$2 \qquad 1 \qquad 7 \quad . \quad 3 \qquad 4$$

注意：十六进制以小数点为基准，向左、向右每隔 4 位分组，见上面①；而八进制以小数点为基准，向左、向右每隔 3 位分组，见上面②。

3. 计算机中数的表示（原码、补码、反码）

我们都知道，数学上正负数的区别是在数的绝对值前加上＋号和－号。然而，在计算机中区分和处理分无符号的数和有符号的数是采用一位二进制作为符号位，把数的首位作为符号位，用 0 表示正数，用 1 表示负数。

例如：八位二进制的数，首位就是符号位，如图 1-22 所示。

0	1	0	0	1	1	0	1

符号位　　　　　　　　数值位

图 1-22 二进制的符号位示意图

【例 1-20】 将十进制 77 转换为二进制，分别用正负数形式表示。

根据例 1-7 得

$$(77)_{10} = (1001101)_2$$
$$+ 77 = (01001101)_2$$
$$- 77 = (11001101)_2$$

为运算方便，在计算机中，有符号数常有 3 种表示方法，即原码、补码、反码。

1）原码

如上所述，正数的符号位用 0 表示，负数的符号位用 1 表示。用这种方法表示的数码称为原码。用原码表示数最简单，但用这种码进行两个异号数相加或两个同号数相减的运算是不方便的。为了将减法运算转换为加法运算，需要引入反码和补码的概念。

2）反码

一个数的反码与原码的关系为：

① 对于正数：反码＝原码。

② 对于负数：除原码的符号位外，其他各位凡是 1 就转换为 0,0 就转换为 1。

例如：

原码 01000101,其反码为 01000101;

原码 11000101,其反码为 10111010。

3) 补码

一个数的补码与原码的关系为：

对于正数：补码＝原码。

对于负数：除原码符号位外，其他各位凡是 1 就转换为 0,0 就转换为 1,末位再加 1。

例如：

原码 01000101,其补码为 01000101;

原码 11000101,其补码为 10111011。

由上例分析可见：

对于正数,原码＝补码＝反码;

对于负数,补码＝反码＋1。

1.3.2　计算机的信息编码

计算机中的数据存储、处理和传送是以二进制的形式进行的。因此包括字母、符号、图形、图片、语音、视频等各种数据也必须用二进制数编码,即 0 和 1 表示的代码来表示。本节介绍位、字节、字长、数值数据的表示方法和非数值数据的编码及常用的 ASCII 码和汉字编码。

1. 数据单位与存储形式

1) 位

用来表示或存放二进制数中的一位数字(0 或 1)的存储装置称为位(b),英文名是 bit,音译为"比特"。"位"是计算机存储数据和进行运算的最小单位。

2) 字节

一个字节(B)由 8 个比特构成,英文名称为 Byte,它是计算机存储和运算的基本单位,如图 1-23 所示。

(高位)　b_7　b_6　b_5　b_4　b_3　b_2　b_1　b_0　(低位)

0	1	0	0	1	0	0	1

图 1-23　字节的基本结构

常用的计算机的存储单位有 b、B、MB、GB、TB 等。其中：

1KB(千字节) ＝ 1024B

1MB(兆字节) ＝ 1024KB

1GB(吉字节) ＝ 1024MB

1TB(太字节) ＝ 1024GB

$$1024 = 2^{10}(2 \text{ 的 } 10 \text{ 次方})$$

3）字长（Word Size）

字长是指计算机一次能直接处理二进制数据的位数，它是由 CPU 本身的硬件结构所决定的，它与数据总线的数目相对应。字长越长，计算机的整体性能越强。

2. 数值数据的表示

数值数据在计算机内部是以字节为单位保存的。如果用一个字节存放无符号的整数，它可以表示十进制的 $0\sim255$（即 2^8-1）中的任一个数。

如果表示带符号的整数，则该字节的最左端一位（即最高位）用来表示符号，0 表示正号，1 表示负号，其后 7 位表示数值。一个字节可以表示的十进制整数范围是 -128（即 -2^7）$\sim+127$（即 2^7-1）。

实际上，计算机存储一个数值数据至少占用 2 个字节，如果用来存放无符号的整数，可以表示十进制数的范围是 $0\sim2^{16}-1$，即 $0\sim65\,535$。表示带符号的整数，前一个字节的最高位表示符号，后 15 位表示数值，十进制整数范围是 $-32\,768$（即 -2^{15}）$\sim+32\,767$（即 $2^{15}-1$）。如果计算机需要处理的数比较大，可以用 4 个字节或 8 个字节表示一个数，或者用浮点形式表示一个数。

3. 美国标准信息交换码 ASCII

计算机中，数字、字母、通用符号和控制符号统称为字符，用来表示字符的二进制编码称为字符编码。计算机中使用最多、最普遍的是 ASCII（American Standard Code for Information Interchange）字符编码，如表 1-3 所示。

表 1-3　ASCII 码表

$b_4 b_3 b_2 b_1$ ＼ $b_7 b_6 b_5$	000	001	010	011	100	101	110	111
0000	NUL	DLE	SP	0	@	P	`	p
0001	SOH	DC_1	!	1	A	Q	a	q
0010	STX	DC_2	"	2	B	R	b	r
0011	ETX	DC_3	#	3	C	S	c	s
0100	EOT	DC_4	$	4	D	T	d	t
0101	ENQ	NAK	%	5	E	U	e	u
0110	ACK	SYN	&	6	F	V	f	v
0111	BEL	ETB	'	7	G	W	g	w
1000	BS	CAN	(	8	H	X	h	x
1001	HT	EM	)	9	I	Y	i	y
1010	LF	SUB	*	:	J	Z	j	z
1011	VT	ESC	+	;	K	[	k	{
1100	FF	FS	,	<	L	\	l	|
1101	CR	GS	-	=	M	]	m	}
1110	SO	RS	。	>	N	^	n	~
1111	SI	US	/	?	O	-	o	DEL

ASCII 码的每个字符都是用 7 位二进制数表示,其编码范围从 0000000B～1111111B,共有 $2^7=128$ 个不同的编码值,相应可以表示 128 个不同字符的编码,其中数字 10 个、大小写英文字母 52 个、其他字符 32 个和控制字符 34 个。

计算机内部用一个字节(8 位二进制位)存放一个 7 位 ASCII 码。要确定某个字符的 ASCII 码,在表中可先查到它的位置,然后确定它所在位置的相应列和行,根据列数可确定被查字符的高 3 位编码,根据行数可确定被查字符的低 4 位编码,将高 3 位编码与低 4 位编码合在一起就是要查字符的 ASCII 码。例如,字母 A 的列编码为 100,行编码为 0001,于是得到字母 A 的 ASCII 码为 1000001B＝41H。从 A～Z、从 a～z 都是按顺序排列的,且小写字母比对应的大写字母码值大 32,即同一个字母的位值 b5 为 0 或 1,这有利于大、小写字母之间的编码转换。

ASCII 码主要用于计算机与外设的通信。当微机接收键盘信息、微机输出到打印机或显示器等信息都是以 ASCII 码形式进行数据传输的。

4. 汉字的编码

计算机处理汉字必须具备汉字输入、汉字存储、汉字显示、汉字打印和汉字传输 5 大功能。从汉字编码的角度看,计算机对汉字信息的处理过程实际上是各种汉字编码间的转换过程。

1) 汉字输入码

为将汉字输入计算机而编制的代码称为汉字输入码,也叫外码。目前流行的汉字输入码的编码方案很多,常用的有区位码、智能 ABC 输入法、微软拼音、全拼、郑码、五笔字型等。无论采用哪种输入码输入汉字,到计算机内都必须转换成对应内码方能进行存储、显示、传输和字打印。

2) 区位码

国家标准 GB 2312—80 中,共收集汉字 7445 个,其中一级汉字 3755 个,二级汉字 3008 个,符号 682 个。一级汉字按拼音排序,二级汉字按部首排序。

国家标准 GB 2312—80 把这些汉字与符号分为 94 行、94 列。每个汉字可以用其所在的行号和列号表示,行号做作区号,列号叫做位号。这样得到的汉字编码叫做区位码。区位码的形式是:高两位为区号,低两位为位号。如"中"字的区位码是 2538,即 25 区 38 位。区位码与每个汉字之间具有一一对应的关系。

3) 国标码

国标码又称汉字信息交换码,是我国 1981 年颁布的《信息交换用汉字编码字符集——基本集》的国家标准,代号为"GB 2312—80",即国标码。国标码同时规定,一个汉字用两个字节表示,每个字节仅用七位,剩下的最高位为 0。

1.4　计算机病毒及其防御

计算机病毒是近年来威胁计算机运行安全和信息安全的一个重要因素,它对计算机系统的工作有极大的破坏性。尤其是借助计算机网络的运行,病毒程序本身可以复制到计算机中那些本来不带该病毒的程序中去,即具有"传染"的能力。它能够进行自我复制并快速传播,对数据、程序以及各种计算机信息进行干扰和破坏,影响计算机的正常工作,破坏计算机系数据的安全,严重的甚至导致系统瘫痪,危害性极大。

1.4.1　计算机病毒的实质和症状

计算机病毒(如图 1-24 所示)是指编制或者在计算机程序中插入的破坏计算机功能或者毁坏数据、影响计算机使用、并能自我复制的一种特殊的危害计算机系统的指令或程序,它能在计算机系统中驻留、繁殖和传播,它具有类似与生物学中的病毒的某些特征,即传染性、潜伏性、隐蔽性、破坏性、变种性。

图 1-24　计算机病毒

计算机病毒是计算机病毒的概念是美国计算机安全专家 Fred Cohen 博士在 1983 年 11 月首次提出的:计算机病毒是具有自我复制能力的可以制造计算机系统故障的计算机程序,它借助计算机系统(单机或计算机网络)的运行,能将病毒程序本身复制到计算机中那些本来不带有该病毒的程序中去,即所谓具有传染能力。它能影响和破坏正常程序的运行及数据的安全。

1. 计算机病毒的特点

1) 传染性

传染是指病毒从一个程序体进入另一个程序体的过程,它会通过各种途径尤其是网络进行传播。目前通过网络进行传播已经成为计算机病毒的第一传播途径。

病毒本身是一个可执行程序,具有自我复制能力,即便正常的程序运行途径,也可能是病毒运行传染的途径和方法。

2) 隐蔽性

病毒程序一般设计得比较短小,一百多到几百条语句,只占几百到几千字节;程序编制得短小而灵巧,具有隐藏性,不易被发现,不易被察觉,通常附在正常程序中或磁盘较隐

————————新编大学计算机基础教程

蔽的地方进行传播。受到传染后的计算机系统通常仍能继续工作,使用户不会感到任何异常,一旦发作,计算机就无法正常运行。

3) 潜伏性

大部分的病毒感染系统之后一般不会马上发作,它能长期隐藏在系统中,只有在满足其特定条件时才发作。如指定的时间、指定的用户识别、用户文件的使用次数等都可以作为引发或引爆的条件。其实质是一种可控制的逻辑"炸弹",由病毒设计者在病毒程序中预先设定的,如"1813"病毒("黑色星期五")要等到期13日且是星期五才起破坏作用。

4) 破坏性

不管哪种计算机病毒,发作时对计算机的程序或数据都有破坏作用,轻则干扰计算机的正常运行,如降低计算机工作效率、大量占用系统资源,重者会对正常程序和数据进行增、删、改、移动等操作,导致系统的瘫痪,甚至还会损坏硬件。

5) 变种性

计算机病毒既然是一种特殊的程序,了解病毒的人就可以进行任意改动,从而衍生出新的病毒,称为变种。

2. 计算机病毒主要症状

从目前发现的计算机病毒来看,主要症状有:

(1) 破坏硬盘的分区表,即硬盘的主引导扇区。

(2) 由于病毒程序附加在可执行程序头尾或插在中间,使可执行程序容量增大,影响系统运行速度,使系统的运行明显变慢。

(3) 由于病毒程序把自己的某个特殊标志作为标签,使接触到的磁盘出现特别标签。

(4) 由于病毒本身或其复制品不断侵占系统空间,使可用系统空间变小,使系统的运行明显变慢。

(5) 由于病毒程序的异常活动,造成异常的磁盘访问。

(6) 破坏或重写软盘或硬盘 DOS 系统 Boot 区即引导区。

(7) 破坏程序或覆盖文件,导致数据和程序的丢失。

(8) 中断向量发生变化。

(9) 打印出现问题。

(10) 死机现象增多或系统出现异常动作。例如,突然死机,又在无任何外界介入下,自行起动。

(11) 生成不可见的表格文件或特定文件。

(12) 格式化或者删除所有或部分磁盘内容。

(13) 出现一些无意义的画面问候语等信息。

(14) 程序运行出现异常现象或不合理的结果。

(15) 磁盘的卷标名发生变化。

(16) 系统不认识磁盘或硬盘不能引导系统等。

（17）在系统内装有汉字库且汉字库正常的情况下不能调用汉字库或不能打印汉字。

（18）在使用写保护的软盘时屏幕上出现软盘写保护的提示。

（19）异常地要求用户输入口令。

（20）直接或间接破坏文件连接。

1.4.2　常见的计算机病毒及传播途径

1. 计算机病毒的种类

1）系统病毒

系统病毒的前缀为 Win32、PE、Win95、W32、W95 等。这些病毒的一般共有的特性是可以感染 Windows 操作系统的 *.exe 和 *.dll 文件，并通过这些文件进行传播，如 CIH 病毒。

CIH 是一个纯粹的 Windows 病毒。通过软件之间的相互拷贝、盗版光盘的使用、Internet 网的传播而大面积传染。该病毒的危害还在于覆盖硬盘主引导区的 Boot 区，改写硬盘数据。

2）蠕虫病毒

蠕虫病毒的前缀是 Worm。这种病毒的共有特性是通过网络或者系统漏洞进行传播，很大部分的蠕虫病毒都有向外发送带毒邮件、阻塞网络的特性。比如冲击波（Worm.Blaster）、小邮差（发带毒邮件）等。

冲击波病毒会在网络上自动搜索系统有漏洞的电脑，并直接引导这些电脑下载病毒文件并执行，整个传播和发作过程不需要人为干预，最后导致系统操作异常、不断重启、甚至系统崩溃。

小邮差病毒是一种传染性很强的破坏邮箱系统的病毒软件。病毒的其典型破坏是能够根据收件箱中的邮件内容自动回复邮件，每封邮件的附件中均携带病毒副本。一旦打开这些带病毒的邮件，就可能会使邮件服务器在极短时间内不堪重负而崩溃。

3）木马病毒、黑客病毒

木马病毒其前缀是 Trojan，黑客病毒前缀名一般为 Hack。木马病毒的共有特性是通过网络或者系统漏洞进入用户的系统并隐藏起来，然后向外界泄露用户的信息。而黑客病毒则有一个可视的界面，能对用户的电脑进行远程控制。木马、黑客病毒往往是成对出现的，即木马病毒负责侵入用户的电脑，而黑客病毒则会通过该木马病毒来进行控制。一般的木马，如 QQ 消息尾巴木马 Trojan.QQ3344，还有平时可能遇见比较多的针对网络游戏的木马病毒，如 Trojan.LMir.PSW.60。这里补充一点，病毒名中有 PSW 或者什么 PWD 之类的一般都表示这个病毒有盗密码的功能。一些黑客程序如网络枭雄（Hack.Nether.Client）等。

4）脚本病毒

脚本病毒是使用脚本语言编写，通过网页进行的传播的病毒，如红色代码（.Redlof）。

脚本病毒有的前缀有：VBS、JS（表明是何种脚本编写的），如，欢乐时光（VBS.Happytime）、十四日（Js. Fortnight. c. s）等。

5）宏病毒

宏病毒的前缀是 Macro，第二前缀是 Word、Word 97、Excel、Excel 97（也许还有别的）其中之一。例如，Macro. Word 97，感染 Word 97 及以前版本的 Word 文档；Macro. Word 感染 Word 97 以后版本的 Word 文档，依此类推。该类病毒的共有特性是能感染 Office 系列文档，然后通过 Office 通用模板（normal. Dot）进行传播，例如，著名的美丽莎（Macro. Melissa）是通过电子邮件的附件文档中的宏功能实现主机之间的病毒传播，在本机上面则通过感染模板文件实现文档之间的病毒传播。

6）网络型病毒

这类病毒突破网络的安全性，传播到网络服务器中，进而在整个网络上感染。网络病毒具有极强的破坏性、传播性和极快的感染性，危害性相当大。如 IBM 上的"圣诞"病毒、UNIX 上的 Worm 病毒等就是网络型病毒。

此外，计算机病毒还有后门病毒，其前缀是 Backdoor。该类病毒的共有特性是通过网络传播给系统开后门，给用户电脑带来安全隐患，如 Backdoor. IRCBot；病毒种植程序病毒，如冰河播种者（Dropper. BingHe2. 2C）、MSN 射手（Dropper. Worm. Smibag）等；破坏性程序病毒的前缀是 Harm，这类病毒提供好看的图标来引诱用户单击，当用户单击该图标后，病毒便会直接对用户计算机产生破坏，如格式化 C 盘（Harm. formatC. f）、杀手命令（Harm. Command. Killer）等；捆绑机病毒，其前缀是 Binder，这类病毒的共有特性是病毒作者会使用特定的捆绑程序将病毒与一些应用程序如 QQ、IE 捆绑起来，表面上看是一个正常的文件，当用户运行这些捆绑病毒时，会表面上运行这些应用程序，然后隐藏运行捆绑在一起的病毒，从而给用户造成危害，如捆绑 QQ（Binder. QQPass. QQBin）、系统杀手（Binder. killsys）等。

2. 计算机病毒的传播途径

计算机病毒的传染是以计算机系统的运行及读写磁盘为基础的。没有这样的条件，计算机病毒是不会传染的，没有磁盘的读写，病毒就传播不到磁盘上或网络里。所以只要计算机运行就会有磁盘读写动作，这样就会为病毒驻留内存创造了条件，病毒传染的第一步是驻留内存。一旦进入内存之后，就开始寻找传染机会，寻找可攻击的对象，判断是否满足条件，如时间、日期、文件名称等，决定是否可传染；当条件满足时进行传染，将病毒写入磁盘系统。

计算机病毒的传染的传播途径主要有带病毒的软盘、光盘、U 盘和移动硬盘；硬盘及网络。

1）通过软盘、U 盘、光盘和移动硬盘等介质

通过使用外界被感染的软盘、U 盘、光盘等介质如不同渠道来的系统盘、来历不明的软件、游戏盘等是最普遍的传染途径。由于使用带有病毒的软盘、U 盘、光盘和移动硬盘等介质，使机器感染病毒，并传染给未被感染的"干净"的软盘、U 盘、光盘和移动硬盘等介质。大量的软盘、U 盘、光盘和移动硬盘等介质的交换，合法或非法的程序、

文件的复制,不加控制地随便在机器上使用各种软件是造成病毒感染、泛滥蔓延的温床。

2）通过硬盘

通过硬盘传染也是重要的渠道,由于带有病毒机器移到其他地方使用、维修等,将干净的软盘传染并再扩散。

3）通过网络

随着计算机网络的不断发展,计算机病毒的传染途径已由传统的磁盘或光盘逐渐扩大到通过网络传播,而病毒作为信息的一种形式通过网络可以随之传播、繁殖、感染和破坏。这种传染扩散速度极快、危害极大,能在很短时间内传遍网络上的机器。

1.4.3　计算机病毒的防治

"预防为主、采取措施、诊治结合"。对于计算机病毒,要引起高度的重视,树立正确的计算机病毒的防治思想,采取有效的措施加强计算机及其网络系统的管理,阻隔计算机病毒的传播渠道,一般采取以下预防病毒措施:

1. 新购置的计算机系统的检查

新购买的计算机使用之前应首先进行病毒检查,以免机器带毒。同时生成一张干净的系统引导盘,并将常用的工具软件拷贝到该软盘中并加以写保护。一旦系统无法启动,可使用该盘引导系统,然后进行检查、杀毒等操作。

2. 计算机系统的启动

用户在保证计算机硬件没有病毒的情况下,尽量使用硬盘引导系统。启动前,一般应将光盘或者其启动介质,如移动硬盘、U盘、软盘从计算机中取出。

3. 安装防杀计算机病毒软件

每台机器在使用前,一定要安装真正有效的防毒软件,并经常进行升级和病毒检查。目前市场上的杀毒软件众多,比较著名的有瑞星、金山毒霸、江民科技、KV、PANDA、360安全卫士、Norton-AntiVirus、卡巴斯基等,但一定不能使用盗版的杀毒软件。随时注意计算机的各种异常现象(如速度变慢、出现奇怪的文件、文件尺寸发生变化、内存容量减少等),一旦发现,应立即启用杀毒软件仔细检查,如图1-25所示。

4. 重要数据文件要有备份

硬盘分区表、引导扇区等的关键数据应做备份工作,并妥善保管。在进行系统维护和修复工作时,可作为参考。用户的文件千万不要放在系统盘上,用户的重要信息和文件也要经常或定期备份。

图 1-25　瑞星杀毒软件杀毒过程

5. 不随便打开未知电子邮件

电子邮件传播病毒最快且最直接。因此,不要随便直接运行或直接打开电子邮件中夹带的附件文件,不要随意下载软件,尤其是一些可执行文件和 Office 文档。即使下载了,也要先用最新的防杀计算机病毒软件来检查。对外来程序尽可能利用查毒软件进行检查,未经检查的可执行文件不要拷入硬盘,更不能运行使用。

6. 计算机网络的安全使用

计算机网络不仅要保护计算机网络设备安全和计算机网络系统安全,还要保护数据安全等。因此,针对计算机网络本身可能存在的安全问题,实施网络安全保护方案以确保计算机网络自身的安全性是每一个计算机网络都要认真对待的一个主要问题。网络安全防范的重点主要有两个方面:一是计算机病毒,二是黑客犯罪。

1.4.4　"云安全"计划

为了提高计算机系统的安全性,病毒与反病毒将成为一个长期的技术对抗。"云安全"(Cloud Security)计划正是网络时代信息安全的最新体现,它融合了并行处理、网格计算、未知病毒行为判断等新兴技术和应用,通过网状的大量客户端对网络中软件行为的异常监测,获取互联网中木马、恶意程序的最新信息,传送到 Server 端进行自动分析和处理,再把病毒和木马的解决方案分发到每一个客户端。

应用云安全技术后,识别和查杀病毒不再仅仅依靠本地硬盘中的病毒库,而是依靠庞大的网络服务,实时进行采集、分析以及处理。整个互联网就是一个巨大的"杀毒软件",参与者越多,每个参与者就越安全,整个互联网也就会更安全。整个互联网变成一个超级大的杀毒软件,这就是云安全计划的宏伟目标,如图1-26所示。

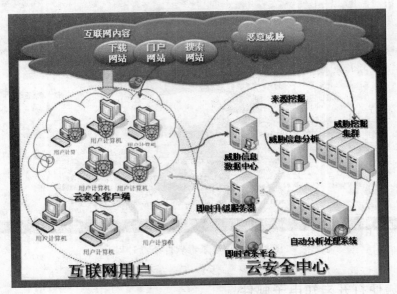

图 1-26　云安全计划示意图

目前,瑞星、趋势、卡巴斯基、MCAFEE、SYMANTEC、江民科技、PANDA、金山、360安全卫士等都推出了云安全解决方案。瑞星基于云安全策略开发的2009新品,每天都会拦截数百万次木马攻击,其中2009年1月8日更是达到了765万余次。趋势科技云安全已经在全球建立了5大数据中心,几万部在线服务器。据悉,云安全可以支持平均每天55亿条点击查询,每天收集分析2.5亿个样本,资料库第一次命中率就可以达到99%。借助云安全,趋势科技现在每天阻断的病毒感染最高达1000万次。

"瑞星卡卡6.0"的"自动在线诊断"模块是"云安全"计划的核心之一,每当用户启动电脑,该模块都会自动检测并提取电脑中的可疑木马样本,并上传到瑞星的"木马/恶意软件自动分析系统",通过分析、诊断,查杀木马病毒,并通过"瑞星安全资料库"把分析结果反馈给用户分享给其他所有"瑞星卡卡6.0"用户。

整个过程全部通过互联网并经程序自动控制,可以在最大程度上提高用户对木马和病毒的防范能力。理想状态下,从一个盗号木马从攻击某台计算机开始,到整个"云安全"网络对其拥有免疫、查杀能力,仅需几秒的时间。

"云安全"的概念和技术是中国杀毒软件企业创造和发展的,这在国际云计算领域独树一帜。"云安全"计划以一个开放性的安全服务平台作为基础,使得每个用户都参与到全网防御体系中来,遇到病毒也将不再是孤军奋战。

1.5　计算机职业道德与软件的知识产权保护

1.5.1　计算机职业道德

21世纪是一个以计算机网络为核心的信息时代,数字化、网络化、信息化是21世纪的时代特征,计算机正在人们的工作、学习、生活中扮演着越来越重要的角色。随着以"计算机网络"为核心的信息技术的迅猛发展,网络在为国家机关提高工作效率、工作质量;为企业带来巨大经济效益和无限商机。与此同时,一些搞计算机的人员和业余爱好者的恶作剧、寻开心设计出计算机病毒;还有一些计算机从业人员因为工作中受挫或被辞退、失业时故意制造的针对性强、破坏性大、产生于内部、防不胜防的计算机病毒都不同程度上导致信息安全受到很大的威胁。因此信息社会发展到今天也产生了一个新兴的犯罪名词——计算机犯罪。

计算机犯罪还不仅限于此,还包括利用开放的互联网传播暴力、色情内容;网络诱发不道德和犯罪行为,如网上欺诈性的交易、盗用网络交易密码、网上赌博等;网络的神秘性"培养"了计算机"黑客"、盗窃他人的计算机资源等。

为此,加强对计算机专业或学习计算机基础的学生职业道德教育和提高这些人的法律意识迫在眉睫。

1. IEEE/ACM《计算学科教学计划》的相关要求

IEEE/ACM 是指 IEEE 计算机协会(IEEE/CS)与美国计算机协会(ACM)两大学术团体。1990年,IEEE/ACM 为了促进美国大学计算机本科教育的发展,制定了著名的计算教程(Curricula for Computing,简称 CC1991)。在 CC1991 报告中,首次将"社会、道德和职业的问题"列入到计算学科的领域中,并强调它对计算学科的重要作用和影响。随后,CC2001 充分肯定了 CC1991 关于"社会、道德和职业的问题"的论述,并将它改为"社会和职业的问题"。从这个意义上讲,职业道德是人们在从事各种职业活动中,在思想上和行为上所应遵循的道德规范的准则。职业道德不仅从业人员在职业活动中的行为标准和要求,而且是本行业对社会所承担的道德责任和义务。职业道德是一般社会道德原则在职业生活中的具体表现。

计算机职业道德规范主要有计算机信息系统的安全、软件知识产权保护和网络规范、不侵犯个人隐私等方面内容。

2. 计算机信息系统的安全

计算机信息系统的安全是指计算机的硬件、软件、信息网络及系统中的数据受到保护,不因偶然的或者恶意的原因而遭到破坏、更改或泄露。保证信息系统连续、可靠、正常地运行,使信息服务不中断。计算机信息系统是由计算机及其相关的和配套的设备、设施(包括网络)构成的,为维护计算机信息系统的安全,防止病毒的入侵,保证信息的保密性、

完整性、可用性、真实性和可控性,应该注意以下几个方面:

(1) 不要蓄意破坏和损伤他人的计算机系统设备及资源;

(2) 不要制造病毒程序,不要使用带病毒的软件,更不要有意传播病毒给其他计算机系统(传播带有病毒的软件);

(3) 要采取预防措施,在计算机内安装防病毒软件;要定期检查计算机系统内文件是否有病毒,若发现病毒,应及时用杀毒软件清除;

(4) 维护计算机的正常运行,保护计算机系统数据的安全;

(5) 被授权者应对自己享用的资源负有保护责任,口令密码不得泄露给外人。

3. 有关网络行为规范

计算机网络正在改变着人们的行为方式、思维方式乃至社会结构,它对于信息资源的共享起到了无与伦比的巨大作用,并且蕴藏着无尽的潜能。但是网络的作用不是单一的,在它广泛的积极作用背后,也有使人堕落的陷阱,这些陷阱产生着巨大的反作用。各个国家都制定了相应的法律法规,以约束人们使用计算机以及在计算机网络上的行为。例如,我国公安部公布的《计算机信息网络国际联网安全保护管理办法》中规定任何单位和个人不得利用国际互联网制作、复制、查阅和传播下列信息:

(1) 煽动抗拒、破坏宪法和法律、行政法规实施的;

(2) 煽动颠覆国家政权,推翻社会主义制度的;

(3) 煽动分裂国家、破坏国家统一的;

(4) 煽动民族仇恨、破坏国家统一的;

(5) 捏造或者歪曲事实,散布谣言,扰乱社会秩序的;

(6) 宣言封建迷信、淫秽、色情、赌博、暴力、凶杀、恐怖信息,教唆他人犯罪的;

(7) 公然侮辱他人或者捏造事实诽谤他人的;

(8) 损害国家机关信誉的;

(9) 其他违反宪法和法律、行政法规的行为。

国务院新闻办公室 2010 年 6 月 8 日发表《中国互联网状况》的白皮书中再次重申依法维护互联网安全。任何组织或者个人不得利用互联网等电信网络制作、复制、发布、传播含有下列内容的信息:反对宪法所确定的基本原则的;危害国家安全,泄露国家秘密,颠覆国家政权,破坏国家统一的;损害国家荣誉和利益的;煽动民族仇恨、民族歧视,破坏民族团结的;破坏国家宗教政策,宣扬邪教和封建迷信的;散布谣言,扰乱社会秩序,破坏社会稳定的;散布淫秽、色情、赌博、暴力、凶杀、恐怖或者教唆犯罪的;侮辱或者诽谤他人,侵害他人合法权益的;含有法律、行政法规禁止的其他内容的。

4. 有关个人隐私的规范

信息社会网络和通信的发达,个人的隐私信息可能会以难以想象的速度和程度蔓延、传播开来。处于信息化时代,计算机、互联网、手机在给人们的工作生活带来便利的同时,也随时可能出卖它们的主人。

近年来一系列的网络热点,无一不和个人信息的泄露相关。在信息传播如此快速的今天,仅靠制定一项法律来制约人们的所有行为是不可能的,也是不实用的。相反,社会需要更多地依靠人们的道德来规定人们普遍认可的行为规范,自觉遵守有关法规。同时在使用计算机时应该抱着诚实的态度、无恶意的行为,防止个人信息泄露,保障个人信息的安全。

(1) 不能利用电子邮件作广播型的宣传,这种强加于人的做法会造成他人的信箱充斥无用的信息而影响正常工作;

(2) 不应该使用他人的计算机资源,除非得到了准许或者作出了补偿;

(3) 不应该利用计算机去伤害别人;

(4) 不能私自阅读他人的通信文件(如电子邮件、视频聊天内容),不得私自复制不属于自己的软件资源;

(5) 不应该到他人的计算机里去窥探,不得蓄意破译别人的口令。

我国政府积极推动健全相关立法和互联网企业服务规范,不断完善公民网上个人隐私保护体系。依据互联网行业自律规范,互联网服务提供者有责任保护用户隐私,在提供服务时应公布相关隐私保护承诺,提供侵害隐私举报受理渠道,采取有效措施保护个人隐私。

1.5.2　软件知识产权保护

计算机软件是一种商业产品,其研制工作量大,商品化难度大,尤其是大型软件,开发周期很长、成本高,是软件从业人员的辛勤脑力劳动的成果。正式发布的软件是有版权的,是要受到法律保护的一种重要的"知识产权"。中国要保护软件的知识产权,既是世界的需要,也是中国自身发展的需要。

所谓的"知识产权"是指人们可以就其智力创造的成果依法享有的专有权利。按照1967年7月14日在斯德哥尔摩签订的《关于成立世界知识产权组织公约》,成立了世界知识产权组织,1974年该组织成为了联合国的一个专门机构。我国于1980年3月正式加入世界知识产权组织。

世界各国大都有自己的知识产权保护法律体系。在美国,与出版商和多媒体开发商关系密切的法律主要有4部,即《版权法》、《专利法》、《商标法》和《商业秘密法》,版权在我国称为著作权。1990年9月我国颁布了《中华人民共和国著作权法》,并把计算机软件列为享有著作权保护的作品;1991年6月,颁布了《计算机软件保护条例》,规定计算机软件是个人或者团体的智力产品,同专利、著作一样受法律的保护,任何未经授权的使用、复制都是非法的,按规定要受到法律的制裁。

1. 我国软件知识产权的形成与发展

我国政府对计算机软件产权的保护十分重视,从1990年起,陆续出台了有关计算机软件知识产权保护的一系列政策法规,到1998年,中国立体交叉式的保护计算机软件知识产权的法律体系已经基本建成。下面列举中国软件知识产权保护的法律进程:

1990年9月7日,第七届全国人民代表大会常务委员会第十五次会议通过了《中华人民共和国著作权法》。同日,中华人民共和国主席发布第三十一号公布。

1991年6月1日,《中华人民共和国著作权法》施行。根据该法第2条的规定,计算机软件作为作品,其著作权及其相关权益受本法保护。该法规定侵权责任包括停止侵害、消除影响、公开赔礼道歉、赔偿损失等。鉴于计算机软件的特殊性,该法第53条规定,计算机软件的保护办法由国务院另行规定。

1991年5月30日,国家版权局发布《中华人民共和国著作权法实施条例》,对著作权法作进一步解释,并对实施中的具体问题进行解释。其中第53条规定,著作权行政管理部门在行使行政处罚权时,可以责令侵害人赔偿受害人的损失。

1991年5月24日,国务院第八十三次常务会议通过《计算机软件保护条例》,6月4日发布,10月1日起实施。条例对计算机软件和程序、文档作了严格定义,对软件著作权人的权益及侵权人的法律责任也有详细的规定。

1992年7月1日,第七届全国人民代表大会常务委员会第二十六次会议决定,中华人民共和国加入《世界版权公约》。

1992年9月25日,国务院颁布《实施国际著作权条约的规定》,9月30起实施。本规定第2条规定对外国作品的保护,适用《中华人民共和国著作权法》、《中华人民共和国著作权法实施条例》、《计算机软件保护条例》和本规定。第7条规定,外国计算机程序作为文学作品保护,可以不履行登记手续,保护期为自该程序首次发表之年年底起50年。

1994年7月5日,第八届全国人民代表大会常务委员会第八次会议通过《全国人民代表大会常务委员会关于惩治侵犯著作权的犯罪的决定》,同日颁布实施。

1997年10月1日,《中华人民共和国刑法〈修订〉》开始施行。新刑法增加了计算机犯罪的罪名,该法最具IT法律特点的规定主要集中在计算机犯罪与侵犯知识产权两部分。

1998年3月4日,原电子部发布《计算机软件产品管理办法》。该办法明确国家对软件产品实行登记备案制度。

《中华人民共和国著作权法》是我国首次把计算机软件作为一种知识产权(著作权)列入法律保护的范畴。《计算机软件保护条例》的颁布与实施,对保护计算机软件著作权人的权益、鼓励计算机软件的开发和流通、促进计算机应用事业的发展起到重要的作用。

根据《中华人民共和国著作权法》(2001年修正案)的规定,国务院于2001年12月20日修订颁布了《计算机软件保护条例》,国家版权局依据本条例的规定又于2002年2月20日颁布了《计算机软件著作权登记办法》。

根据软件自身所具有的特点决定了其保护法律形式的多样性。把计算机软件作为一种技术作品可以得到著作权法保护,作为技术合同的标的可以通过合同法保护,作为一种产品的组成部分可以寻求专利法保护。

人们在使用计算机软件或数据时,应遵照国家有关法律规定,尊重其作品的版权,这是使用计算机的基本道德规范。人们应当养成如下良好的道德规范:

(1) 应该使用正版软件,坚决抵制盗版,尊重软件作者的知识产权;

(2) 不对软件进行非法复制;

(3) 不要为了保护自己的软件资源而制造病毒保护程序;

（4）不要擅自篡改他人计算机内的系统信息资源。

虽然我国的软件知识产权保护工作取得了显著的成绩，但盗版侵权仍然比较猖獗，仍是我国软件产业健康成长的最大敌人。

2．对软件著作权人享有权利的保护

计算机程序（包括源代码和目标代码）及其相关文档（如程序设计说明书、流程图、用户手册等）是软件著作权的客体，依法受到保护。软件著作权人才是受法律保护的软件著作权主体。一般情况下，软件著作权属于软件开发者，这是确定软件著作权归属的一般性原则。软件开发者包括独立开发者、合作开发者、受委托开发者和由国家机关下达任务开发者 4 种类型，后 3 种的著作权归属都需要签订书面约定的合同。根据法律规定，通过继承、授让、承受等方式获得著作权的也可以成为软件著作权人，同样受到法律保护。软件著作权享有的权利包括以下几方面。

（1）发表权：决定软件是否公之于众的权利。

（2）署名权：表明开发者身份，在软件上署名的权利。

（3）修改权：对软件进行增补、删节，或者改变指令、语句顺序的权利。

（4）复制权：将软件制作一份或者多份的权利。

（5）发行权：以出售或者赠与方式向公众提供软件的原件或者复制件的权利。

（6）出租权：有偿许可他人临时使用软件的权利，在国外出租软件是很常见的。

（7）传播权：以有线或者无线方式向公众提供软件，使公众可以在其个人选定的时间和地点获得软件的权利。

（8）翻译权：将原软件从一种自然语言文字转换成另一种自然语言文字的权利。

（9）其他权：应当有软件著作权人享有的其他权利。

3．版权意义下的软件权利

目前，互联网为我们提供了丰富的资源，包括开放的源代码程序，许多工具软件的下载、还有一些免费使用的软件等，究竟哪些是需要付费使用的软件，哪些又是免费使用但又不能转让的软件呢？从版权意义上来看，当前的软件可分为公用软件、商业软件、共享软件和免费软件。除公用软件外，商业软件、共享软件和免费软件都享有版权保护。公用软件不受版权保护，可以进行任何目的的复制，甚至销售，都不受限制。免费软件受版权保护，允许修改软件和对软件进行逆向开发，但发行不能以赢利为目的。

Linux 操作系统就是一种可以在因特网上免费得到，且任何用户都可修改并继续分发的一种由开发者提供全部源代码的自由软件，每个用户都可以使用、修改并继续分发给他人，但是所有的修改必须明确地标记而且任何情况下都不能删除或修改原作者的名字和版权声明。

软件的出现，改变了传统的以公司为主体的封闭的软件开发模式。采用了开放和协作的开发模式，无偿提供源代码，容许任何人取得、修改和重新发布自由软件的源代码。这种开发模式激发了世界各地的软件开发人员的积极性和创造热情。大量软件开发人员利用这种开放的源代码开发方式，使得集体智慧得到充分发挥，大大减少了不必要的重复劳动,提高了软件的可靠性和加快了软件开发的进度。

　　用户从软件出版商和计算机商家购买软件,取得的只是使用该软件的许可,不能转让该软件,如果合同上没有写明允许用户二次开发的条款,用户二次开发后也不能转让。作为软件的版权人和出版单位则分别保留了软件的版权和专有出版权。软件许可合同的作用就是指导如何使用软件和对软件的使用进行限制,而且多数软件还有使用年限。所以在购买软件时一定要明确能否开发和转让的合同条款。在使用计算机软件或数据时,既要应遵守使用计算机的基本道德规范,又要掌握软件的版权的法律底线。

第 2 章　Windows XP 操作系统

2.1　Windows XP 概述

2.1.1　Windows XP 简介

Microsoft 公司自从推出 Windows 95 获得巨大成功之后，在近几年又陆续推出了 Windows 98、Windows 2000 以及 Windows Me 这 3 种用于 PC 的操作系统，各种版本的操作系统都以其直观的操作界面、强大的功能使众多的计算机用户能够方便快捷地使用自己的计算机，为人们的工作和学习提供了很大的便利。

Microsoft 公司于 2001 年又推出了其最新的操作系统——中文版 Windows XP，这次不再按照惯例以年份数字为产品命名，XP 是 Experience(体验)的缩写，Microsoft 公司希望这款操作系统能够在全新技术和功能的引导下，给 Windows 的广大用户带来全新的操作系统体验。根据用户对象的不同，中文版 Windows XP 可以分为家庭版的 Windows XP Home Edition 和办公扩展专业版的 Windows XP Professional。

中文版 Windows XP 采用的是 Windows NT/2000 的核心技术，运行非常可靠、稳定而且快速，为用户的计算机的安全正常高效运行提供了保障。

中文版 Windows XP 不但使用更加成熟的技术，而且外观设计也焕然一新，桌面风格清新明快、优雅大方，用鲜艳的色彩取代以往版本的灰色基调，使用户有良好的视觉享受。中文版 Windows XP 系统大大增强了多媒体性能，对其中的媒体播放器进行了彻底的改造，使之与系统完全融为一体，用户无须安装其他多媒体播放软件，使用系统的"娱乐"功能就可以播放和管理各种格式的音频和视频文件。

总之，在新的中文版 Windows XP 系统中增加了众多的新技术和新功能，使用户能轻松地完成各种管理和操作。

2.1.2　Windows XP 的启动

1. 开机启动 Windows XP

微软的 Windows 系列桌面操作系统，都是能够自启动的操作系统，所以启动 Windows XP，只需要打开计算机的电源。

打开电源后，系统引导进入 Windows XP 的启动界面，经过短暂的欢迎画面的显示，出现系统登录对话框，如图 2-1 所示。

图 2-1　Windows XP 登录对话框

此刻，用户只需选择对应的用户名并输入密码即可进入系统桌面，如果没有设定密码则直接进入系统桌面。如果没有设置多个用户，则不出现登录界面，直接进入 Windows XP 的桌面，如图 2-2 所示。

图 2-2　Windows XP 的桌面

2. 重新启动 Windows XP

启动后，Windows XP 开始工作。但是有时可能会遇到在运行了一些应用程序后，发现系统变得不稳定，资源耗用过多，计算机运行程序变慢的情况。这时需要重新启动 Windows XP 系统。重新启动的步骤如下：

（1）选择"开始"→"关机"命令，弹出如图 2-3 所示的"关闭计算机"对话框。

（2）在"关闭计算机"对话框中单击"重新启动"按钮，如图 2-3 所示。

（3）单击"确定"按钮，重新启动 Windows XP 系统。

图 2-3 中 3 个按钮的功能介绍如下：

（1）待机：当用户单击"待机"命令后，系统将保持当前的运行，计算机将转入低功耗状态，当用户再次使用计算机时，在桌面上移动鼠标即可恢复原来的状态。

（2）关闭：单击该按钮后，系统将停止运行，保存设置并退出系统，并且会自动关闭电源。

（3）重新启动：单击该按钮将关闭并重新启动计算机。

3. 注销 Windows XP

（1）在"开始"菜单中单击"注销"按钮，这时桌面上会弹出一个对话框，如图 2-4 所示，询问用户是否确认要注销或切换用户，单击"注销"按钮，系统将实行注销；单击"取消"按钮，则取消此次操作。

图 2-3 Windows XP"关闭计算机"对话框

图 2-4 "注销 Windows"对话框

（2）单击"注销"按钮后，桌面上弹出另一个对话框，如图 2-5 所示。让用户切换到另一个用户账户上，切换用户功能指在不关闭当前登录用户账户的情况下而切换到另一个用户账户上。

图 2-5 选择用户账户

2.1.3 Windows XP 的关闭

1. 正常关机

单击"开始"按钮,在"开始"菜单中单击"关闭计算机"按钮,这时系统会弹出一个"关闭计算机"对话框,用户可在此做出选择,如图 2-3 所示。

2. 异常关机

(1) 按 Ctrl+Alt+Delete 键,此时会弹出"Windows 任务管理器"对话框。可以选择其中的一个或多个正在运行的程序,单击"结束任务"按钮,这样可以强制关闭该程序。这样做还可以把系统中运行不正常的程序关闭。

(2) 单击"Windows 任务管理器"对话框任务栏中的"关机"和"重新启动"按钮,就可以重新启动计算机。如果这样做仍不能重新启动,就要按主机箱上的 Reset 键了。不过,如果使用这种重新启动的方式,系统不会保存系统设置以及其他应用程序的文件修改。

用户也可以在关机前关闭所有的程序,然后按 Alt+F4 键快速调出"关闭计算机"对话框进行关机。

2.2 Windows XP 的用户界面

2.2.1 桌面及桌面组成元素

启动 Windows XP 系统之后,首先出现的就是桌面,即屏幕工作区,如图 2-6 所示是一个标准的桌面,主要由以下几个部分组成。

快速启动工具栏　　　　空白处　　　　　　指示区

图 2-6　标准的桌面组成

（1）图标：在桌面上有多个上面是图形、下面是对该图形的文字说明，这种组合叫图标。

（2）任务栏：位于屏幕底部，包括"开始"按钮、快速启动工具栏、任务栏的空白处、指示区几个部分。

（3）"开始"按钮：用于打开"开始"菜单，执行 Windows 的各项命令。

（4）快速启动工具栏：用户可以把常用的工具和应用程序的图标拖动到此处，用于快捷启动应用程序。因为快速启动工具栏在任务栏上，可以把任务栏设置成"总在最前"，这样启动应用程序时只需在快速启动工具栏中单击相应的图标。

（5）任务栏的空白处：用于存放已启动的应用程序的图标按钮，而且可以在多个应用程序之间单击激活应用程序。

（6）指示区：显示音量、输入法和时钟等图标。

2.2.2 窗口及窗口组成

在中文版 Windows XP 中有许多种窗口，其中大部分都包括了相同的组件，图 2-7 显示了一个标准的窗口，它由标题栏、菜单栏、工具栏等几部分组成。

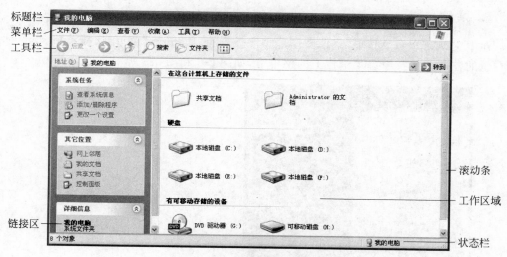

图 2-7 标准的窗口组成

（1）标题栏：位于窗口的最上部，它标明了当前窗口的名称，左侧有控制菜单按钮，右侧有最小、最大化或还原以及关闭按钮。

（2）菜单栏：在标题栏的下面，它提供了用户在操作过程中要用到的各种访问途径。

（3）工具栏：在其中包括了一些常用的功能按钮，用户在使用时可以直接从上面选择各种工具。

（4）状态栏：它在窗口的最下方，标明了当前有关操作对象的一些基本情况。

（5）工作区域：它在窗口中所占的比例最大，显示了应用程序界面或文件中的全部内容。

(6) 滚动条：当工作区域的内容太多而不能全部显示时,窗口将自动出现滚动条,用户可以通过拖动水平或者垂直滚动条来查看工作区的内容。

(7) 链接区：在中文版 Windows XP 系统中,有的窗口左侧新增加了链接区域,这是以往版本的 Windows 系统所不具有的,它以超链接的形式为用户提供了各种操作的便利途径。一般情况下,链接区域包括几种选项,用户可以通过单击选项名称的方式来隐藏或显示其具体内容。

① "任务"选项：为用户提供常用的操作命令,其名称和内容随打开窗口的内容而变化,当选择一个对象后,在该选项下会出现可能用到的各种操作命令,可以在此直接进行操作,而不必在菜单栏或工具栏中进行,这样会提高工作效率,其类型有"文件和文件夹任务"、"系统任务"等。

② "其他位置"选项：以链接的形式为用户提供了计算机上其他的位置,在需要使用时,可以快速转到有用的位置,并打开所需要的其他文件,如"我的电脑"、"我的文档"等。

③ "详细信息"选项：在这个选项中显示了所选对象的大小、类型和其他信息。

2.2.3 Windows XP 的菜单及对话框

1. 菜单

在中文 Windows XP 中,菜单操作是非常普遍的,如"开始"菜单、快捷菜单、窗口标题栏右角的控制菜单及窗口菜单栏上的菜单等,如图 2-8 和图 2-9 所示。

图 2-8 "开始"菜单(一)

图 2-9 快捷菜单

2. 对话框

对话框顾名思义,主要用作人与计算机系统之间的信息对话。例如,运行程序之前或完成任务时所必要的信息输入,或者对对象属性、窗口环境等设置的更改。对话框外形似窗口,但它是不能改变尺寸的,如图2-10所示的"显示 属性"对话框。在桌面空白处单击鼠标右键,然后在弹出的快捷菜单中选择"属性"命令,弹出该对话框。

图 2-10　"显示 属性"对话框——"设置"选项卡

2.3　Windows XP 的基本操作

2.3.1　鼠标的操作和鼠标指针形状

1. 鼠标指针

当用户手握着鼠标在平面上移动时,Windows XP 的屏幕上对应的鼠标指针也就随之移动。通常情况下鼠标指针的形状是一个小箭头 。但是在一些特别场合下,鼠标指针的形状是会有所变化的,不同指针形状指示不同含义。表2-1列出了 Windows XP 缺省方式下最常见的几种鼠标指针的形状及其所代表的不同含义。

2. 鼠标的 5 种基本动作在 Windows 下的常用功能

(1) 指向:一般用于激活对象或显示工具提示信息。

(2) 单击:一般用于选择某个对象、选项、按钮及打开菜单等操作。

(3) 右击:右击后往往会弹出对象的帮助提示或快捷菜单。快捷菜单包含可用于该对象的常规命令,通过它用户可以方便、迅速地操作对象。

表 2-1　鼠标指针的形状及含义

形状	含　义	形状	含　义	形状	含　义
	正常选择		文本选择		正斜角改变尺寸
	帮助选择		书画笔		反斜角改变尺寸
	后台运行		无效操作		任意移动
	正在运行		垂直改变尺寸		轮换选择
	精确选择		水平改变尺寸		链接选择

（4）双击：用于启动程序或者打开窗口等。

（5）拖动：常用于窗口、滚动条、标尺滑块的移动，或者文件、文件夹的复制、移动等操作。

以上介绍的是传统风格下的鼠标动作，在 Windows XP 中允许设置 Web 风格，将浏览器中的单击方式扩充到文件夹和桌面。表 2-2 列出了两种风格下鼠标动作的不同之处。

表 2-2　传统风格与 Web 风格的鼠标动作比较

功　　能	传 统 风 格	Web 风 格
打开对象	双击对象	单击对象
选中一个对象	单击对象	指向对象
选择多个相邻对象	按住 Shift 键的同时，单击组中的第一个对象和最后一个对象	按住 Shift 键的同时，指向组中的第一个对象和最后一个对象
选择多个不相邻对象	按住 Ctrl 键的同时，单击组中的单个对象	按住 Ctrl 键的同时，指向组中的单个对象

2.3.2　桌面的基本操作

Windows XP 启动后的整个屏幕称为"桌面"。桌面上一般放置着若干个常用的对象（文件夹、程序、快捷方式、文档等）。每个对象均用一个图标和一个名称来标识。当启动对象时，一般会弹出相应的窗口，这些窗口就会覆盖部分或全部桌面。当操作完毕后可以关闭这些窗口。这就如同在一张真正桌面上办公，完成工作之后可以将文件收拾起来。当然，总会有少数重要而又常用的东西会一直摆放在桌面上，以便随时都可以使用。Windows XP 桌面上的对象也正有这种好处。桌面的基本操作有：

1．启动桌面上的对象

只要双击桌面上相应对象的图标，即可启动该对象。所以把常用的对象放置在桌面上，使用起来将会十分便捷。

2．添加对象到桌面上

可以用鼠标从别的地方拖动对象到桌面上来添加对象，也可以用鼠标右击桌面的空白处,然后从弹出的快捷菜单中选择"新建"命令创建新对象。在桌面上创建的一般为程序的快捷方式。快捷方式是访问某个常用程序的捷径。但它不是程序本身,仅是程序的一个指针,其图标右下角有一带箭头的小方块图标⬀,很容易识别。

鼠标指针形状及按钮习惯等也是可以修改的,即启动"我的电脑"中"控制面板"中的"鼠标"选项。为了方便操作,用户可以先把该"鼠标"选项添加到桌面上。

【例 2-1】 添加"鼠标"选项到桌面。

这里使用拖动鼠标的方法来添加"鼠标"选项到桌面上,具体操作如下:

(1)选择"开始"→"控制面板"命令,如图 2-11 所示。

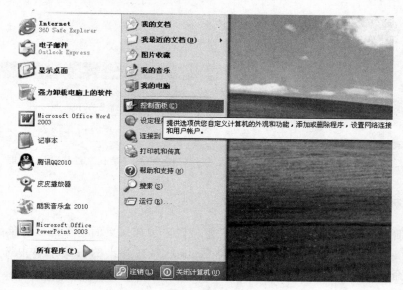

图 2-11 选择"控制面板"命令

(2)把"控制面板"窗口中的"鼠标"选项往桌面上拖动,即可在桌面上创建"鼠标"选项的快捷方式,如图 2-12 所示。

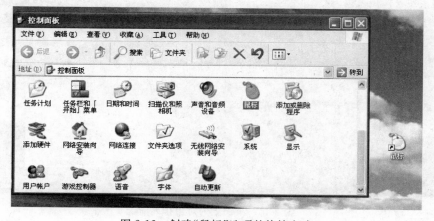

图 2-12 创建"鼠标"选项的快捷方式

3．删除桌面上的对象

可以直接拖动桌面上的对象到回收站来删除对象，也可以右击桌面上对象，然后从弹出的快捷菜单中选择"删除"命令来删除对象。

这里使用快捷菜单中的"删除"命令来删除"鼠标"选项，具体操作如下：

（1）右击"鼠标"选项，弹出快捷菜单，如图 2-13 所示。

（2）选择"删除"命令，弹出如图 2-14 所示的"确认文件删除"对话框，单击"是"按钮，删除"鼠标"选项。

图 2-13 "鼠标"对象的快捷菜单

图 2-14 "确认文件删除"对话框

4．排列桌面上的对象

可以用鼠标直接拖动对象到桌面上任意位置。但如果桌面上有许多对象放置很不整齐时，如图 2-15 所示。可以右击桌面的空白处，然后在弹出的快捷菜单中选择"排列图标"中某一命令（如"名称"）。排列后桌面上的对象如图 2-16 所示。

图 2-15 桌面上的对象排列前

图 2-16　桌面上的对象排列后

2.3.3　图标的基本操作

Windows XP 常用的图标有"我的文档"、"我的电脑"、"网上邻居"、"回收站"和 Internet Explorer。

（1）"我的文档"：用于管理"我的文档"下的文件和文件夹，可以保存信件、报告和其他文档，它是系统默认的文档保存位置。

（2）"我的电脑"：用户通过该图标可以实现对计算机硬盘驱动器、文件夹和文件的管理，在其中用户可以访问连接到计算机的硬盘驱动器、照相机、扫描仪和其他硬件以及有关信息。

（3）"网上邻居"：该项中提供了网络上其他计算机上文件夹和文件访问以及有关信息，在双击展开的窗口中用户可以进行查看工作组中的计算机、查看网络位置及添加网络位置等工作。

（4）"回收站"：在回收站中暂时存放着用户已经删除的文件或文件夹等一些信息，当用户还没有清空回收站时，可以从中还原删除的文件或文件夹。

（5）Internet Explorer(IE)：启动 IE，IE 用于浏览互联网上的信息，通过双击该图标可以访问网络资源。

双击某一图标可以打开对应的窗口,通过窗口操作,可以完成对应的任务。右击某一图标,可以弹出对应的快捷菜单,通过快捷菜单的选项也能完成一定的任务。除此之外,用户也可在桌面上创建快捷图标,有些应用程序在安装时会自动在桌面上创建它的快捷启动图标。

1．创建桌面图标

桌面上的图标实质上就是打开各种程序和文件的快捷方式,快捷方式的实质是对系统中各种资源的一个链接,它的扩展名是.lnk。快捷方式不改变对应文件的位置,并且删除快捷方式的图标,对应的文件也不会被删除。用户可以在桌面上创建自己经常使用的程序或文件的图标,这样使用时直接在桌面上双击即可快速启动该项目。

创建桌面图标方法有:

(1) 右击桌面上的空白处,在弹出的快捷菜单中选择"新建"命令,弹出"新建"子菜单,这样用户就可以在"新建"子菜单中创建各种形式的图标,比如文件夹、快捷方式、文本文档等,如图 2-17 所示。

(2) 将鼠标指向要创建快捷方式的文件或文件夹,按住鼠标右键并往桌面上拖动,当拖动到适当位置后释放鼠标,在弹出的快捷菜单中选择"在当前位置创建快捷方式"命令。

(3) 选中要创建快捷方式的文件或文件夹,右击鼠标,在弹出的快捷菜单中选择"发送到"→"桌面快捷方式"命令。

2．桌面上图标的调整

1) 删除桌面上的对象

右击要删除的对象,然后从弹出的快捷菜单中选择"删除"命令。

2) 排列桌面上图标对象

可以把图标对象拖动到桌面上的任意地方,也可以右击桌面的空白处,在弹出的快捷菜单中选择"排列图标"子菜单中的某项排列方法或单击快捷菜单中的"对齐图标"命令,重新对齐所有的图标,如图 2-18 所示。

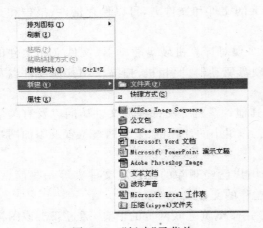

图 2-17　"新建"子菜单

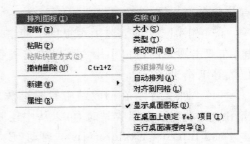

图 2-18　"排列图标"子菜单

2.3.4　任务栏的基本操作

任务栏的形状是一根长条,它一般位于 Windows XP 桌面的底端,如图 2-19 所示。其左端是"开始"按钮,右端一般有一个数字时钟、输入法指示器、音量控制器等。当启动一个对象后,任务栏上就会出现该对象窗口的标题按钮。当桌面上有多个打开的窗口时,可以利用任务栏上的标题按钮很方便地实现窗口之间的切换,只要单击对应的按钮即可。

图 2-19　任务栏

有关任务栏的基本操作如下。

1. 改变任务栏尺寸

(1) 把鼠标移到任务栏上方的边界处,此时鼠标指针形状变为 $\updownarrow$ 。
(2) 拖动鼠标,就可以改变任务栏的大小。

2. 移动任务栏

将鼠标指向任务栏的空白处,拖动鼠标就可把任务栏安置在桌面的底部、顶部及左、右侧 4 个位置中的任一处。

3. 隐藏任务栏

如果用户觉得任务栏碍事的话,可以把它隐藏起来。具体操作如下:
(1) 用鼠标右击任务栏的空白处,在弹出的任务栏快捷菜单中选择"属性"命令,就会弹出"任务栏属性"对话框,勾选"自动隐藏任务栏"复选框。
(2) 在任务栏隐藏模式下,只要把鼠标指向原任务栏位置,任务栏就会出现,鼠标移开后它可以立即隐藏。

4. 最小化所有打开的窗口

当打开较多窗口时,又想快速回到桌面上操作,可以单击任务栏上的"显示桌面"按钮。也可以右击任务栏的空白处,弹出任务栏快捷菜单,如图 2-20 所示。选择"显示桌面"命令,最小化所有打开的窗口。

2.3.5　开始菜单的基本操作

在任务栏左端有一个"开始"按钮,单击"开始"按钮就会弹出"开始"菜单,如图 2-21 所示。用户使用的大部分对象都摆放在这里。利用"开始"菜单可以快速启动程序、查找文件及获取帮助等。

图 2-20　任务栏快捷菜单　　　　　　　　　　　图 2-21　"开始"菜单（二）

1．利用"开始"菜单启动程序

（1）单击"开始"按钮。

（2）移动鼠标指向所需程序。

（3）单击该程序就可将其启动。

例如，可以用"开始"菜单启动"附件"中的"画图"和"写字板"程序试一试。

2．以窗口方式打开"开始"菜单

"开始"菜单以窗口方式显示，用户可以方便地对其中的对象进行复制、移动或删除等操作。用户可以按如下方法打开"开始"菜单：

（1）右击"开始"按钮，弹出"开始"按钮的快捷菜单，如图 2-22 所示。

（2）选择快捷菜单中的"打开"命令，打开"「开始」菜单"窗口，如图 2-23 所示。

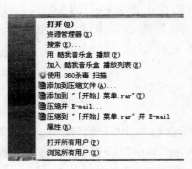

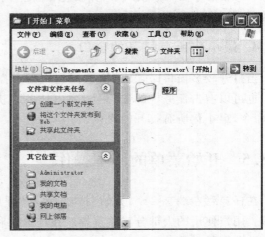

图 2-22　"开始"按钮的快捷菜单　　　　　　　图 2-23　"「开始」菜单"窗口

注意："开始"菜单中的"程序"组在"「开始」菜单"窗口中为"程序"文件夹。

【**例 2-2**】 请把"开始"菜单中的"画图"程序添加到桌面上。

具体操作如下：

（1）按上述方法打开"「开始」菜单"窗口。

（2）双击"程序"文件夹，打开"程序"窗口。

（3）双击"附件"文件夹，打开"附件"窗口。

（4）把"画图"程序拖动到桌面上，如图 2-24 所示。

图 2-24 拖动"画图"程序到桌面

此时"画图"程序被移动到桌面上。若要把"画图"复制到桌面上，则在拖动"画图"程序的同时按住 Ctrl 键。

同理，还可以把其他地方的对象添加到"开始"菜单中。

2.3.6 窗口的基本操作

Windows XP 提供外观基本一致的窗口操作界面。窗口分程序窗口和文档窗口两类。不管是程序窗口还是文档窗口，其窗口的组成及基本操作都一样。下面以"我的电脑"窗口为例介绍 Windows XP 窗口组成和基本操作。双击桌面上"我的电脑"图标，打开"我的电脑"窗口，如图 2-25 所示。

1. 窗口组成

（1）窗口边框：矩形窗口的四条边界线。

（2）标题栏：它在窗口顶部。其左边是控制菜单，中间是窗口的标题，右边有改变窗口尺寸和关闭窗口的窗口按钮 ▬ 、■ 、✖ 。

（3）菜单栏：它在标题栏下方。提供应用程序各功能操作的命令。

（4）工具栏：它在菜单栏的下方。提供应用程序的常用功能操作的命令按钮。

（5）状态栏：它在窗口的底部，用来显示该窗口的状态信息。

（6）工作区域：指窗口内部区域。是显示窗口对象和用户操作对象的区域。

（7）滚动条：位于窗口工作区的左侧或底部，其两侧为滚动箭头按钮 ▲ 或 ▼ ，中间是一个滚动块 ▮ 。

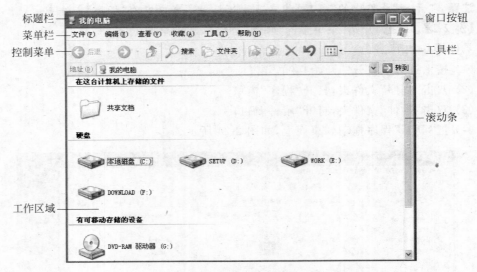

图 2-25 "我的电脑"窗口

2. 窗口的基本操作

1）移动窗口

鼠标移至窗口的标题栏处,拖动到另一处,然后释放鼠标。

2）改变窗口尺寸

鼠标指向窗口的任一边框或任一角,当鼠标指针变为双箭头↔、↕、↖或↗时拖放鼠标,即可按箭头方向改变窗口尺寸。

3）窗口的最小化、最大化、还原及关闭

单击窗口标题栏上右端最小化按钮▬,窗口就缩为一个标题按钮停于任务栏上,但此时窗口并未关闭,单击该标题按钮又可打开该窗口。

单击最大化按钮☐,可把窗口放大到覆盖整个桌面。此时☐按钮变为还原按钮▣,单击▣按钮,窗口就可还原到放大前的窗口大小。

单击关闭按钮✖可关闭窗口。

4）窗口的切换

当打开多个窗口时,只有一个窗口是用户可以对其中的对象进行操作的,称该窗口为活动窗口或当前窗口。当用户要对另一个窗口中的对象进行操作时,就要使该窗口成为活动窗口。

单击窗口的任意可见部分或单击任务栏上该窗口的标题按钮,可使该窗口成为活动窗口。

5）窗口的排列

右击任务栏的空白处,弹出任务栏快捷菜单。若选择"层叠窗口"命令,所有窗口就会层叠起来,如图 2-26 所示。若选择"横向平铺窗口"命令,所有窗口就按横向平铺排列,如

图 2-27 所示。若选择"纵向平铺窗口"命令,所有窗口就按纵向平铺排列,如图 2-28 所示。

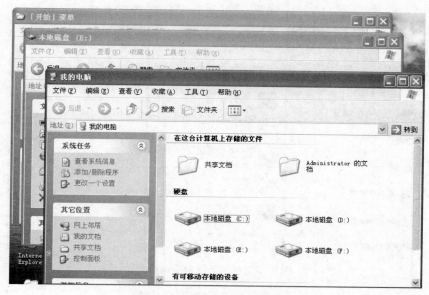

图 2-26　窗口的层叠排列

图 2-27　窗口的横向平铺排列

6) 滚动条移动

通过移动滚动条,可以查看窗口其他部分的内容。要移动滚动条可用鼠标单击滚动条两端的箭头按钮 ▲ 或 ▼ ,或者直接拖动滚动块 。

图 2-28 窗口的纵向平铺排列

2.3.7 菜单的基本操作

1. 打开菜单

单击菜单栏上的菜单名,就会打开该菜单。对于窗口控制菜单,单击窗口左上角的图标就可以将其打开;对于对象的快捷菜单,右击某一对象,就可弹出。打开菜单后,单击菜单中的菜单项就可以执行相应的菜单命令。

2. 关闭菜单

打开菜单后,如果不想使用菜单项,可以在菜单框外任意位置处单击鼠标,可关闭该菜单。

2.3.8 对话框的基本操作

下面以图 2-29 所示的"显示 属性"对话框和图 2-30 所示的对话框组成元素示意图,来介绍对话框的组成及操作。

(1)标题栏:左端是对话框的名称,右端是对话框的关闭按钮 ✖ 和帮助按钮 ❓。

(2)标签(或选项卡):标题栏下往往有

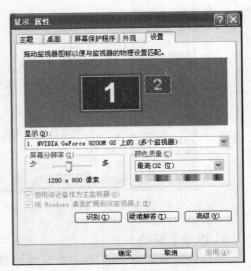

图 2-29 "显示 属性"对话框

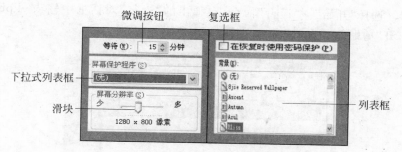

图 2-30　对话框组成元素示意图

标签。按标签给对话框的内容分类，每次显示一个标签内容，以减少屏幕空间的占用。单击对应的标签，就可切换至相应的选项卡。

（3）列表框：单击滚动箭头翻阅此清单，然后单击选取某一项。

（4）下拉式列表框：单击列表箭头查看各选项，单击选择所需选项。

（5）文本框：单击该文本框，看到光标后输入必要的内容。

（6）微调按钮：单击小箭头可以更改数字；或者单击该方框，看到光标后也可以直接输入数值。

（7）复选框：勾选所需复选框，打"√"表示选中，否则没有选中，可以选多个选项。

（8）单选按钮：选中所需单选按钮，有"·"表示选中，否则没有选中，只能选一项。

（9）滑块：滑块在标尺上滑动，可以选择一种设置，只要用鼠标拖动该滑块。

（10）命令按钮：单击命令按钮可以接受对话框设置或取消设置。

（11）对话框的操作：对话框中常用的 3 个命令按钮"确定"、"取消"和"应用"的操作如下：

① 单击"确定"按钮：关闭对话框并保存更改结果。

② 单击"取消"按钮：其作用同对话框右上角的关闭按钮 ✕，不保存更改结果而直接关闭对话框。

③ 单击"应用"按钮：保存更改结果但不关闭对话框。

2.3.9　剪贴板的基本操作

剪贴板是 Windows XP 各应用程序公用的信息交换区，它特别适合于在不同的应用程序之间交换信息。用户可以将一个应用程序中的信息放到剪贴板上，然后在另一个应用程序中可获取剪贴板上的该信息。但剪贴板上只能保留最近一次放置的信息。

"剪切"操作是把选定的信息移动到剪贴板上，并清除原选定信息。

"复制"操作是把选定的信息复制一份放到剪贴板上，原信息保持不变。

"粘贴"操作是把剪贴板上的信息复制到指定的目标处，剪贴板上仍保留有该信息。但当剪贴板是空的，即无任何信息时，"粘贴"操作无效。

由于剪贴板存在于系统的内存中，所以如果需要查看或删除剪贴板内容需要使用剪贴簿查看器。选择"开始"→"运行"命令,在弹出的"运行"对话框中输入 clipbrd.exe,按 Enter 键,打开"剪贴簿查看器"窗口,如图 2-31 所示。

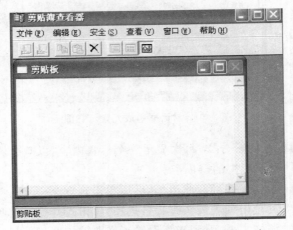

图 2-31 "剪贴簿查看器"窗口

2.3.10 系统帮助

Windows XP 提供完善了的帮助系统。通过帮助系统,用户不仅可以了解 Windows XP 中的一些基本概念,学习掌握 Windows XP 中的基本操作,还可以获取有关系统方面知识的疑难解答。

按 F1 键启动帮助系统,如图 2-32 所示。

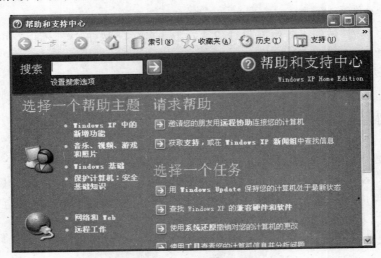

图 2-32 系统帮助

Windows XP 帮助系统中是一个集成的功能丰富而强大的帮助和支持中心程序。在微软的官方文件中,所有的问题都是从帮助和支持中心开始解决的。

1. 查看本机信息

单击"支持"按钮进入支持页,在"相关主题"里找到"我的电脑信息",在页面右栏有许多选项,如单击"查看我的系统硬件和软件的状态"按钮之后,会有一个"收集信息"的过程,帮助和支持中心实际上是调用了系统的其他程序来读取本机的相关信息,然后在该页显示了相关信息,如图 2-33 所示。

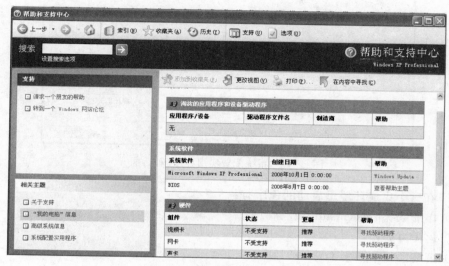

图 2-33 "帮助和支持中心"窗口

通过类似方法还可以查看的机器信息有:
(1)关于该计算机的一般系统信息;
(2)关于该计算机上安装的硬件的信息;
(3)关于该计算机上安装的 Microsoft 软件列表;
(4)正在运行的服务;
(5)应用的组策略设置;
(6)错误日志;
(7)Windows 组件信息;
(8)查看另一台计算机的信息。

实际上,帮助和支持中心把操作系统几乎所有的信息,以及取得这些信息的程序集成到了一起,用户不必查找相对不易找到的一些高级信息和程序,而可以直接在帮助和支持中心下完成所有的工作。这些经过帮助和支持中心处理的信息对深入了解操作系统是很有用的。

2. 启动系统配置相关程序

同样是单击"支持"按钮进入支持页,在"相关主题"里找到"系统配置实用程序"选项,单击后就可以启动此程序,进行相应的配置对话框,如图 2-34 所示。这里还对此程序做了解释,有利于正确地理解这个程序和其他类似程序的作用。

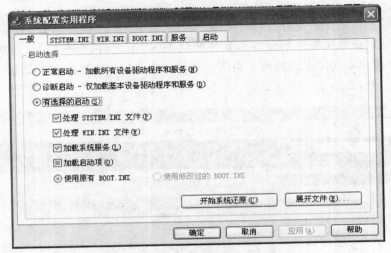

图 2-34　"系统配置实用程序"对话框

可以在这个集成环境里启动的程序有:

(1) 详细系统信息(msinfo32.exe);

(2) 远程协助;

(3) 策略远程结果集工具;

(4) 系统还原;

(5) 磁盘清理;

(6) 磁盘碎片整理;

(7) 备份。

其中有很多工具,如果不到帮助和支持中心去找是很难找到的,比如策略远程结果集工具。

3. 快捷键

在 BBS 上,经常看到有人在"公布"自己研究快捷键的"成果",在微软的官方网站上也在刊登快捷键技巧,比如如何快速地切换用户,其实在帮助和支持中心里有完整的记录,如图 2-35 所示。只要看一遍就成为快捷键高手了。

2.3.11　Windows XP 下执行 DOS 命令

为了方便习惯使用 DOS 的用户,Windows XP 提供了许多运行 DOS 命令或程序的方法。用户可以在 Windows XP 界面下找到 DOS 程序来运行它,也可以回到 DOS 提示符下输入 DOS 命令进行操作。下面介绍 Windows XP 中常用的几种运行 DOS 命令或程序的方法。

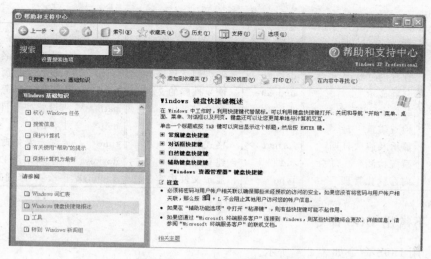

图 2-35　Windows 键盘快捷键

1. 双击程序图标

（1）使用"我的电脑"或"Windows 资源管理器"浏览 DOS 应用程序。

（2）双击程序图标，运行该程序。

2. 使用"开始"菜单中的"运行"命令

（1）选择"开始"→"运行"命令，将弹出如图 2-36 的"运行"对话框。

（2）在"打开"文本框中直接输入 DOS 程序的路径和文件名字，如果不知道 DOS 程序所在的位置及文件名字，可以单击"浏览"按钮，查找该程序。

（3）单击"确定"按钮完成设置。

图 2-36　"运行"对话框

3. DOS 常用命令

DOS 常用命令如表 2-3 所示。

表 2-3　常用 DOS 命令

命令	功　能	命令	功　能	命令	功　能
cmd	进入 DOS 命令	rd	删除目录	restore	恢复备份文件
cls	清屏	xcopy	拷贝目录与文件	tree	列目录树
diskcopy	复制磁盘	fdisk	硬盘分区	prempt	设置提示符
edit	文本编辑	defrag	磁盘碎片整理	dir	列文件名
move	移动文件、改目录名	share	文件共享	cd	改变当前目录

命令	功能	命令	功能	命令	功能
del	删除文件	set	设置环境变量	ren	改变文件名
mem	查看内存状况	debug	随机调试程序	attrib	设置文件属性
more	分屏显示	undelete	恢复被删的文件	label	设置卷标号
sys	制作 DOS 系统盘	deltree	删除目录树	path	设置搜寻目录
chkdsk	检查磁盘	copy	拷贝文件	help	帮助
date	显示及修改日期	format	格式化磁盘	time	显示及修改时间
msd	系统检测	md	建立子目录	doskey	重新调用 DOS 命令
memmaker	内存优化管理	type	显示文件内容	scandisk	检测、修理磁盘

4. 不常用 DOS 命令

不常用 DOS 命令如表 2-4 所示。

表 2-4 不常用 DOS 命令

命令	功能	命令	功能	命令	功能
diskcomp	磁盘比较	append	设置非执行文件路径	expand	还原 DOS 文件
fasthelp	快速显示帮助信息	fc	文件比较	interink	启动服务器
setver	设置版本	intersvr	启动客户机	subst	路径替换
qbasic	Basic 集成环境	vsafe	防病毒	unformat	恢复已格式化的磁盘
ver	显示 DOS 版本号	smartdrv	设置磁盘加速器	vol	显示磁盘卷标号
lh	将程序装入高端内存	ctty	改变控制设备	emm386	扩展内存管理

5. 常用命令具体介绍

（1）dir：显示目录文件和子目录列表，可以使用通配符"?"和"＊"，"?"表示通配一个字符，"＊"表示通配任意字符。

① ＊.后缀：指定要查看后缀的文件。也可以为".后缀"，例如 dir ＊.exe 等于 dir.exe。

② /p：每次显示一个列表屏幕。请按任意键查看下一屏。

③ /w：以宽格式显示列表，在每一行上最多显示 5 个文件名或目录名。

④ /s：列出指定目录及所有子目录中出现的每个指定的文件名。

（2）attrib：显示、设置或删除指派给文件或目录的只读、存档、系统以及隐藏属性。如果在不含参数的情况下使用，则 attrib 会显示当前目录中所有文件的属性。参数介绍如下：

① ＋r 设置只读属性，－r 清除只读属性。

② ＋a 设置存档文件属性，－a 清除存档文件属性。

③ ＋s 设置系统属性，－s 清除系统属性。

④ ＋h 设置隐藏属性，－h 清除隐藏属性。

（3）exit：退出当前命令解释程序并返回到系统。

（4）format：格式化。加上参数/q 表示执行快速格式化，删除以前已格式化卷的文件表和根目录,但不在扇区之间扫描损坏区域。使用/q命令行选项应该仅格式化以前已格式化的完好的卷。

(5) ipconfig:显示所有当前的 TCP/IP 网络配置值、刷新动态主机配置协议(DHCP)和域名系统(DNS)设置。使用不带参数的 ipconfig 可以显示所有适配器的 IP 地址、子网掩码、默认网关。加上参数/all 表示显示所有适配器的完整 TCP/IP 配置信息。

ipconfig 等价于 winipcfg,winipcfg 在 Windows 95/98/Me 上可用。尽管 Windows XP 没有提供像 winipcfg 命令一样的图形化界面,但可以使用"网络连接"查看和更新 IP 地址。要做到这一点,先要打开网络连接,右击某一网络连接,在弹出的快捷菜单中选择"状态"命令,然后切换至"支持"选项卡。

该命令最适用于配置为自动获取 IP 地址的计算机。它使用户可以确定哪些 TCP/IP 配置值是由 DHCP、自动专用 IP 地址(APIPA)和其他配置配置的。

(6) md:创建目录或子目录。

(7) move:将一个或多个文件从一个目录移动到指定的目录。

(8) ping:通过发送"网际消息控制协议(ICMP)"回响请求消息来验证与另一台 TCP/IP 计算机的 IP 级连接。回响应答消息的接收情况将和往返过程的次数一起显示出来。ping 是用于检测网络连接性、可到达性和名称解析的疑难问题的主要 TCP/IP 命令。如果不带参数,ping 将显示帮助。名称和 IP 地址解析是它的最简单应用也是用得最多的。可带参数有如下两下:

① −t:指定在中断前 ping 可以持续发送回响请求信息到目的地。要中断并显示统计信息,请按 Ctrl+Break 键。要中断并退出 ping,请按 Ctrl+C 键。

② −lSize:指定发送的回响请求消息中"数据"字段的长度(以字节表示),默认值为32,最大值是 65 527。

(9) rename (ren):更改文件的名称,如 ren *.abc *.cba。

(10) set:显示、设置或删除环境变量。如果没有任何参数,set 命令将显示当前环境设置。

(11) shutdown:允许关闭或重新启动本地或远程计算机。如果没有使用参数,shutdown 将注销当前用户。可使用的参数如下:

① −m ComputerName:指定要关闭的计算机。

② −t xx:将用于系统关闭的定时器设置为 xx 秒。默认值是 20 秒。

③ −l:注销当前用户,这是默认设置。−m ComputerName 优先。

④ −s:关闭本地计算机。

⑤ −r:关闭之后重新启动。

⑥ −a:中止关闭。除了−l 和 ComputerName 外,系统将忽略其他参数。在超时期间,只可以使用−a。

(12) type:显示文本文件的内容。使用 type 命令查看文本文件或者是 bat 文件而不修改文件。

(13) tree:图像化显示路径或驱动器中磁盘的目录结构。

（14）xcopy：复制文件和目录，包括子目录。可使用的参数如下：

① /s：复制非空的目录和子目录。如果省略/s，xcopy 将在一个目录中工作。

② /e：复制所有子目录，包括空目录。

（15）copy：将一个或多个文件从一个位置复制到其他位置。

（16）del：删除指定文件。

2.3.12 文件与文件夹

文件是有名字的相关信息的集合。如前面提到的图片文件、文档文件及程序文件等。而文件夹是中文 Windows XP 系统中存放文件的地方。当然文件夹中还可以存放下一级文件夹。用户使用各级文件夹来实施文件的分层存放和管理。

中文 Windows XP 系统的文件和文件夹的命名必须遵守如下规则：

（1）文件名最多可以有 255 个字符，包括汉字，但是不允许出现\、/、:、*、?、"、<、>、|等字符。

（2）允许使用多个扩展名，如文件名 Finance. Income. John. June。

（3）名字中区分英文字母的大小写，即在名字中使用的大写英文字母与小写英文字母会看作不同的字符。

（4）名字中间可以使用空格，但会忽略名字开头和结尾的空格。

2.3.13 桌面上的系统文件夹

"我的文档"是 Windows XP 中的一个系统文件夹，系统为每个用户建立的文件夹，主要用于保存文档、图形，当然也可以保存其他任何文件。

误删了桌面上的"我的文档"图标，应该如何恢复呢？

打开注册表编辑器，在 HKEY_LOCAL_MACHINE\Software\Microsoft\Windows\CurrentVersion\Explorer\Desktop\Namespace 下（不是在右窗口中）新建主键，名称为{450d8fba-ad25-11d0-98a8-080-0361b1103}，然后在它的右窗口中新建字符串值，键值为"我的文档"。

2.3.14 资源管理器

"资源管理器"是一项系统服务，负责管理数据库、持续消息队列或事务性文件系统中的持久性或持续性数据。"资源管理器"存储数据并执行故障恢复，如图 2-37 所示。

"资源管理器"是 Windows 系统提供的资源管理工具，可以用它来查看本台电脑的所有资源，特别是它提供的树型的文件系统结构，使用户能够更清楚、更直观地认识电脑的文件和文件夹，这是"我的电脑"中所没有的。在实际的使用功能上"资源管理器"和"我的电脑"没有什么不一样的，两者都是用来管理系统资源的，也可以说都是用来管理文件的。另外，在"资源管理器"中还可以对文件进行各种操作，如打开、复制、移动等。

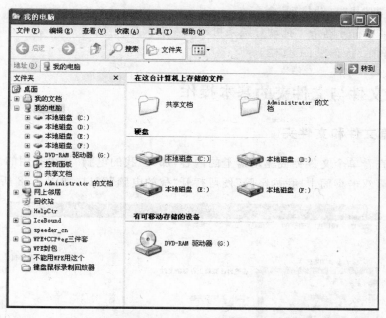

图 2-37　用"资源管理器"打开"我的电脑"窗口

　　"资源管理器"的"浏览"窗口包括标题栏、菜单栏、工具栏、左窗口、右窗口和状态栏等几部分。"资源管理器"也是窗口,其各组成部分与一般窗口大体一致,其特别的窗口包括文件夹窗口和文件夹内容窗口。左边的文件夹窗口以树型目录的形式显示文件夹,右边的文件夹内容窗口是左边窗口中所打开的文件夹中的内容。

1. 资源管理器启动方法

　　(1) 双击桌面的"资源管理器"快捷方式图标;
　　(2) 单击任务栏"资源管理器"快捷方式图标;
　　(3) 右击"开始"→"资源管理器"或右击桌面上"我的电脑"图标;
　　(4) 在"开始"→"程序"→"附件"中选择"资源管理器"。

2. 资源管理器的组成

　　(1) 左窗口。左窗口显示各驱动器及内部各文件夹列表等。
　　① 选中(单击文件夹)的文件夹称为当前文件夹。
　　② 文件夹左方有"＋"标记,则表示该文件夹有尚未展开的下级文件夹,单击"＋"标记可将其展开(此时变为"－"标记),没有标记的表示没有下级文件夹。
　　(2) 右窗口。右窗口显示当前文件夹所包含的文件和下一级文件夹。
　　① 右窗口文件夹的显示方式可以改变。右击或选择"查看"→"大图标"、"小图标"、"列表"、"详细资料"或"缩略图"命令。
　　② 右窗口的排列方式可以改变。右击或选择"排列图标"→"按名称"、"按类型"、"按

大小"、"按日期"或"自动排列"命令。

（3）窗口左右分隔条。拖动分隔条可改变左右窗口大小。

（4）菜单栏、状态栏、工具栏。

2.3.15　文件与文件夹的基本操作

1．浏览文件和文件夹

如果要查看单个文件夹或驱动器上的内容，那么"我的电脑"是很有用的。

用户只需双击桌面上"我的电脑"便可打开"我的电脑"窗口，如图 2-38 所示。

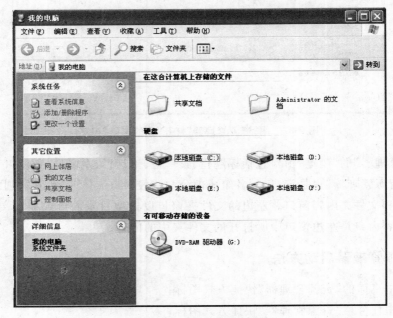

图 2-38　"我的电脑"窗口

在"我的电脑"窗口中，将看到本机所有磁盘和光盘的列表，如软盘 A，硬盘 C、D、E、F 和光盘 G 等。

若要查看某一磁盘中的内容，如硬盘 C，只要双击硬盘 C 的图标即可打开"硬盘 C"窗口，如图 2-39 所示。在窗口中可以查看硬盘 C 中所有的文件和文件夹，其中带有 📁 或 📂 图标的是文件夹，其他的均为文件。文件往往有各式各样的图标，不同图标表示不同类型的文件，要注意观察。其中 🗔 图标表示未知文件类型，其他图标表示已知文件类型（在 Windows XP 中已注册的程序或文档等）。

若要返回到上一级文件夹，请单击文件夹窗口的工具栏上的 📁 按钮或按 Backspace 键。如果工具栏不可见，可选择文件夹窗口中的"查看"→"工具栏"命令。

在文件夹窗口中，用户可以选取不同的方式查看其中的文件和子文件夹，只要选择菜单栏上的"查看"→"大图标"、"小图标"、"列表"、"详细资料"命令之一即可。

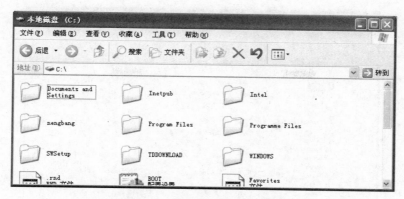

图 2-39　硬盘 C 的文件夹窗口

（1）大图标：以较大的图标标识文件或文件夹。

（2）小图标：以较小的图标标识文件或文件夹。

（3）列表：以列表形式显示文件或文件夹。

（4）详细资料：可以显示文件和文件夹的名称、大小、类型及修改时间等信息。

还可以按文件和文件夹的名称、类型、大小及修改日期排序查看。用户可以单击菜单栏上的"查看"按钮，选择"排列图标"选项，然后选择"按名称"、"按类型"、"按大小"、"按日期"选项之一。

提示：若要想看所有文件或所有文件的扩展名，可按如下操作：

（1）选择"查看"→"文件夹选项"命令，弹出如图 2-40 所示的对话框。

（2）单击"查看"标签。

（3）单击"隐藏文件"下的"显示所有文件"，可查看所有文件；取消"隐藏已知文件类型的扩展名"复选框的勾选，可看到所有文件的扩展名。

图 2-40　"文件夹选项"对话框

2. 使用"资源管理器"浏览文件和文件夹

如果喜欢以层次结构查看文件，可以使用"Windows 资源管理器"来查看。

启动"Windows 资源管理器"，可单击"开始"→"程序"→"Windows 资源管理器"命令，打开"资源管理器"窗口，如图 2-41 所示。

"资源管理器"窗口分成左右两个窗格，左侧窗格显示树型的文件夹结构；右侧窗格显示被打开文件夹（当前文件夹）中的子文件夹和文件。

左侧窗格中文件夹左边带"＋"标记的，表示其下还有子文件夹，如 WINDOWS 文件夹。单击"＋"，则可展开该文件夹，显示其子文件夹的分层结构。此时"＋"标记变成

图 2-41 用资源管理器打开 WINDOWS 文件夹窗口

"－"，单击"－"标记，则可收拢该文件夹。

同"我的电脑"一样，资源管理器也可以选择几种不同的查看和排序方式浏览文件和文件夹。

实际上"我的电脑"能完成的文件和文件夹各项操作，用"资源管理器"也同样能完成。下面使用"资源管理器"来介绍文件和文件夹各项操作。至于"我的电脑"其操作方式基本相同，用户可以自己试一试。

在中文版 Windows XP 系统中，对一项功能往往提供几种操作方式，如菜单栏上菜单中的命令、快捷菜单中的命令、工具栏上的命令按钮，键盘的快捷键等。相信用户在前面操作过程中有所体会。同样，在资源管理器中对文件和文件夹的操作，可以使用菜单栏上的菜单，如图 2-42 所示；也可以使用快捷菜单中的命令，如图 2-43 所示；也可以使用工具栏上的命令按钮，如图 2-44 所示；还可以使用键盘快捷键，参见表 2-5。

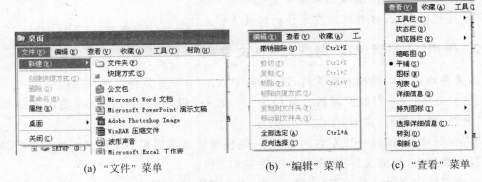

(a) "文件"菜单　　　　(b) "编辑"菜单　　(c) "查看"菜单

图 2-42 "资源管理器"中的常用菜单

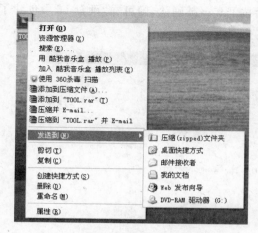

图 2-43 "资源管理器"中的快捷菜单

表 2-5 "资源管理器"中的快捷键

快捷键	功　　能
F2	文件夹或文件的更名
F3	查找文件夹或文件
F5	刷新当前窗口
F6	在左右窗格间切换
Backspace	查看上一级文件夹
Ctrl＋A	全选
Ctrl＋拖动	复制文件夹或文件
Shift＋拖动	移动文件夹或文件
Delete	删除文件夹或文件
Shift＋Delete	删除文件夹或文件，不将其放入"回收站"

图 2-44 "资源管理器"的工具栏

3. 创建文件夹

用户可以创建属于自己的文件夹，把要用到的文件存放在这些文件夹中，以方便管理和使用这些文件。创建文件夹操作如下：

(1) 在"资源管理器"中打开要在其中创建新文件夹的文件夹，如硬盘 D。

(2) 选择"文件"→"新建"→"文件夹"命令，在"硬盘 D"的窗口中出现带临时名称"新建文件夹"的文件夹，如图 2-45 所示。

图 2-45 出现"新建文件夹"小图标

（3）输入新文件夹的名称，如 MINE，然后按 Enter 键确认，即可在"硬盘 D"中创建了 MINE 文件夹，如图 2-46 所示。

图 2-46 输入文件夹名 MINE

可以试着在"硬盘 D"的 MINE 文件夹下创建 PICTURE、DOC、OTHER 三个文件夹。

4. 文件和文件夹的重命名

若觉得某一文件或文件夹的名字不合适，则可以将其更改。具体操作步骤如下：

（1）在"资源管理器"中单击要更名的文件或文件夹，如 DOC 文件夹，如图 2-47 所示。

（2）选择"文件"→"重命名"命令。

（3）输入新的名字，如 DOC，然后按 Enter 键，如图 2-48 所示。

5. 文件和文件夹的复制和移动

复制或移动文件和文件夹前，首先要选择被复制或移动的文件和文件夹。

6. 选择文件和文件夹

1）选择单个文件或文件夹

用鼠标单击该文件或文件夹。

2）选择多个相邻文件或文件夹

单击第一个文件或文件夹，然后按住 Shift 键的同时单击最后一个文件或文件夹。或者在窗口的空白处拖动鼠标，全部选中需要的文件。

3）选择多个不相邻文件或文件夹

（1）按住 Ctrl 键的同时单击要选用的每个文件或文件夹；

新编大学计算机基础教程

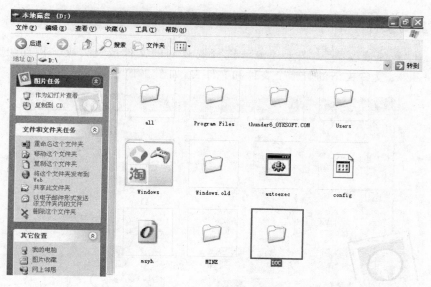

图 2-47　选中文件夹 DOC

图 2-48　DOC 文件夹更名为 DOCUMENT

（2）选择窗口中的所有文件和文件夹；

（3）选择"编辑"→"全部选定"命令。

4）反向选择窗口中的文件和文件夹

选择"编辑"→"反向选择"命令。它将取消已选定的文件或文件夹，而把事先没有选定的所有文件或文件夹选定。

5）取消选择

在文件夹窗口的任何空白处单击鼠标。

7. 复制文件和文件夹

（1）在"资源管理器"中按上述方法选择要复制的文件或文件夹。例如，选择"硬盘 C"中 Windows 文件夹下的若干个文件和文件夹，如图 2-49 所示。

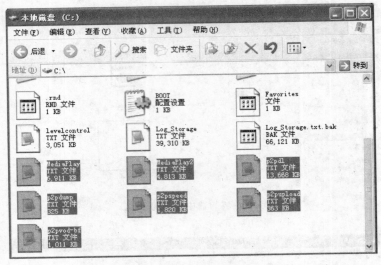

图 2-49　选定要复制的文件和文件夹

（2）选择"编辑"→"复制"命令。

（3）打开目标盘和目标文件夹，如"硬盘 D"中的 MINE 文件夹。

（4）选择"编辑"→"粘贴"命令，就可将这些文件和文件夹复制到"硬盘 D"的 MINE 文件夹中，如图 2-50 所示。

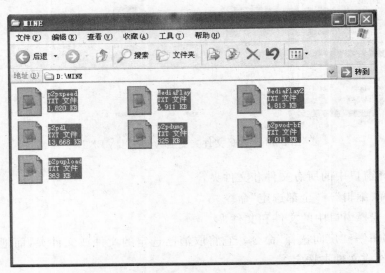

图 2-50　复制到 MINE 文件夹中

8. 移动文件或文件夹

（1）在"资源管理器"中选择要移动的文件或文件夹，如选择"硬盘 D"中 MINE 文件夹下若干个文件和文件夹。

（2）选择"编辑"→"剪切"命令，这些文件或文件夹的颜色变浅，表示它们处于移动状态，如图 2-51 所示。

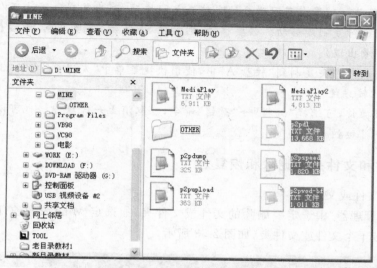

图 2-51　选定要移动的文件和文件夹

（3）打开要放置文件或文件夹的文件夹，如 MINE 文件夹下的 OTHER 文件夹。

（4）选择"编辑"→"粘贴"命令，就可将这些文件和文件夹移动到 MINE 文件夹下的 OTHER 文件夹中，如图 2-52 所示。

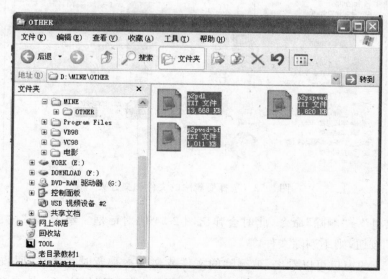

图 2-52　移动到 OTHER 文件夹中

提示：

（1）可以使用快捷菜单中的"复制"、"剪切"、"粘贴"命令复制或移动文件和文件夹。

（2）可以使用工具栏上的"复制"按钮、"剪切"按钮、"粘贴"按钮复制或移动文件和文件夹。

（3）可以拖动文件和文件夹来完成复制和移动操作。选择文件或文件夹，然后将文件或文件夹拖动到目标文件夹位置处，然后释放鼠标。如果在同一磁盘的不同文件夹之间拖动，则为移动。如果在不同磁盘的文件夹之间拖动，则为复制。不过可以在拖动时按住以下键强制进行复制或移动。若要移动，则按住 Shift 键；若要复制，则按住 Ctrl 键（指针旁有"+"符号出现）。

若把文件或文件夹复制到"软盘 A"中，使用快捷菜单中"发送到"中的"3.5 英寸软盘（A）"命令会比较方便。

若发生误操作，可选择"编辑"→"撤销"命令，可取消上一次操作。也可以直接单击工具栏上的"撤销"按钮。

9．文件和文件夹的删除和恢复

1）删除文件或文件夹

在"资源管理器"中选定要删除的文件或文件夹，如选定 Mine 文件夹下的 OTHER文件夹中的若干个文件或文件夹，如图 2-53 所示。

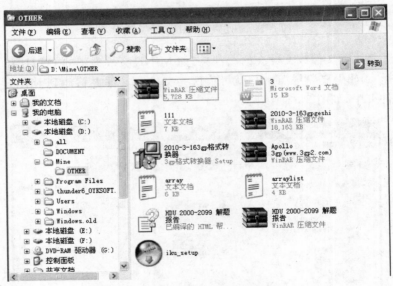

图 2-53 选择要删除的文件和文件夹

选择"文件"→"删除"命令，此时会弹出图 2-54 的对话框。单击"是"按钮，则删除文件；单击"否"按钮，则不删除文件。

从图 2-55 的窗口可以看出，被删除的文件或文件夹被暂时存放在"回收站"中，并没有从磁盘上真正删除，仍会占据磁盘空间，所以可以方便地恢复这些文件或文件夹。

新编大学计算机基础教程

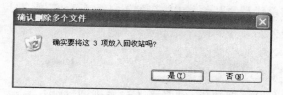

图 2-54 "确认删除多个文件"对话框

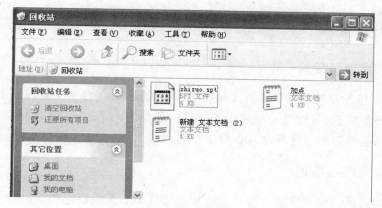

图 2-55 打开的"回收站"窗口

2）恢复文件或文件夹

（1）打开"回收站"文件夹，如图 2-54 所示。

（2）选定要恢复的文件或文件夹。

（3）选择"文件"→"还原"命令。

通过清空"回收站"，可以真正删除"回收站"中的文件和文件夹，所以操作时要谨慎。具体操作步骤如下：

（1）打开"回收站"文件夹。

（2）选择"文件"→"清空回收站"命令，弹出"确认删除"对话框，然后单击"是"按钮。

提示：直接将文件或文件夹拖动到"回收站"图标上，即可删除它们。如果在拖动的同时按住 Shift 键，文件或文件夹将从计算机中真正删除，而不保存到"回收站"中。

可以用快捷菜单中的"删除"命令或工具栏上的"删除"按钮 ✕ 来删除文件或文件夹。

软盘上的文件或文件夹被删除后，不会保存到回收站中，它们会被真正删除。

2.4 磁盘管理

磁盘管理是一项使用计算机时的常规任务，Windows XP 的磁盘管理任务是以一组磁盘管理应用程序的形式提供给用户的，它们位于"计算机管理"控制台中，包括查错程序、磁盘碎片整理程序、磁盘整理程序等。

磁盘存储器不仅容量大、存取速度快，而且可以实现随机存取，是实现虚拟存储器所

必需的硬件。因此在现代计算机系统中,都配置了磁盘存储器,并以它为主存放文件。磁盘存储管理的主要任务是:

(1) 为文件分配必要的存储空间;

(2) 提高磁盘存储空间的利用率;

(3) 提高磁盘的 I/O 传递速度,以改善文件系统的性能;

(4) 采取必要的冗余措施,来确保文件系统的可靠性。

2.4.1 任务管理

1. 任务管理器简介

Windows 任务管理器提供了有关计算机性能的信息,并显示了计算机上所运行的程序和进程的详细信息,可以显示最常用的度量进程性能的单位;如果连接到网络上,还可以查看网络状态并迅速了解网络是如何工作的。

2. 任务管理器概述

任务管理器提供正在计算上运行的程序和进程的相关信息。还显示最常用的进程性能测量。使用任务管理器可以监视计算机性能的关键指示器。可以查看正在运行的程序的状态,并终止已停止响应的程序。还可以使用多达 15 个参数评估正在运行的进程的活动,查看反映 CPU 和内存使用情况的图形和数据。此外,如果与网络连接,则可以查看网络状态,了解网络的运行情况。如果有多个用户连接到自己的计算机,则可以看到有哪些计算机在连接、在做什么,还可以给他们发送消息。

3. 正在运行的程序

“应用程序”选项卡显示计算机上正在运行的程序的状态。使用该选项卡,就能够终止、切换或者启动程序。

4. 正在运行的进程

“进程”选项卡显示计算机上正在运行的进程的相关信息。例如,可以显示关于 CPU 和内存使用情况、页面错误、句柄数以及许多其他参数的信息。

5. 性能测量

“性能”选项卡显示了计算机性能的动态概述,其中包括 CPU 和内存使用情况,计算机上正在运行的句柄、线程和进程的总数,物理内存、核心内存和提交内存的总数。

6. 查看网络性能

“联网”选项卡显示了网络性能的图形化表示。它提供了简单、定性的指示器,以显示正在计算机上运行的网络的状态。只有当网卡存在时，才会显示"联网"选项卡。在该选项卡上，可以查看网络连接的质量和可用性，无论电脑是连接到一个还是多个网络上。

7. 监视会话

"用户"选项卡显示了可以访问该计算机的用户，以及会话的状态与名称。"客户端名"指定了使用该会话的客户端计算机的名称（如果适用）。"会话"为用户提供一个用来执行诸如向另一个用户发送消息或连接到另一个用户会话这类任务的名称。只有在用户所用的计算机启用了"快速用户切换"功能，并且作为工作组成员或独立的计算机时，才会显示"用户"选项卡。对于作为网络域成员的计算机，"用户"选项卡不可用。

8. 启动任务管理器

1）Ctrl＋Alt＋Delete 键

最常见的启动任务管理器的方法如下：

在 Windows XP（Windows 98 或更高版本）中，按 Ctrl＋Alt＋Delete 键就可以直接调出。不过如果连续按两次的话，可能会导致 Windows 系统重新启动，假如此时还未保存数据的话，数据就会丢失。

2）其他办法

启动任务管理器还有如下几种方法：

（1）在 Windows XP 中，按 Ctrl＋Shift＋Esc 键，出现"任务管理器"。

（2）鼠标右击任务栏的空白处，在弹出的快捷菜单中选择"任务管理器"命令。

（3）在桌面上，选择"开始"→"运行"命令，在弹出的对话框中，输入 taskmgr. exe，并单击"确定"按钮。

（4）为\Windows\System32\taskmgr. exe 文件在桌面上建立一个快捷方式，然后为此快捷方式设置一个热键，以后就可以用热键来打开任务管理器。

提示：在 Windows XP 中，如果未使用欢迎屏幕方式登录系统，那么按 Ctrl＋Alt＋Delete 键，弹出的只是"Windows 安全"窗口，必须选择"任务管理器"才能够打开。

2.4.2　应用程序的基本操作

1. 打开应用程序的方法

（1）单击"开始"按钮，在弹出的菜单中选择"所有程序"命令，在展开的菜单中将鼠标放到 winrar 上，便出现下一级菜单，单击其中的 winrar 命令。

（2）双击桌面上的 winrar 图标。

（3）双击"我的电脑"图标，在弹出的窗口中，选择程序的安装的驱动器图标，如 C 盘，打开该驱动器，在打开的窗口中找到安装该程序的文件路径，进入后双击其中的主程序文件。

2. 退出应用程序的方法

（1）单击程序界面右上角的关闭按钮。

（2）右击其标题栏，在弹出的快捷菜单中选择"关闭"命令，或双击标题栏左上角的应用程序图标按钮也可以将程序关闭。

（3）选择程序主界面中的"文件"→"关闭"命令。

（4）选中程序窗口，按 Alt＋F4 键可迅速关闭程序。

2.4.3　设置对象属性

在中文版 Windows XP 系统中文件和文件夹具有隐藏、只读、系统和存档等属性，若计算机连到网络上，还具有共享属性。

1. 存档属性

有些程序用存档属性来控制哪些文件应该备份。

2. 只读属性

含有只读属性的文件或文件夹通常不会被误删或修改。

3. 隐藏属性

在中文版 Windows XP 系统中具有隐藏属性的文件或文件夹，默认情况下不显示在文件夹列表中，可对这些文件或文件夹起到一定的保护作用。

4. 系统属性

系统文件是 Windows 正常运行所必需的，默认情况下它们不显示在文件夹列表中。在中文版 Windows XP 系统中可以方便地更改文件或文件夹的属性，具体操作如下：

（1）在"资源管理器"中选定要改变属性的文件或文件夹，如选定 MINE 文件夹下的 OTHER 文件夹中的 1stboot 文件。

（2）选择"文件"→"属性"命令，将弹出如图 2-56 所示的"1stboot 属性"对话框。

（3）勾选相应的属性复选框，如勾选"只读"或"隐藏"复选框后单击"确定"按钮。

提示：可以使用快捷菜单中的"属性"命令或工具栏上的"属性"按钮 设置文件或文件夹的属性。

若要查看隐藏文件，可进行如下操作：

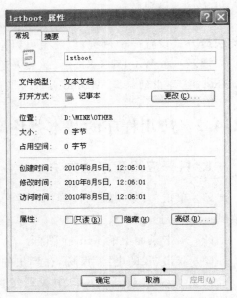

图 2-56　"1stboot 属性"对话框

（1）选择"查看"→"文件夹选项"命令，弹出"文件夹选项"对话框。

（2）单击"查看"标签。

（3）选中"隐藏文件"下的"显示所有文件"复选框，可查看所有文件。

2.4.4　文件和文件夹的查找

若用户忘记某些文件或文件夹的位置或想快速找到所需的文件和文件夹，可以使用中文 Windows XP 系统提供的文件和文件夹的查找功能。具体操作如下：

（1）选择"开始"→"搜索"命令，弹出如图 2-57 所示的窗口。

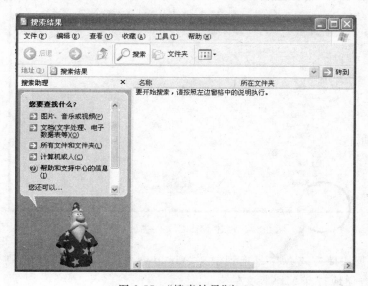

图 2-57　"搜索结果"窗口

（2）单击"所有文件和文件夹"标签，在"名称"文本框中输入文件或文件夹的全名或部分名称，可以使用通配符，如输入"PICT＊"（"＊"表示任意字符串），在"搜索"下拉列表框中选择盘号或文件夹。

（3）如果不知道文件名或想细化搜索条件，可在"包含文字"文本框中输入查找文件所包含的内容，或单击"修改日期"标签，指定文件修改的日期范围，单击"高级"标签，指定文件类型、大小。

（4）单击"开始查找"按钮，中文 Windows XP 系统就会根据给定的条件去查找文件或文件夹。

注意：中文 Windows XP 系统查找时不区分文件和文件夹名字的大小写。

提示：可以直接按 win＋F 键快速打开查找页面。

2.4.5　创建应用程序的快捷方式

快捷方式是一个指向对象（文档、程序、文件夹等）的指针。在某处创建一个对象的快捷方式后,在此处就可以使用原对象,而无须创建它的副本。这样,不仅可以节省磁盘存储空间,而且当原对象发生变更时,也无须更新它的副本。这是中文 Windows XP 系统的一大特色功能。

创建快捷方式操作如下:

(1) 在"资源管理器"中单击要创建快捷方式的对象,如"硬盘 D"下的 MINE 文件夹。

(2) 选择"文件"→"创建快捷方式"命令,即可在 MINE 文件夹下方创建"快捷方式 MINE",如图 2-58 所示。

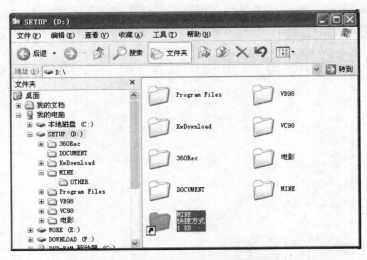

图 2-58　创建 MINE 文件夹的快捷方式

(3) 如果把快捷方式 MINE 拖到中文 Windows XP 系统的桌面上,则可以通过双击该快捷方式,方便地打开 MINE 文件夹。

提示:可以使用快捷菜单中的"创建快捷方式"命令创建快捷方式。

2.5　控　制　面　板

2.5.1　Windows XP 的控制面板

控制面板是 Windows 图形用户界面一部分,可通过开始菜单访问。它是允许用户查看并操作基本的系统设置和控制,比如添加硬件、添加/删除软件、控制用户账户、更改辅助功能选项等。控制面板可通过选择"开始"→"设置"→"控制面板"命令访问。同时它也可以通过运行 control 命令直接访问,其界面如图 2-59 所示。

1．Windows XP 控制面板类别

1) 辅助功能选项

允许用户配置个人电脑的辅助功能。例如,包含多种设置,主要针对有残障人士以及

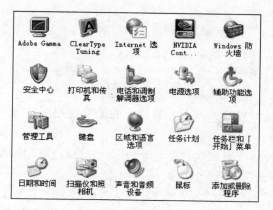

图 2-59 控制面板

计算机硬件问题的设置。

（1）可修改键盘行为。例如，针对同时按下两个按键有困难的用户，只需每次按一个按键。

（2）可修改声音行为。

（3）可激活高对比度模式。

（4）可自定义键盘光标。例如，可以修改在文本输入模式下光标的闪烁速度及其宽度。

（5）可通过数字键盘控制鼠标指针。

2）添加硬件

启动一个可使用户添加新硬件设备到系统的向导。它通过从硬件列表中选择一个硬件，或者指定设备驱动程序的安装文件位置来完成。

3）卸载程序

允许用户从系统中添加或删除程序。添加/删除程序对话框也会显示程序被使用的频率，以及程序占用的磁盘空间。

注意：某些情况下，程序占用空间显示的数值可能会不准确。

4）管理工具

包含为系统管理员提供的多种工具，包括安全、性能和服务配置。

5）日期和时间

允许用户更改存储于计算机 BIOS 中的日期和时间，更改时区，并通过 Internet 时间服务器同步日期和时间。

6）个性化

加载允许用户改变计算机显示设置，如设置桌面壁纸、屏幕保护程序、显示分辨率等计算机显示属性。

7）文件夹选项

这个项目允许用户配置文件夹和文件在 Windows 资源管理器中的显示方式。它也被用来修改 Windows 中文件类型的关联；这意味着使用何种程序只能打开某种或某几种类型的文件。

8）字体

显示所有安装到计算机中的字体。用户可以删除字体、安装新字体或者使用字体特征搜索字体。

9）游戏控制器

允许用户查看并编辑连接到个人计算机上的游戏控制器。

10）Internet 选项

允许用户更改 Internet 安全设置，Internet 隐私设置，HTML 显示选项和多种诸如主页、插件等网络浏览器选项。

11）键盘

让用户更改并测试键盘设置，包括光标闪烁速率和按键重复速率。

12）邮件

允许用户配置 Windows 中的电子邮件客户端，通常为 Microsoft Outlook。Microsoft Outlook Express 无法通过此项目配置，它只能通过自身的界面配置。

13）网络连接

显示并允许用户修改或添加网络连接，诸如本地网络（LAN）和因特网（Internet）连接。它也在一旦计算机需要重新连接网络时提供了疑难解答功能。

14）电话和调制解调器选项

管理电话和调制解调器的连接。

15）电源选项

包括管理能源消耗的选项，用于决定当按下计算机的开/关按钮时，计算机执行的动作，以及不激活休眠模式等选项。

16）打印机和传真

显示所有安装到计算机上的打印机和传真设备，并允许它们被配置或移除，或添加新的设备。

17）区域和语言选项

可改变多种区域设置，如数字显示的方式（例如十进制分隔符）、默认的货币符号、时间和日期符号、用户计算机的位置、已被安装的代码页等。

18）扫描仪和照相机

显示所有连接到计算机的扫描仪和相机，并允许它们被配置、移除或添加新设备。

19）安全中心

安全中心仅在 Windows XP 以及 Windows XP 以上系统才出现。它是一个允许用户查看多种安全特性状态的部件，包括 Windows 防火墙、自动更新、病毒防护等，它会在这些特性被启用、禁用或者有另外的安全威胁时通报用户。

20）声音和音频设备

用过多种声音相关的功能，例如：

（1）更改声卡设置。

（2）更改系统声音，或者在特定事件发生时播放的特效声音。

（3）更改针对不同目的（回放、录音等）的默认设备。

（4）显示安装在计算机上的音频设备，并允许他们被用户配置。

21）语音

更改文本到语音（Text to Speech，TTS）支持的设置。

22）系统

查看并更改基本的系统设置。例如用户可以：

（1）显示用户计算机的常规信息。

（2）编辑位于工作组中的计算机名。

（3）管理并配置硬件设备。

（4）启用自动更新。

23）任务栏和"开始"菜单

更改任务栏的行为和外观。

24）用户账户

允许用户控制使用与系统中的用户账户。如果用户拥有必要的权限，还可提供给另一个用户（管理员）权限或撤回权限，添加、移除或配置用户账户等。

2.5.2　显示属性设置

双击"控制面板"中"显示"图标，可打开如图所示的"显示 属性"对话框，如图 2-60 所示。

图 2-60　"显示 属性"对话框——"主题"选项卡

通过"显示 属性"对话框可以更改桌面背景，可以选择不同的屏幕保护程序，定制 Windows 中的大多数屏幕元素，设置显示器的调色板、分辨率及显示字体的大小等。

1. 更改桌面的背景

（1）单击"显示 属性"对话框中"桌面"标签。

（2）在墙纸列表中，单击一种墙纸。若要选择图案，首先在"显示"下拉列表框中选择"居中"选项，然后单击"图案"按钮，在弹出的"图案"对话框中选择一种图案。

（3）单击"确定"按钮完成设置。

2. 设置屏幕保护程序

（1）单击"显示 属性"对话框中"屏幕保护程序"标签。

（2）在"屏幕保护程序"下拉列表中，选择要使用的屏幕保护程序。

（3）在"等待"下拉列表框中指定闲置时间值。

（4）单击"确定"按钮完成设置。

计算机的闲置时间达到"等待"下拉列表框中指定的值时，屏幕保护程序将自动启动。要清除屏幕保护的画面，只需移动鼠标或按任意键。

3. 更改操作界面的外观

（1）单击"显示 属性"对话框中"外观"标签。

（2）如果只想更改某个项目的外观，则单击"项目"下拉列表中的相应项目，然后更改该项目的大小和颜色，以及该项目中字体的大小、颜色和字形。如果想更改所有屏幕的外观，可在"方案"下拉列表中选择其中一种方案。如果更改了某项设置，可以单击"另存为"按钮，然后输入方案的名称。该名称将出现在"方案"下拉列表框中，以后便可以随时还原这些设置。

（3）单击"确定"按钮完成设置。

4. 设置显示器的调色板、分辨率等

（1）单击"显示 属性"对话框中"设置"标签。

（2）要更改显示器的调色板，在"颜色"列表中，单击要显示的调色板，如增强色（16位）；要更改分辨率，拖动"屏幕区域"下的滑块，如设置 800×600 像素；要更改其他参数，可单击"高级"按钮来设置。

（3）单击"确定"按钮完成设置。

提示：也可以右击桌面空白处，然后在弹出的快捷菜单中选择"属性"命令，快速打开"显示 属性"对话框。

2.5.3 键盘与鼠标设置

鼠标和键盘是操作计算机过程中使用最频繁的设备之一，几乎所有的输入操作都要用到鼠标和键盘。在安装 Windows XP 时系统已自动对鼠标和键盘进行过设置，但这种

默认的设置可能并不符合用户个人的使用习惯,这时用户可以按个人的喜好对鼠标和键盘进行一些调整。

1. 调整鼠标操作

（1）选择"开始"→"控制面板"命令,打开"控制面板"对话框。

（2）双击"鼠标"图标,打开"鼠标 属性"对话框,切换至"鼠标键"选项卡,如图 2-61 所示。

（3）在该选项卡的"鼠标键配置"选项区中,系统默认左键为主要键,若勾选"切换主要和次要的按钮"复选框,则可设置右键为主要键;在"双击速度"选项区中拖动滑块可调整鼠标的双击速度,双击旁边的

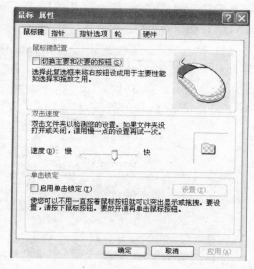

图 2-61　"鼠标 属性"对话框——"鼠标键"选项卡

文件夹可检验设置的速度;在"单击锁定"选项区中,若勾选"启用单击锁定"复选框,则可以在移动项目时不用一直按着鼠标键,单击"设置"按钮,在弹出的"单击锁定的设置"对话框中可调整实现单击锁定需要按鼠标键或轨迹球按钮的时间,如图 2-62 所示。

（4）切换至"指针"选项卡,如图 2-63 所示。

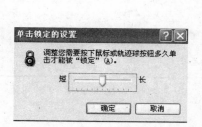

图 2-62　"单击锁定的设置"对话框

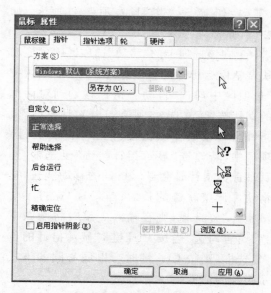

图 2-63　"鼠标属性"对话框——"指针"选项卡

（5）在该选项卡"方案"选项区的下拉列表中提供了多种鼠标指针的显示方案,用户可以选择一种喜欢的鼠标指针方案;在"自定义"列表框中显示了该方案中鼠标指针在各

种状态下显示的样式,若用户对某种样式不满意,可选中相应的选项,单击"浏览"按钮,打开"浏览"对话框,如图 2-64 所示。

图 2-64　"浏览"对话框

(6) 在该对话框中选择一种喜欢的鼠标指针样式,在"预览"框中可看到具体的样式,单击"打开"按钮,可将所选样式应用到所选鼠标指针方案中。如果希望鼠标指针带阴影,可勾选"启用指针阴影"复选框。

(7) 切换至"指针选项"选项卡,如图 2-65 所示。

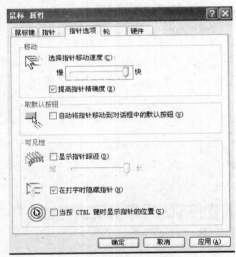

图 2-65　"鼠标 属性"对话框——"指针选项"选项卡

(8) 在该选项卡的"移动"选项区中可拖动滑块调整鼠标指针的移动速度。在"取默认按钮"选项区中勾选"自动将指针移动到对话框中的默认按钮"复选框,则在打开对话框时,鼠标指针会自动放在默认按钮上。在"可见性"选项区中,若勾选"显示指针轨迹"复选框,则在移动鼠标指针时会显示指针的移动轨迹,拖动滑块可调整轨迹的长短;若勾选"在打字时隐藏指针"复选框,则在输入文字时将隐藏鼠标指针;若勾选"当按 Ctrl 键时显示指针的位置"复选框,则按 Ctrl 键时会以同心圆的方式显示指针的位置。

(9) 切换至"硬件"选项卡,如图 2-66 所示。

(10) 在该选项卡中,显示了设备的名称、类型及属性。单击"疑难解答"按钮,可打开"帮助和支持服务"对话框,可得到有关问题的帮助信息。单击"属性"按钮,可打开鼠标设备属性对话框,如图 2-67 所示。

　　　　新编大学计算机基础教程

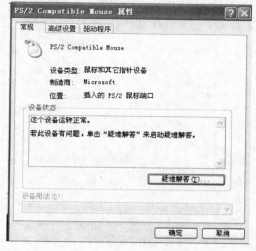

图 2-66　"鼠标 属性"对话框——"硬件"选项卡　　图 2-67　"PS/2 Compatible Mouse 属性"对话框

（11）在该对话框中，显示了当前鼠标的常规属性、高级设置和驱动程序等信息。

（12）设置完毕后，单击"确定"按钮。

2.　调整键盘

调整键盘的操作步骤为：

（1）选择"开始"→"控制面板"命令，打开"控制面板"对话框。

（2）双击"键盘"图标，打开"键盘 属性"
对话框。

（3）切换至"速度"选项卡，如图 2-68
所示。

（4）在该选项卡的"字符重复"选项区
中，拖动"重复延迟"滑块，可调整在键盘上
按住一个键需要多长时间才开始重复输入
该键；拖动"重复率"滑块，可调整输入重复
字符的速率；在"光标闪烁频率"选项区中拖
动滑块，可调整光标的闪烁频率。

（5）单击"应用"按钮，可应用所选
设置。

（6）切换至"硬件"选项卡，如图 2-69　图 2-68　"键盘 属性"对话框——"速度"选项卡
所示。

（7）在该选项卡中显示了所用键盘的硬件信息，如设备的名称、类型、制造商、位置及
设备状态等。单击"属性"按钮，可打开键盘设备属性对话框，如图 2-70 所示。

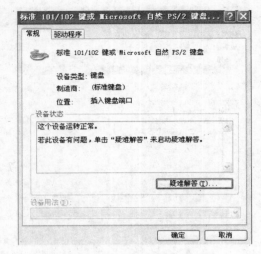

图 2-69　"键盘 属性"对话框——"硬件"选项卡　　　　图 2-70　键盘设备属性对话框

（8）在该对话框中可查看键盘的常规设备属性、驱动程序的详细信息，更新驱动程序，返回驱动程序，卸载驱动程序等。

（9）设置完毕后，单击"确定"按钮。

2.5.4　打印机设置

在"打印机"窗口中右击"Microsoft XPS Document Writer 打印机"图标，在弹出快捷菜单中选择"打印机"中的"属性"命令，弹出如图 2-71 所示的对话框。该属性对话框中有"常规"、"共享"、"端口"、"高级"、"颜色管理"和"关于"6 个标签。

图 2-71　打印机属性对话框

　新编大学计算机基础教程

（1）选择"开始"→"设置"→"打印机和传真"命令,启动"添加打印机向导"对话框,选择"网络打印机"选项。

（2）在"指定打印机"界面中提供了几种添加网络打印机的方式。如果不知道网络打印机的具体路径,则可以选择"浏览打印机"选项来查找局域网同一工作组内共享的打印机,已经安装了打印机的电脑再选择打印机后单击"确定"按钮;如果已经知道了打印机的网络路径,则可以使用访问网络资源的"通用命名规范"(UNC)格式输入共享打印机的网络路径,如"\\james\compaqIJ"(james 是主机的用户名),最后单击"下一步"按钮。

（3）这时系统要求再次输入打印机名,输完后,单击"下一步"按钮,接着单击"完成"按钮,如果主机设置了共享密码,这里就要求输入密码。这样在客户机的"打印机和传真"文件夹内会出现共享打印机的图标,网络打印机安装就完成了。

2.5.5　时间、区域的设置

（1）双击"控制面板"中的"日期、时间、语言和区域设置"图标,打开"日期和时间 属性"对话框,如图 2-72 所示。

（2）单击"日期和时间"标签,在"日期"选项区中可以设定日期(年、月、日)。在"时间"选项区中可以设定时间(时、分、秒)。

（3）单击"时区"标签,在时区框中可以设定时区。

（4）单击"Internet 时间"标签,在"Internet 时间"选项区中可以设定本机的时间自动与 Internet 时间服务器同步。

2.5.6　在"开始"菜单上添加新项目

（1）双击"控制面板"中的"任务栏和「开始」菜单"图标,打开"任务栏和「开始」菜单属性"对话框,如图 2-73 所示。

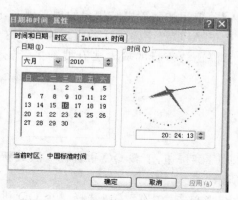

图 2-72　"日期和时间 属性"对话框

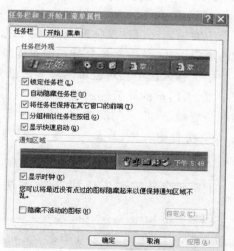

图 2-73　"任务栏和「开始」菜单属性"对话框

（2）单击"「开始」菜单"标签，可切换至如图 2-74 所示的界面。

（3）单击"经典「开始」菜单"单选按钮后面的"自定义"按钮，出现如图 2-75 所示的对话框。

图 2-74 "任务栏和「开始」菜单属性"对话框

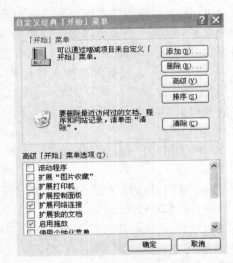

图 2-75 "自定义经典「开始」菜单"对话框

（4）单击"添加"按钮就可以添加新项目。

2.6 中文输入法的设置

2.6.1 输入法的安装、删除和使用

中文输入法也称汉字输入法，常简称输入法，是指将汉字输入电脑或手机等设备而采用的编码方法，是中文信息处理的重要技术。

中文输入法中相对较难的输入法是五笔输入法，但很快随着电脑用户的越来越多，强背字根、入门难的先天问题越来越突显出来了。智能 ABC 汉字输入法的出现解决了这一问题。智能 ABC 入门简单，但输入效率不高。目前比较流行的输入法有搜狗拼音输入法、QQ 拼音输入法、紫光拼音输入法等输入法。

下面将具体介绍 QQ 拼音输入法。

1. 下载及安装 QQ 拼音输入法

（1）单击 http://py.qq.com 页面上的"立即下载"按钮，下载 QQ 拼音输入法最新发布的版本。下载完后即可开始安装，如图 2-76 所示。

（2）在此页面单击"安装"在默认目录安装，或者单击"浏览"按钮选择一个 QQ 拼音输入法安装路径，如图 2-77 所示。单击"下一步"按钮，开始安装输入法，如图 2-78 所示。

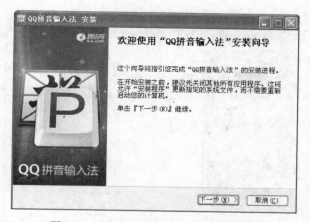

图 2-76 "QQ 拼音输入法 安装"对话框

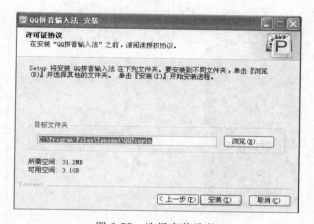

图 2-77 选择安装路径

图 2-78 安装输入法的进展提示

（3）安装结束后，勾选"运行设置向导"复选框，如图 2-79 所示。

（4）单击"完成"按钮，进入个性化设置向导界面，如图 2-80 所示。

图 2-79　"QQ 拼音输入法"安装完成

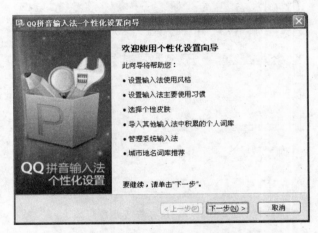

图 2-80　"QQ 拼音输入法-个性化设置向导"界面

（5）单击"下一步"按钮，进入下一个界面，选定输入风格，如图 2-81 所示。

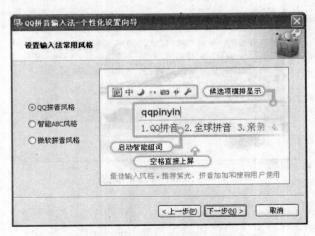

图 2-81　"QQ 拼音输入法"输入法风格设置

── 新编大学计算机基础教程

（6）单击"下一步"按钮，进入下一个界面，设置常用设置项，如图 2-82 所示。

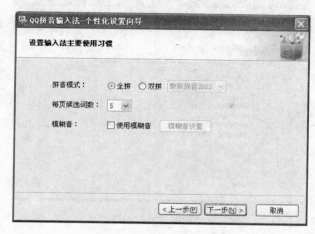

图 2-82　设置输入法主要使用习惯

（7）单击"下一步"按钮，进入下一个界面，选择需要的个性皮肤，如图 2-83 所示。

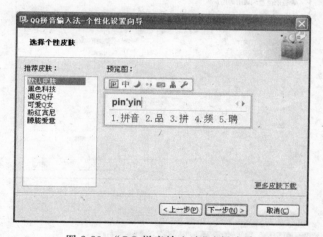

图 2-83　"QQ 拼音输入法"选择皮肤

（8）单击"下一步"按钮，进入下一个界面，管理系统上的输入法，如图 2-84 所示。

（9）勾选所需的输入法，单击"下一步"按钮，进入城市词库设置界面，如图 2-85 所示。

（10）单击"下一步"按钮，即可完成个性化信息的设置，如图 2-86 所示。

2. 选择及使用 QQ 拼音输入法

安装成功后，QQ 拼音输入法将出现在输入法列表中，通过选择相应的输入法列表中的选项来启用 QQ 拼音输入法，如图 2-87 所示。

该输入法使用简单，输入速度快，词库丰富，受到的好评率高，是时下最为流行的输入法之一。

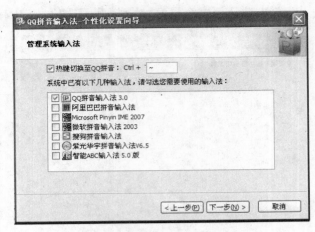

图 2-84　管理系统输入法对话框

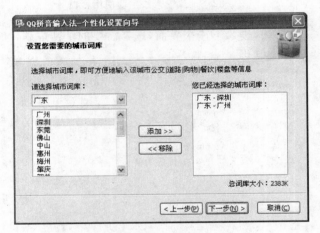

图 2-85　词库选择

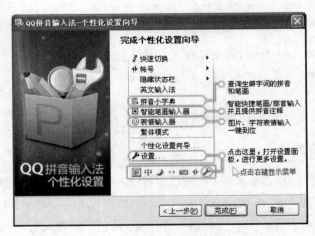

图 2-86　完成个性化设置

图 2-87　输入法列表

　　新编大学计算机基础教程

3. 删除 QQ 拼音输入法

方法一,选择"开始"→"程序"命令然后找到"QQ 拼音输入法"→"卸载"命令。

如果程序里面没有,可以进入保存输入法的那个磁盘里,把程序删除就可以了。

方法二,打开"我的电脑"→"控制版面"→"添加删除"→"QQ 输入法"→"卸载"(这是删除软件,永久性的)命令。

右击右下角的"语言"→"设置"命令,把 QQ 输入法删除。

其他删除 QQ 拼音输入法的方法可使用 360 安全卫士、QQ 软件管理或其他卸载的软件。

2.6.2 输入法状态条的利用

1. 恢复输入法状态

当输入法状态条不见的时候,有多种解决方法:

(1) 最基本的恢复方法,双击控制面板中的"区域和语言选项"图标,切换至"语言"选项卡,单击"详细信息"按钮,在打开的新标签中单击"语言栏"按钮(如果语言栏按钮是灰的,直接跳到第三步),勾选"在桌面显示语言栏"和"在任务栏显示其他语言栏图标"复选框,语言栏就会出现了,但这个方法有可能在系统重启之后失效。

(2) 卸载一切非主流的输入法,包括微软拼音输入法,再进行第一步的操作。

(3) 通过开始菜单运行 ctfmon 命令,重新启动系统后,可以发现输入法图标重新出现了,而且所有安装的输入法全部都会显示出来,但唯独不能用键盘在不同的输入法之间切换。解决办法是右击输入法图标,再依次单击"设置"(弹出的窗口和第一步是一样的)、"键设置"、"更改按键顺序"按钮,然后勾选"切换输入语言"和"切换键盘布局"复选框,最后按照个人习惯设置左边的 Alt 键或右边的 Alt 键,连续单击"确定"按钮退出。在"文字服务"对话框里单击"高级"标签,选中"将高级文字服务支持应用于所有程序"复选框。

2. 输入法状态条的利用

关于 QQ 拼音输入法状态条的功能如图 2-88～图 2-96 所示。

图 2-88　QQ 拼音输入法状态条

图 2-89　QQ 拼音输入法中/英文切换

图 2-90 QQ 拼音输入法全角/半角切换

图 2-91 QQ 拼音输入法中/英文标点切换

图 2-92 QQ 拼音输入法打开软键盘

图 2-93 QQ 拼音输入法词库配置

图 2-94 QQ 拼音输入法打开工具箱

图 2-95 QQ 拼音输入法设置相框图片

图 2-96 在快捷菜单中进行更多个性化设置

2.7 常用附件工具

2.7.1 记事本

记事本用于纯文本文档的编辑，功能没有写字板强大，适合于编写一些篇幅短小的文本文件。由于它使用方便、快捷、应用也是比较多的，比如一些程序的 Read Me 文件通常是以记事本的形式编辑的。

在 Windows XP 系统中的"记事本"又新增了一些功能，比如可以改变文档的阅读顺序，可以使用不同的语言格式来创建文档，能以若干不同的格式打开文件。

启动记事本时，用户可依以下步骤来操作：

单击"开始"按钮，选择"所有程序"→"附件"→"记事本"命令，启动记事本，如图 2-97 所示，它的界面与写字板的基本一样。

为了适应不同用户的阅读习惯，在记事本中可以改变文字的阅读顺序，只需要在工作区域右击鼠标,在弹出的快捷菜单选择"从右到左的阅读顺序"命令,则全文的内容都移到了工作区的右侧,如图 2-97 所示。

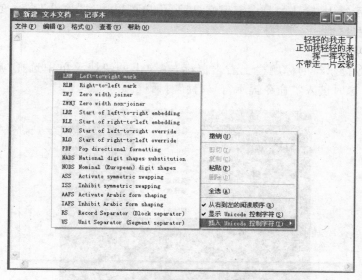

图 2-97　设置文字阅读顺序

2.7.2　命令提示符

命令提示符也就是 Windows 95/98 下的 MS-DOS 方式,虽然随着计算机产业的发展,Windows 操作系统的应用越来越广泛,DOS 面临着被淘汰的命运,但是因为它运行安全、稳定,且有小部分的用户还在使用,所以一般 Windows 的各种版本都与其兼容。Windows XP 中的命令提示符进一步提高了与 DOS 下操作命令的兼容性,用户可以在命令提示符中直接输入中文打开文件,或者输入相应的命令进行各种操作。

1. 应用命令提示符

当用户需要使用 DOS 时,只要单击"开始"按钮,选择"所有程序"→"附件"→"命令提示符"命令,即可启动 DOS。DOS 默认当前的位置是 C(系统)盘下的"我的文档"中,如图 2-98 所示。

图 2-98　DOS 状态下的"命令提示符"窗口

2. 设置命令提示符的属性

在命令提示符中，默认的是白字黑底显示，用户可以通过"属性"来改变其显示方式、字体字号等一些属性。

具体操作步骤如下：

（1）在命令提示符的标题栏上右击鼠标，在弹出的快捷菜单中选择"属性"命令，如图 2-99 所示。这时进入"'命令提示符'属性"对话框。

图 2-99　选择快捷菜单中的"属性"命令

（2）在"选项"选项卡中，用户可以改变光标的大小；改变 DOS 窗体显示方式，包含"窗口"和"全屏显示"两种方式；在"命令记录"选项区中还可以改变缓冲区的大小和数量，如图 2-100 所示。

（3）在"字体"选项卡中，DOS 为用户提供了"点阵字体"和"新宋体"两种字体。如果选择了"新宋体"，还可以选择不同的字号，如图 2-101 所示。

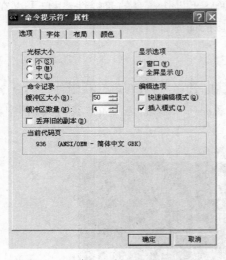

图 2-100　"'命令提示符'属性"对话
框——"选项"选项卡

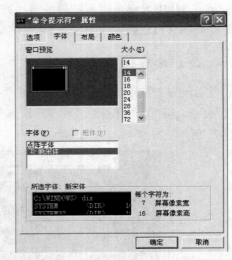

图 2-101　"'命令提示符'属性"对话
框——"字体"选项卡

　新编大学计算机基础教程

（4）在"布局"选项卡中，用户可以自定义屏幕缓冲区大小及窗口的大小，在"窗口位置"选项区中，还可以查看和修改 DOS 窗口在显示器上所处的位置，如图 2-102 所示。

（5）在"颜色"选项卡里，用户可以自定义屏幕文字、屏幕背景、弹出窗口文字、背景的颜色。用户可以通过选择列出的颜色块，也可以在"选定的颜色值"选项区中输入精确的 RGB 色值来确定颜色，如图 2-103 所示。

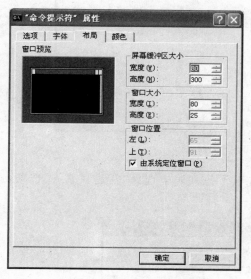

图 2-102　"'命令提示符'属性"对话
框——"布局"选项卡

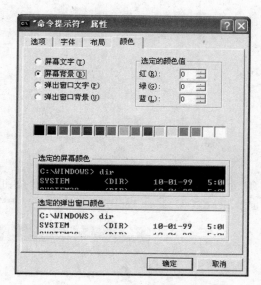

图 2-103　"'命令提示符'属性"对话
框——"颜色"选项卡

2.7.3　通讯簿

在 Windows XP 中，通讯簿的功能更加完善，用户可以用来存储自己的通讯录，在其中可以包含多种信息，包括自己所接触的客户和团体的各种资料，比如电话、联系地址等。还可以通过使用目录服务来管理用户的通讯簿并查寻个人和企业，这对经常有业务往来的用户来说，是非常方便和快捷的。

1. 认识通讯簿

当用户需要使用通讯簿时，可以按以下方式进行操作：

单击"开始"按钮，选择"所有程序"→"附件"→"通讯簿"命令，就可以启动"通讯簿"窗口，如图 2-104 所示。

从图中可以看到，它由标题栏、菜单栏、工具栏、状态栏及文件夹和组等几部分组成，用户可以在其中创建自己的通讯录。

2. 新建联系人

当用户要利用"通讯簿"来创建自己的通讯录时，可以选择"文件"→"新建联系人"命

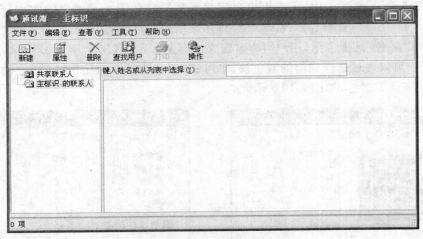

图 2-104 "通讯簿"窗口

令,也可以直接单击工具栏上的"新建"按钮,在其下拉列表中选择"新建联系人"选项,这时弹出联系人"属性"对话框,如图 2-105 所示。

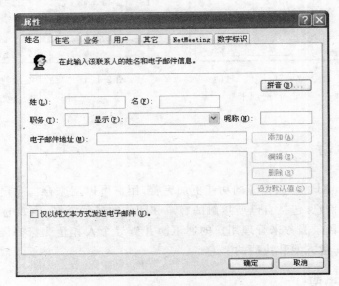

图 2-105 "属性"对话框——"姓名"选项卡

(1) 在"姓名"选项卡中,用户可以输入该联系人的姓名、职务及电子邮件等相关信息,还可以进行添加、删除等操作。

(2) 在"住宅"选项卡中,用户可以详细地输入该联系人的住宅信息,包括电话、传真等。当计算机联网时,只要在"网页"选项中输入网址,单击"转到"按钮就可以打开其主页进行浏览。

(3) 在"业务"选项卡中,可以输入该联系人的业务上的一些信息,用户只要在相应的输入框里填入相应的内容即可。

（4）在"用户"选项卡中，用户可以输入该联系人的一些个人信息，包括其配偶、子女、性别、生日等资料。

（5）在"其他"选项卡中，用户还可以添加该联系人的一些其他信息，如附注等。

（6）在 NetMeeting（会议）选项卡中，用户可以记录该联系人的会议信息。如会议服务器、地址等。

（7）在"数字标识"选项卡中，用户可以添加、删除、查看此联系人的数字标识。

（8）当各种资料都填写好以后，单击"确定"按钮，即成功创建一条联系人记录。

3. 新建组

用户在使用通讯簿的过程中，也许会输入好多条记录，这时会显得杂乱，难以管理。用户可以分别将各个联系人添加到固定的组中，这样有利于资料的管理。

和新建联系人一样，在菜单或工具栏上选择"新建组"命令，弹出新建组属性对话框，如图 2-106 所示。

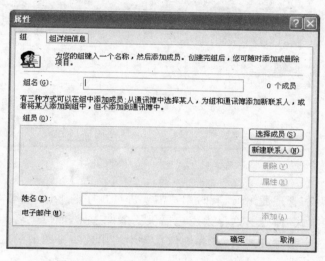

图 2-106 "属性"对话框——"组"选项卡

用户需要输入组的名称，并添加要加入该组成员。当创建完毕后，如果需要改动，可随时进行各种添加或删除等修改。

在"组"选项卡中，有 3 种添加成员的方式：

（1）从通讯簿中选择成员添加，单击"选择用户"按钮，在弹出的"选择组员"对话框中进行选择。

（2）单击"新建联系人"按钮，弹出如图 2-105 所示的"新建联系人"对话框，通过这种方式添加联系人后，此联系人会同时在该组和通讯簿里出现。

（3）用户也可以只在组中添加成员，而不添加到通讯簿里。用户可直接在组"属性"选项卡下方的"姓名"、"电子邮件"文本框中输入资料，再单击"添加"按钮，可成功添加此联系人。

在"组详细资料"选项区中，当用户输入所要创建组的详细信息，并单击"确定"按钮后,就完成创建组的工作。

4. 查找与排序

为了使用户能在众多的联系人中快速找到所需要的资料,通讯簿还提供了查寻和排序功能,方便用户使用,大大提高了工作效率。

当用户要进行搜寻工作时,只要选择"编辑"→"查找用户"命令,或者在工具栏上直接单击"查找用户"按钮,这时弹出"查找用户"对话框。

当"搜索范围"选择为"通讯簿"时,用户可以在下面的选项中输入相关条件,单击"开始查找"按钮,可查找到所需要的内容。

在"搜索范围"的下拉列表框中还有基于互联网进行查找的选项,如果用户需要在网上查找更多的信息,可以选择其目录服务选项,然后在定义查找的条件中进行查找,如图 2-107 所示。

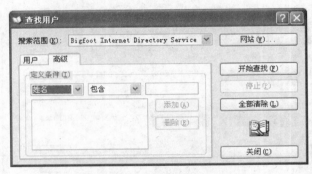

图 2-107 "查找用户"对话框

为了方便查看和管理通讯簿,有时用户需要进行排序的工作,这时可以在菜单栏中选择"查看"→"排序方式"命令。这里为用户提供了多种选择,如按姓名、电子邮件等顺序进行排列。当用户选定某种方式后,在详细信息栏中将出现一个凹下的三角形按钮,标明当前所选的状态。

此外,通讯簿还能与其他的程序建立联系。选择"文件"→"导入"或"导出"命令,可以把通讯簿文件、名片文件从通讯簿里导出,也可以把它们导入到通讯簿里。

2.7.4 系统工具

1. 备份

如果系统的硬件或存储媒体发生故障,"备份"工具可以帮助用户保护数据免受意外的损失。例如,可以使用"备份"工具创建硬盘中数据的副本,然后将数据存储到其他存储设备中。备份存储媒体既可以是逻辑驱动器(如硬盘)、独立的存储设备(如可移动磁盘),也可以是由自动转换器组织和控制的整个磁盘库或磁带库。如果硬盘上的原始数据被意外删除或覆盖,或因为硬盘故障而不能访问该数据,那么用户就可以十分方便地从存档副本中还原该数据。

2. 磁盘碎片整理

磁盘(尤其是硬盘)经过长时间的使用后,难免会出现很多零散的空间和磁盘碎片。一个文件可能会被分别存放在不同的磁盘空间中,这样在访问该文件时系统就需要到不同的磁盘空间中去寻找该文件的不同部分,从而影响了运行的速度。同时由于磁盘中的可用空间也是零散的,创建新文件或文件夹的速度也会降低。使用磁盘碎片整理程序可以重新安排文件在磁盘中的存储位置,将文件的存储位置整理到一起,同时合并可用空间,实现提高运行速度的目的。

磁盘碎片整理就是通过系统软件或者专业的磁盘碎片整理软件对电脑磁盘在长期使用过程中产生的碎片和凌乱文件重新整理,释放出更多的磁盘空间,可提高电脑的整体性能和运行速度。

2.7.5 绘图工具的使用

1. 认识"画图"界面

当用户要使用画图工具时,可单击"开始"按钮,选择"所有程序"→"附件"→"画图"命令,这时用户可以打开"画图"窗口,如图 2-108 所示,为程序默认状态。

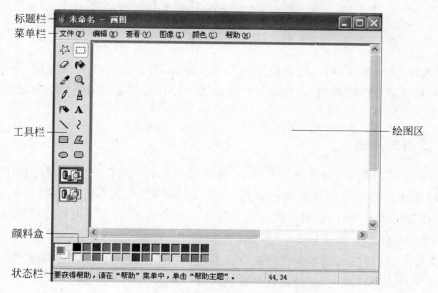

图 2-108 "画图"界面

下面来简单介绍一下程序界面的构成:

(1) 标题栏:在这里标明了用户正在使用的程序和正在编辑的文件。

(2) 菜单栏:此区域提供了用户在操作时要用到的各种命令。

(3) 工具箱:它包含了 16 种常用的绘图工具和一个辅助选择框,为用户提供多种选择。

（4）颜料盒：它由显示多种颜色的颜色块组成，用户可以根据需要改变绘图颜色。

（5）状态栏：它的内容随光标的移动而改变，标明了当前鼠标所处位置的信息。

（6）绘图区：处于整个界面的中间，为用户提供画布。

2. 页面设置

在用户使用画图程序之前，首先要根据自己的实际需要进行画布的选择，也就是要进行页面设置，确定所要绘制的图画大小以及各种具体的格式。用户可以通过选择"文件"→"页面设置"命令来实现，如图 2-109 所示。

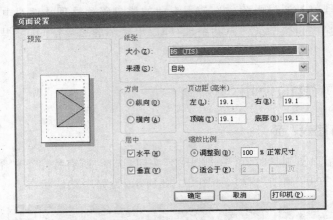

图 2-109 "页面设置"对话框

在"纸张"选项区中，可以选择纸张的大小及来源，可以选择纸张的方向，还可以进行页边距离及缩放比例的调整，一切设置好并单击"确定"按钮之后，用户就可以进行绘画工作了。

3. 使用工具箱

在画图的工具箱中，为用户提供了 16 种常用的工具。当用户每选择一种工具时，在下面的辅助选择框中会出现相应的信息，比如当选择"放大镜"工具时，会显示放大的比例；当选择"刷子"工具时，会出现刷子大小及显示方式的选项，用户可以自行选择。

1）裁剪工具

利用此工具，可以对图片进行任意形状的裁切。单击此工具按钮后，拖动鼠标对所要进行裁剪的对象进行圈选，此时出现虚框选区，拖动选区可看到效果。

2）选定工具

此工具用于选中对象，使用时单击此按钮，拖动鼠标可以拉出一个矩形选区对所要操作的对象进行选择，用户可对选中范围内的对象进行复制、移动、剪切等操作。

3）橡皮工具

用于擦除绘图中不需要的部分，用户可根据要擦除的对象范围大小，来选择合适大小的橡皮擦。橡皮工具的效果会根据背景色变化而变化,当用户改变其背景色时,橡皮会转换为绘图工具,类似于刷子的功能。

4)填充工具

运用此工具可对一个选区进行颜色的填充,用户可以从颜料盒中进行颜色的选择,选定某种颜色后进行填充。在填充时,一定要在封闭的范围内进行,否则整个画布的颜色会发生改变,达不到预想的效果。在填充对象上单击鼠标可填充前景色,右击鼠标可填充背景色。

5)取色工具

此工具的功能类似于在颜料盒中进行颜色的选择。单击该工具按钮,在要选取的颜色上单击鼠标,颜料盒中的前景色随之改变,而对其右击鼠标,则背景色会发生相应的改变。当用户需要对两个对象进行相同颜色填充,而这时前、背景色的颜色已经调乱时,可采用此工具,能保证其颜色的绝对相同。

6)放大镜工具

当用户需要对某一区域进行详细观察时,可以使用放大镜进行放大。选择此工具按钮后,绘图区会出现一个矩形选区,选择所要观察的对象,单击鼠标可将其放大,再次使用放大镜之后回复到原来的状态,用户可以在辅助选框中选择放大的比例。

7)铅笔工具

此工具用于不规则线条的绘制,直接选择该工具即可使用,线条的颜色依前景色而改变,可通过改变前景色来改变线条的颜色。

8)刷子工具

使用此工具可绘制不规则的图形。使用时单击该工具按钮,在绘图区拖动鼠标可绘制显示前景色的图画,按下右键拖动可绘制显示背景色图画。用户可以根据需要选择不同的笔刷大小及形状。

9)喷枪工具

使用喷枪工具能产生喷绘的效果。选择好颜色后,单击此按钮,可进行喷绘。在喷绘点上停留的时间越久,其浓度越大,反之,浓度越小。

10)文字工具

用户可采用文字工具在图画中加入文字。单击此按钮,"查看"菜单中的"文字工具栏"命令便可以用了。执行此命令,这时就会弹出文字工具栏,用户在文字输入框内输完文字并且选择后,可以设置文字的字体、字号,将文字加粗、倾斜、加下划线,改变文字的显示方向等,如图 2-110 所示。

11)直线工具

此工具用于直线线条的绘制,先选择所需要的颜色以及在辅助选择框中选择合适的宽度,单击直线工具按钮,拖动鼠标至所需要的位置再松开,可得到直线。在拖动的过程中同时按 Shift 键,可起到约束的作用,这样可以画出水平线、垂直线或与水平线成 45°的线条。

12)曲线工具

此工具用于曲线线条的绘制。先选择好线条的颜色及宽度,然后单击曲线按钮,拖动鼠标至所需要的位置再松开,然后在线条上选择一点,移动鼠标则线条会随之变化,调整

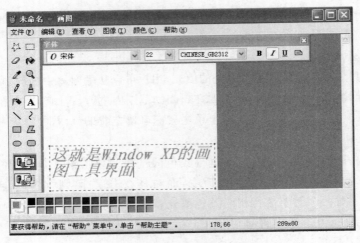

图 2-110　设置并输入文字

至合适的弧度。

13）矩形工具▭、椭圆工具⬭、圆角矩形工具▢

这 3 种工具的应用基本相同，当用户单击工具按钮后，在绘图区直接拖动鼠标可拉出相应的图形。在其辅助选择框中有 3 种选项，包括以前景色为边框的图形、以前景色为边框背景色填充的图形、以前景色填充没有边框的图形，在拖动鼠标的同时按 Shift 键，可以分别得到正方形、正圆、正圆角矩形工具。

14）多边形工具▱

利用此工具用户可以绘制多边形。选定颜色后，单击该工具按钮，在绘图区拖动鼠标，当需要弯曲时松开手，如此反复，到最后时双击鼠标，可得到相应的多边形。

4．图像及颜色的编辑

在画图工具栏的"图像"菜单中，用户可对图像进行简单的编辑：

（1）在"翻转和旋转"对话框内，有 3 个复选框，分别为水平翻转、垂直翻转及按一定角度旋转，用户可以根据自己的需要进行选择，如图 2-111 所示。

（2）在"拉伸和扭曲"对话框内，有"拉伸"和"扭曲"两个选项组，用户可以选择水平和垂直方向拉伸的比例和扭曲的角度，如图 2-112 所示。

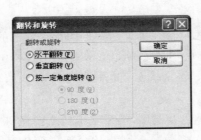

图 2-111　"翻转和旋转"对话框

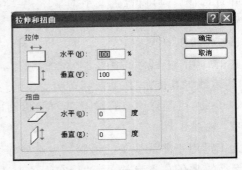

图 2-112　"拉伸和扭曲"对话框

（3）选择"图像"下的"反色"命令，图形可呈反色显示，如图 2-113 和图 2-114 所示的是执行"反色"命令后的两幅对比图。

图 2-113　执行"反色"命令前

图 2-114　执行"反色"命令后

（4）在"属性"对话框内，显示了保存过的文件属性。包括保存的时间、大小、分辨率，以及图片的高度、宽度等，用户可在"单位"选项组下选用不同的单位进行查看，如

图 2-115 所示。

（5）在生活中的颜色是多种多样的，在颜料盒中提供的色彩也许远远不能满足用户的需要。所以"颜色"菜单中提供了选择的空间，执行"颜色"→"编辑颜色"命令，弹出"编辑颜色"对话框，可在"基本颜色"选项组中进行色彩的选择，也可以单击"规定自定义颜色"按钮自定义颜色后再添加到"自定义颜色"选项组中，如图 2-116 所示。

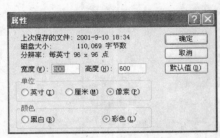

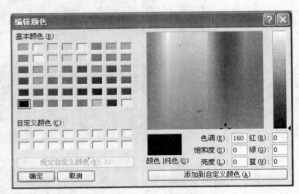

图 2-115　图的"属性"对话框　　　　　图 2-116　"编辑颜色"对话框

（6）当一幅作品完成后，可以设置为墙纸，还可以打印输出，具体的操作都是在"文件"菜单中实现的，用户可以直接执行相关的命令根据提示操作，这里不再过多叙述。

2.7.6　多媒体的使用

Windows XP 操作系统集成了强大的多媒体功能。其内置的 Windows Media Player，不仅为用户提供了全面的多媒体支持，可用于播放当前流行格式制作的音频、视频和混合型多媒体文件。而且还可以使用 Media Player 制作和压缩音乐文件，通过 Media Player 制作出的.wmv 文件格式小并且适用性广，用户甚至可以直接将制作出的.wmv 文件发布到 Web 上，通过 Internet 流畅地播放。

1. 认识 Windows Media Player 播放器

Windows Media Player 是微软公司出品的一款免费的播放器，是 Microsoft Windows 的一个组件，通常简称 WMP，它支持通过插件增强功能。利用 Windows Media Player 不仅可以播放.wav、.mp3 等音频文件，还可以播放.mov 和.avi 等视频文件。

2. 使用录音机

"录音机"是 Windows XP 提供的一种语音录制设备，可以帮助用户录制声音文件，并将声音文件保存在磁盘上。用户可以将保存好的声音文件加在多媒体文件中或者链接在其他文档中。

（1）在 Windows XP 桌面选择"开始"→"程序"→"附件"→"娱乐"→"录音机"命令，

可打开"声音-录音机"对话框,如图 2-117 所示。

（2）单击"录音" ● 按钮,可开始录音。最多录音长度为 60 秒。

（3）录制完毕后,单击"停止" ■ 按钮。

（4）单击"播放" ▶ 按钮,可播放所录制的声音文件。

图 2-117 "声音-录音机"对话框

注意："录音机"是通过麦克风和已安装的声卡来记录声音的,所录制的声音以波形(.wav)文件保存。

3. 录音机声音的质量的调整

用户还可以调整用"录音机"所录制下来的声音文件的质量。调整声音文件质量的具体操作步骤如下：

（1）打开"录音机"对话框。

（2）选择"文件"→"打开"命令,双击要进行调整的声音文件。

（3）单击"文件"→"属性"命令,打开声音文件属性对话框,如图 2-118 所示。

（4）在该对话框中显示了该声音文件的具体信息,在"格式转换"选项组中,"选自"下拉列表中各选项功能如下：

① 全部格式：显示全部可用的格式。

② 播放格式：显示声卡支持的所有可能的播放格式。

③ 录音格式：显示声卡支持的所有可能的录音格式。

（5）选择一种所需格式,单击"立即转换"按钮,打开"声音选定"对话框,如图 2-119 所示。

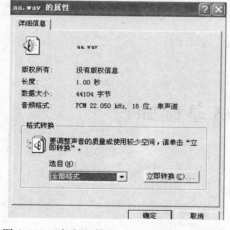

图 2-118 声音文件"aa.wav 的属性"对话框

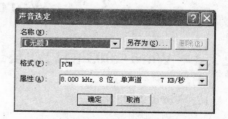

图 2-119 "声音选定"对话框

（6）在该对话框中的"名称"下拉列表中可选择"无题"、"CD 质量"、"电话质量"和"收音质量"选项。在"格式"和"属性"下拉列表中可选择该声音文件的格式和属性。

（7）调整完毕后,单击"确定"按钮。

第 3 章 Word 2003 文字处理软件

Word 2003 是美国 Microsoft 公司为 PC 用户开发的办公自动化套件 Microsoft Office 2003 中的一个重要组成部分。它集文字编辑、制表和图形编辑于一体，具有个性化的用户界面、即点即输的编辑功能、灵活易用的表格制作功能、强大的图文混排功能及所见即所得的编排效果，并且提供了丰富的模板、向导及样式，使用户轻松地编排出图文并茂的文档，同时还加强了网络功能。Word 2003 以其强大的功能和友好的界面赢得了广大用户的青睐，是目前世界上广为流行的文字处理软件之一。

3.1 Office 2003 简介

3.1.1 Office 2003 的启动

双击桌面上的 Office 2003 应用程序图标，就可以启动了。或在电脑的"开始"→"程序"中，找到 Office 2003 应用程序，单击该程序也能够启动。

3.1.2 Office 2003 的关闭

选择各个应用程序中的"文件"→"退出"命令，或单击各个应用程序窗口右上角的关闭按钮。

3.2 Word 2003 基础知识

3.2.1 Word 2003 的启动及退出

1. Word 2003 启动

单击"开始"→"程序"→Microsoft Word 命令，即可启动 Word 2003 软件。

2. Word 2003 退出

选择"文件"→"退出"命令，或单击 Word 2003 窗口右上角的关闭按钮即可关闭软件。

3.2.2 Word 2003 的窗口组成

Word 2003 窗口主要由文本区、标题栏、菜单栏、工具栏、状态栏等基本要素组成,如图 3-1 所示。

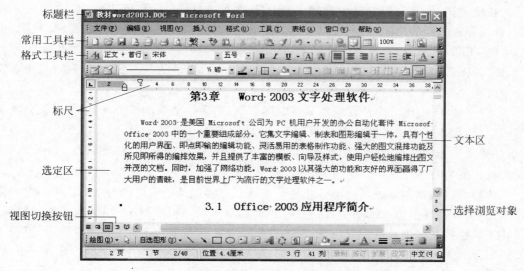

图 3-1 Word 2003 操作界面

1. 文本区

文本区是正中央的一块区域,用于编辑、修改文档。在文本区中,有一个闪烁的"I"形光标,称为插入点,用于指示用户插入(或修改)文本或字符的位置,用户可用单击鼠标的方法,来改变插入点的位置。

2. 标题栏

标题栏位于屏幕的最上方,左侧是控制菜单按钮,用于对 Word 窗口的移动、调整大小及关闭等操作。中间显示 Microsoft Word 应用程序名及当前编辑的文档名。右侧是控制窗口的最小化按钮、最大化(或还原)按钮及关闭按钮。

3. 菜单栏

Word 2003 提供了一种先进的个性化的菜单管理机制,几乎所有的操作都可以通过菜单来完成。Word 2003 把所有的操作命令按用途进行分类,分别编入文件、编辑、视图、插入、格式、工具、表格、窗口及帮助 9 大下拉式菜单中。在每组菜单中显示最近常用的命令,在该组菜单的下方有一个指向下方的双箭头标记,单击该标记,能够自动打开该菜单组中的所有命令,那些最近一段时间没有使用的命令以下凹的形式显示。这样,能够简化操作界面,提高工作效率。

4. 工具栏

工具栏中包含许多按钮,每一个按钮用形象的图形方式表示了一个常用菜单命令。用户用鼠标指向该按钮,稍候片刻,就会显示该按钮的功能提示;单击该按钮,可执行相应的操作命令。

在缺省情况下,窗口中显示常用工具栏及格式工具栏,实际上 Word 包含多种工具栏,分别完成不同的功能,用户可以非常方便地显示或隐藏相应的工具栏。选择"视图"菜单中的"工具栏"命令,再选择相应的"工具栏"子命令,如"绘图"命令,其左侧出现"√"标记,则"绘图"工具栏显示在窗口中;再单击"绘图"子命令,取消其左侧的"√"标记,则在窗口中隐藏了"绘图"工具栏。

Word 2003 提供了个性化的工具栏管理机制,当屏幕上显示多个工具栏时,就会减小编辑空间,用户可以将多个工具栏并排在同一栏中,在工具栏中将显示最近使用过的按钮,如果要选择没有显示出来的按钮,只需单击最右方的"其他按钮"图标，就可以显示该工具栏的所有按钮。

用户可以根据需要在窗口中任意移动工具栏。将工具栏固定在窗口的边缘,称为"固定工具栏"。在其前面有一条竖线,称为"移动控制柄"。将鼠标移至控制柄并拖动鼠标,可将工具栏拖动到窗口的中间位置,工具栏会悬浮在该位置上,这时工具栏称为"浮动工具栏",浮动工具栏带有标题栏和关闭按钮,鼠标移至浮动工具栏的标题栏上并进行拖动,则可移动浮动工具栏;鼠标移至工具栏边框线上并进行拖动,则可调整工具栏的大小。各个状态的工具栏如图 3-2 所示。

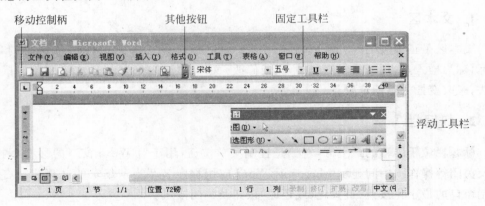

图 3-2　工具栏

5. 标尺

标尺分水平标尺和垂直标尺两种。水平标尺用于缩进段落、调整页边距、改变栏宽以及设置制表位等。在页面视图中,编辑区的左侧会出现垂直标尺,用于调整页面的上、下边距和表格的行高等。单击"视图"菜单中的"标尺"命令,可以显示或者隐藏标尺。

6. 滚动条

滚动条分为垂直滚动条和水平滚动条两种,拖动滚动条中的滚动块或者单击滚动条两端的箭头,使文档在窗口中移动。

垂直滚动条中有一个"选择浏览对象"按钮,单击该按钮,会弹出"选择浏览对象"菜单,可以通过选择相应的命令(如按图形浏览、按表格浏览、按页浏览等)来浏览文档。例如选择"按页浏览"命令后,可以单击垂直滚动条上的"前一页"按钮 ⬆ 或者"后一页" ⬇ 按钮来查看前一页或者下一页的内容。

7. 选定区

选定区的作用是选定文本。将鼠标移至待选文本对应的选定区,指针从"I"形变成向右上倾斜的箭头时,单击鼠标,可选定一行;双击鼠标,可选定一段;三击鼠标,可选定整个文档;拖动鼠标,可选定多行;双击并拖动鼠标,可选定多段。

8. 状态栏

显示页数、节、当前所在页数/总页数、插入点所在位置、行和列等信息。在状态栏右侧有 4 个呈灰色的方框,依次为宏录制器工作状态框、文档修订状态框、扩展选定范围键(F8)活动状态框及改定/插入方式状态框。双击某个方框,可启动或关闭该工作方式。当方框中的文字呈黑色时,表明该工作方式处于启动状态。

3.3 文档的基本操作

3.3.1 建立文档

1. 文档创建

创建一个新的文档通常有以下 3 种方法:

(1) 每次启动 Word 2003 时,会自动打开一个名为"文档1"的空文档。

(2) 单击常用工具栏上的"新建空白文档"按钮 □,可创建一个新的文档。

(3) 选择"文件"→"新建"命令,弹出"新建文档"面板,在"新建"选项区中任选一个选项,可创建一个相应的新文档,如图 3-3 所示。

新建多个文档时,文件名的序号递增,即"文档 1"、"文档 2"、"文档 3"等,用户可以在保存文档时重新指定自己所需的文件名。每新建一个文档,在任务栏中都会显示一个对应的图标,

图 3-3 "新建文档"面板

单击图标就可实现文档之间的切换。

2．输入文本

在建立一个新的文本后，用户就可以在新建的文档中输入需要的文本了。文本中闪烁的插入点表示在此处开始输入文本。在文本的输入过程中，插入点随输入的文字从左到右移动，并且会根据页面宽度自动换行。当输入文本的一个自然段结束后，需按 Enter键，另起一自然段。

在 Word 2003 中，用户不一定要从文档第一行开始输入，选择"工具"→"选项"命令，勾选"编辑"选项卡中的"启用'即点即输'"复选框，并切换到页面视图状态，可启动"即点即输"功能。这时，用户在页面任意处双击鼠标，就可从该位置开始输入。例如，要创建标题，可在空白页的中间双击并输入居中的标题。

3．光标移动

Word 2003 提供了全屏幕编辑功能，用户可以移动鼠标随意改变插入点的位置。有两种方法可以改变插入点的位置：一是移动鼠标定位并单击鼠标；二是利用表 3-1 所列的快捷键。

表 3-1 常用光标移动键位表

按　键	插入点位置	按　键	插入点位置	按　键	插入点位置
→	右一个字符	Ctrl+←	前一个字	Ctrl+PgDn	下一屏顶部
←	左一个字符	Home	行首	Ctrl+PgUp	上一屏顶部
↓	下一行	End	行尾	Ctrl+Home	文档首部
↑	上一行	PgDn	下一屏	Ctrl+End	文档尾部
Ctrl+→	后一个字	PgUp	上一屏		

4．删除、插入与改写文本

（1）删除：在输入文本过程中，如果不小心输入了一个错字，可按 Backspace 键或Delete 键删除该字。

（2）插入：将插入点光标移动到要插入文本的位置，输入文本，可在该位置处插入文本。

（3）改写：双击状态栏中改写状态框，启动改写方式，将插入点光标移动到要改写文本的位置，输入文本时，Word 将自动替换插入点后的文本。

5．输入特殊符号

在输入文本时，要输入一些键盘上没有的特殊符号，可以使用 Word 2003 提供的"插入符号"功能。具体操作步骤如下：

（1）将插入点移动到要插入特殊符号的位置。

（2）选择"插入"→"符号"命令，弹出如图 3-4 所示的"符号"对话框。

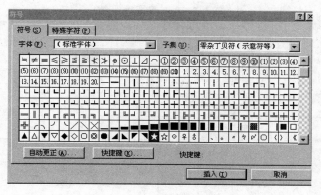

图 3-4　"符号"对话框

（3）在"字体"下拉列表框中选择适当的字体，在"子集"下拉列表框中选择适当的符号集。

（4）单击符号列表框中的所需符号，再单击"插入"按钮，将选择的符号插入到文档的插入点处。这时原"取消"按钮变为"关闭"按钮，单击"关闭"按钮，返回到文档中。

6．插入日期和时间

用户可以直接在文档中输入一个固定的日期和时间，还可以为文档插入一个自动更新的日期和时间。具体操作步骤如下：

（1）将插入点置于要插入日期和时间的位置。

（2）选择"插入"→"日期和时间"命令，打开"日期和时间"对话框，如图 3-5 所示。

（3）在"语言"下拉列表框中选择按哪个国家的习惯表示日期和时间。

（4）在"有效格式"列表框中选择日期和时间的表示方式。

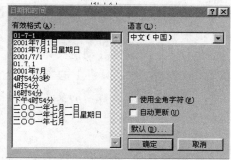

图 3-5　"日期和时间"对话框

（5）勾选"自动更新"复选框，将在打印文档时自动更新日期和时间。

（6）单击"确定"按钮完成设置。

3.3.2　编辑文档

在编辑、修改文档的过程中，首先要先选定文本，然后才可对文本进行移动、复制、删除或改写等编辑操作。

1．选取文本

通常使用鼠标来选取文本，常用方法如表 3-2 所示。

表 3-2　文本选取说明表

选定的文本对象	操 作 方 法
一个单词	双击该单词
一句话	单击句子任意处并拖动
一行	选定区单击
一段	选定区双击
全文	选定区三击(或按 Ctrl+A 键)
连续多行	选定区单击并拖动
连续多段	选定区双击并拖动
任意两指定点间的内容	方法一,拖动鼠标从第一指定点到第二指定点。 方法二,单击第一点后,双击状态栏上的扩展框(或按 F8 键),再单击第二点,最后按 Esc 键。 方法三,单击第一点后,按 Shift 键的同时再单击第二点
一个竖直文本块	按住 Alt 键的同时从左上角拖动鼠标至右下角

2. 文本的改写、删除、移动与复制

(1) 改写:选取需改写的文本,然后输入新内容。

(2) 删除:选取需删除的文本,然后按 Delete 键,或单击"常用"工具栏上的"剪切"按钮。

(3) 移动:选取需移动的文本,单击"常用"工具栏上的"剪切"按钮,移动插入点至目标位置,单击"常用"工具栏上的"粘贴"按钮。或者,选取文本后,直接拖动至目标位置。

(4) 复制:选取需移动的文本,单击"常用"工具栏上的"复制"按钮,移动插入点至目标位置,单击"常用"工具栏上的"粘贴"按钮。或者,选取文本后,按住 Ctrl 键的同时拖动至目标位置。

在编辑文本时,有时需要将多个不同位置的文本移动或复制到某个位置。例如,将文档中的第 1 段、第 2 段和第 3 段中的首句复制到文档的末尾,如果应用以上的复制方法逐句复制至目标位置,显然比较麻烦,这时就可以使用 Word 2003 提供的多重剪切板功能。具体操作步骤如下:

图 3-6　剪贴板工具栏

(1) 逐一选取内容后,按正常方式存放到剪贴板中。当连续向剪贴板中存储了超过两次信息时,Word 将自动显示图 3-6 所示的"剪贴板"工具栏,每次向剪贴板中存储一次内容,"剪贴板"工具栏上就会显示一个表明存储内容的单个粘贴按钮,对于不同应用程序的内容,其图标也不一样。将鼠标移至某个单个粘贴按钮上,稍停片刻,将会显示该次粘贴至剪贴板的内容。

(2) 将插入点移到目标位置。

(3) 在"剪贴板"工具栏上单击代表要粘贴内容的单个粘贴按钮,这时就可把相应的

内容粘贴至目标位置。

（4）如果希望将剪贴板中的全部内容粘贴至目标位置，则单击"剪贴板"工具栏中的"全部粘贴"按钮 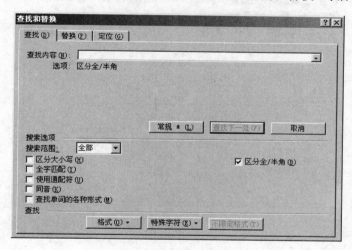。

如果希望清空剪贴板，则单击"剪贴板"工具栏中的"清空剪贴板"按钮 。

3.3.3　查找、替换、定位与插入文件

在编辑文档的过程中，经常需要查找文档中的某些文本，甚至需要把找到的文本用指定的其他文本来替换。如果在文档中逐个地查询与更改，则不仅效率低，而且不一定能保证所有的文本都被找到或更改过来。这时可以使用 Word 2003 提供的查找、替换及定位功能来完成操作。

查找用来搜索文档中指定内容、格式的文本；替换用来在文档中搜索并替换指定文本的内容、格式等；定位用来将插入点直接快速地设置到某个特定位置上。具体操作步骤如下：

1. 查找

（1）选择"编辑"→"查找"命令，弹出图 3-7 所示的"查找和替换"对话框。

图 3-7　"查找"选项卡

（2）在"查找内容"文本框中输入要查找的内容，如"计算机"。

（3）单击"高级"按钮，则"高级"按钮变为"常规"按钮，对搜索选项作如下进一步的设置。

①　在"搜索范围"列表框中选择所需的搜索范围，即"全部"、"向上"或"向下"。

②　如果要搜索文档中大小写完全匹配的文本，则选中"区分大小写"复选框。

③　搜索文档中完全相同的单词，则勾选"全字匹配"复选框。例如，查找 word 一词时，选中该复选框后，则不会查询到如 words、winword 等单词。

④ 搜索文档中带某类用通配符描述的文本。例如,查找所有带《》号的文本,则在查找内容中输入"《＊》",并且勾选"使用通配符"复选框。

⑤ 搜索文档中发音相同但拼写不同的单词,则勾选"同音"复选框。

⑥ 搜索文档中区分全角/半角的数字或英文字符,则勾选"区分全角/半角"复选框。

⑦ 搜索文档中具有特定格式的文本,则单击"格式"按钮,设置相应的查找文本的格式。例如,查找黑体且红色的单词"计算机",则单击"格式"按钮下的"字体"命令,在"字体对话框"中选择"中文字体"为"黑体","字体颜色"为"红色",并单击"确定"按钮。

⑧ 搜索文档中的特殊字符,则单击"特殊字符"按钮,选择要查找的特殊字符,如人工分页符,则在查找内容文本框中插入一个代码"^m"。

⑨ 如果要取消已设置的查找文本的格式,则单击"不限定格式"按钮,就可以清除查找文本中的格式信息。

(4) 单击"查找下一处"按钮,开始查找。

(5) 重复第(4)步操作,直到整个文档查找完毕。

2. 替换

(1) 选择"编辑"→"替换"命令,弹出"查找和替换"对话框,如图 3-8 所示。

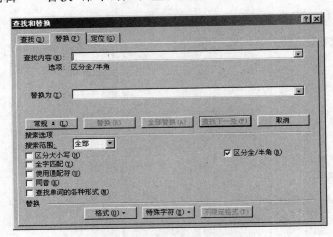

图 3-8 "替换"选项卡

(2) 在"查找内容"文本框中输入要查找的文本。

(3) 在"替换为"文本框中输入替换的文本。

(4) 单击"高级"按钮,对搜索选项作进一步设置,设置方法与查找的方法一样。

(5) 单击"查找下一处"按钮开始查找,当找到指定的第一处文本后,将选定该文本并等待用户的操作。

(6) 单击"替换"按钮,则将选定的文本替换为新的文本并移到下一个匹配的文本处。

单击"查找下一处"按钮,则不替换该处文本并移到下一个匹配的文本处;单击"全部替换"按钮,则将所有搜索的文本一次性全部替换成新的文本。

【例 3-1】 替换的常用操作实例分析。

（1）把文档中的"计算机"全部改为"微机"。

在"查找内容"框中输入"计算机"，在"替换为"框中输入"微机"，设置"搜索范围"为"全部"，单击"全部替换"按钮。

（2）把文档中带"《》"号的文本全部设置成黑体三号字。

在"查找内容"文本框中输入"《＊》"，在"替换为"文本框中单击鼠标，然后单击"格式"按钮中的"字体"命令，在字体对话框中设置"中文字体"为"黑体"，"字号"为"三号"，并勾选"使用通配符"复选框，设置"搜索范围"为"全部"，单击"全部替换"按钮。

（3）把第二段中黑体的 Word 2003 全部替换为 Microsoft Word 2003 且设置为"礼花绽放"的动态效果。

选定第二段的文本。在"查找内容"框中输入 Word 2003 并单击"格式"按钮，设置字体格式为"黑体"；在"替换为"文本框中输入 Microsoft Word 2003 并单击"格式"按钮下的"字体"命令，在"文字效果"选项卡中设置动态效果为"礼花绽放"，单击"全部替换"按钮。

3．删除查找的文本

【例 3-2】 删除全文中的 Microsoft 一词。

在"查找内容"文本框中输入 Microsoft，在"替换为"文本框中单击鼠标并按 Enter 键，再单击"全部替换"按钮，可删除查找的内容。

4．定位

（1）选择"编辑"→"定位"命令，展开图 3-9 所示的"定位"选项卡。

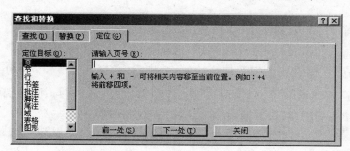

图 3-9　"定位"选项卡

（2）在"定位目标"列表框中选择定位项目，如"页"。

（3）在"请输入页号"框中输入项目名称或项目编号，如 3。

（4）单击"下一处"按钮，可将插入点快速定位到指定的目标位置，如第 3 页。

5．插入文件

在编辑文件时，有时需要把另外一个文档插入到当前文档的某个位置，可以使用"插入"→"文件"命令，具体操作步骤如下：

（1）将插入点移到要插入文件的位置。

（2）选择"插入"→"文件"命令，弹出图 3-10 所示的"插入文件"对话框。

图 3-10 "插入文件"对话框

(3) 选择要插入的文件,单击"插入"按钮,则可将文件中的文本插入到本文档中。

6. 撤销与恢复操作

Word 2003 会自动记录对文档的每一步操作。当对文档进行错误的操作后,可以单击"常用"工具栏上的"撤销"按钮 ⟲ 来撤销上一次的操作。如果要撤销最近多次操作,则需单击"撤销"按钮右边的下拉按钮,选择需要撤销的多步操作即可。

如果在撤销操作后,又认为不该撤销该项操作,则单击"常用"工具栏上的"恢复"按钮 ⟳ 。

3.3.4 文档的显示视图

水平滚动条的左侧有 4 个视图切换按钮,分别是"普通视图" ≡、"Web 版式视图" ⬚、"页面视图" ⊡ 和"大纲视图" ⊞。单击其中一个按钮,即可切换到相应的视图方式中。

(1) 普通视图:用于高效率编辑和格式化的通用视图,不显示页边距、页眉和页脚。

(2) 页面视图:所见即所得的视图效果,能显示页边距、页眉和页脚,与普通视图相比,Word 运行速度较慢。

(3) Web 版式视图:将文档转换为 HTML 文档之后的视图效果。

(4) 大纲视图:显示文档的结构,便于按不同明细程序观察文档,可以快速重新编排文档中的文本。

3.4 文 档 编 排

文档编辑修改后,接下来的工作就是对文档进行排版。即按照版面的要求对文档进行格式化,形成一定格式的文稿。Word 2003 的排版功能很强大,主要由字符格式编排、段落格式编排及页面格式编排 3 大部分组成。

3.4.1 字符格式的设置

1. 字符格式编排的主要内容

（1）字体：字符风格的描述。在字体下拉列表框中列出了多种字体的名称，如宋体、黑体等，并以相应的字体样式显示，这样可以一目了然，方便用户从中选择适当的字体。

（2）字号：字体大小的描述。我国的印刷出版业普遍采用"号"作为单位来衡量字的大小，汉字的字号依次从 0 号（也称初号）、小初号至 7 号、小 7 号，字的大小依次减小。另一种衡量字号的单位是"磅"，1 磅为 1/72 英寸。Word 2003 在"字号"列表框中同时使用"号"和"磅"作为字号的单位。"磅"与"号"两个单位之间有一定的关系，如 9 磅的字与小 5 号字大小相当。

（3）字形：字符形状的描述。通常包括常规、倾斜、加粗及字符缩放 4 种。

（4）字符修饰：如下划线、着重号、字符颜色、删除线、双重删除线、上标、下标、阴影、空心、阳文、阴文、隐藏、字符边框、字符底纹等。

（5）字符间距与字符位置：间距有标准、加宽、紧缩 3 个选项，位置有标准、提升与下降 3 个选项。

（6）文字的动态效果：Word 2003 提供了赤水情深、礼花绽放、七彩霓虹、闪烁背景、乌龙绞柱、亦真亦幻 6 种动态效果。

（7）其他格式：边框与底纹、更改大小写、首字下沉等。

2. 字符格式编排的主要方法

（1）选择编排文本对象，选择"格式"→"字体"命令，弹出图 3-11 所示的"字体"对话框，对字符格式进行编排。具体操作步骤如下：

① 切换至"字体"选项卡，对字体、字号、字形及字符修饰进行设置。

② 切换至"字符间距"选项卡，如图 3-12 所示。对字符缩放、字符间距及字符位置进行设置。

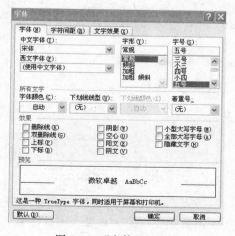

图 3-11 "字体"选项卡

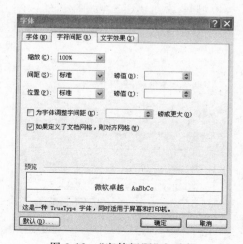

图 3-12 "字符间距"选项卡

③ 切换至"文字效果"选项卡,对文字动态效果进行设置。

（2）选择编排文本对象,通过单击"格式"工具栏上的相应按钮也可以设置相应的字符格式,如字体、字号、字形、字符边框、字符底纹、字符缩放以及字符颜色等。还可以更改英文字母的大小写。

（3）设置全文档中的英文单词,词首字母大写,如图 3-13 所示。具体操作步骤如下:

① 按 Ctrl＋A 键选定全部文档的内容。

② 选择"格式"→"更改大小写"命令,弹出"更改大小写"对话框,如图 3-13 所示。

③ 选中适当的单选按钮,如"词首字母大写"。

图 3-13 "更改大小写"对话框

④ 单击"确定"按钮完成操作。

3.4.2 段落格式编排的主要内容

设置段落格式:包括段落缩进(左缩进、右缩进、首行缩进、悬挂缩进)、对齐方式(左对齐、右对齐、居中、两端对齐、分散对齐)、行距(单倍行距、1.5 倍行距、2 倍行距、多倍行距、固定值、最小值)及段间距(段前距、段后距)等。

通过"格式"→"段落"命令对段落格式进行编排:

（1）选定段落对象或将插入点设置在该段落中间。

（2）选择"格式"→"段落"命令,弹出"段落"对话框,如图 3-14 所示。

（3）切换至"缩进和间距"选项卡,设置相应的段落缩进值、对齐方式、行距及段间距等。其度量单位,可通过选择"工具"→"选项"命令,在弹出的对话框的"常规"选项卡的度量单位来改变。

（4）切换至"换行和分页"选项卡,如图 3-15 所示,通过勾选相应的复选框对分页进行控制。

图 3-14 "段落"对话框——"缩进和间距"选项卡

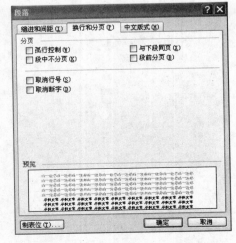

图 3-15 "段落"对话框——"换行和分页"选项卡

新编大学计算机基础教程

① 孤行控制：防止在页面顶端打印段落末行或在页面底端打印段落首行。

② 段中不分页：防止在段落中出现分页符。

③ 段前分页：在所选段落前插入人工分页符。

④ 与下段同页：防止在所选段落与后面一段之间出现分页符。

⑤ 取消行号：防止所选段落旁出现行号。

⑥ 取消断字：防止段落自动断字。

注意： 通过拖动水平标尺上相应的首行缩进、左缩进、右缩进标记可以直观地改变相应的缩进值。

3.4.3　首字下沉、项目符号与编号

1. 设置段落首字下沉

首字下沉是一种经常在报刊上使用到的字符格式，即段落的第一个字放大并占据2到3行的位置，其他的字符环绕在其右下方。

选取某一段落中的第一字，选择"格式"→"首字下沉"命令，弹出"首字下沉"对话框，如图3-16所示。在"位置"选项区中选择下沉格式类型，在"选项"选项区中选择"字体"为"隶书"、"下沉行数"为"2行"，"距正文"为"5毫米"，单击"确定"按钮完成设置。

2. 设置项目符号与编号

选定段落对象，选择"格式"→"项目符号和编号"命令，打开"项目符号和编号"对话框如图3-17所示。设置相应的项目符号和编号，从而提高文档的可读性。

图3-16　"首字下沉"对话框

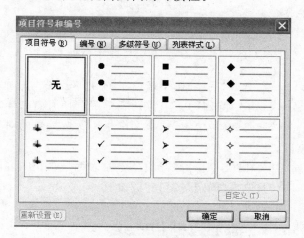

图3-17　"项目符号和编号"对话框

1）设置项目符号

（1）切换至"项目符号"选项卡，选择一种项目符号。

（2）单击"自定义"按钮，打开"自定义项目符号列表"对话框，如图 3-18 所示。

（3）单击项目符号按钮，弹出"符号"对话框，选择所需的项目符号。

（4）单击"字体"按钮，设置项目符号的大小或颜色。

（5）在"项目符号位置"选项区中，设置项目符号与页边距的缩进位置。

（6）在"文字位置"选项区中，设置列表文字与页边距的缩进位置。

（7）单击"确定"按钮，给选定的段落添加自定义的项目符号。

（8）单击"图片"按钮，打开"图片符号"对话框，选择喜欢的图片作为项目符号，使文档更加美观。

2）设置编号

（1）切换至"编号"选项卡，选择一种编号格式。

（2）单击"自定义"按钮，打开"自定义编号列表"对话框如图 3-19 所示。在"编号格式"文本框中修改突出显示编号方案前后的文字。例如，"第 1 章"表示在编号的前后分别加"第"与"章"两字。

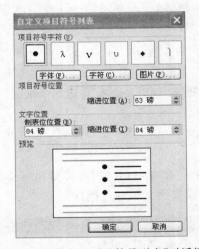

图 3-18 "自定义项目符号列表"对话框

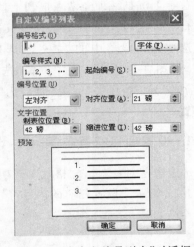

图 3-19 "自定义编号列表"对话框

（3）单击"字体"按钮来指定编号的字体。

（4）从"编号样式"下拉列表框中选择所需的样式，并输入起始编号。

（5）在"编号位置"选项区中指定所选编号的对齐方式以及编号与页边距之间的缩进位置。

（6）在"文字位置"选项区中输入编号与正文之间的距离。

（7）单击"确定"按钮完成设置。

3.4.4　添加边框和底纹

1. 设置文字的边框和底纹

（1）选择编排文本对象，选择"格式"→"边框和底纹"命令，弹出图 3-20 所示的"边框"对话框,为字符设置相应的边框与底纹,突出字符的显示效果。

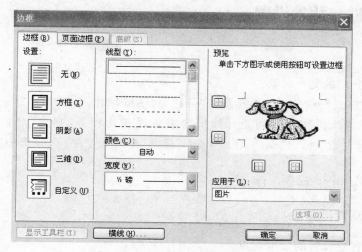

图 3-20 "边框"对话框

（2）切换至"底纹"选项卡如图 3-21 所示。可以设置图案的式样,如选图案的样式为
%15,颜色为"淡紫色",应用范围为"文字",单击"确定"按钮。

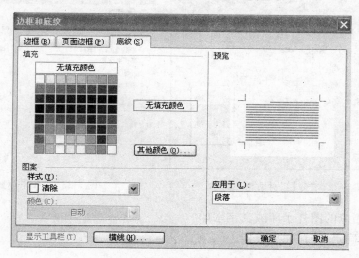

图 3-21 "边框和底纹"对话框

注意:"底纹"选项卡中"填充区颜色"与"图案区颜色"的区分。"填充区颜色"指的是
选择底纹的背景颜色,而"图案区颜色"指的是选择图案的颜色。

2. 设置段落的边框和底纹

设置段落的边框和底纹,其设置方法与文字的边框和底纹设置方法完全一样,只需把
"边框和底纹"对话框中的"应用范围"改为"段落"即可,在此不再重述。

3.4.5 分栏与背景设置

1. 分栏

选定进行分栏的文本对象。

（1）选择"格式"→"分栏"命令，弹出"分栏"对话框，如图 3-22 所示。

（2）设置栏数、栏宽及栏间距。如果要求各栏宽均相等，则选中"栏宽相等"复选框。例如，选择栏数为 2，栏宽为 19.75 个字符，栏距为 1 个字符，并选中"栏宽相等"复选框。

（3）单击"确定"按钮完成设置。

2. 背景设置

选定进行背景设置的文本对象。

（1）选择"格式"→"背景"命令，选择相应的背景设置，如选择"水印"，弹出如图 3-23 所示的对话框。

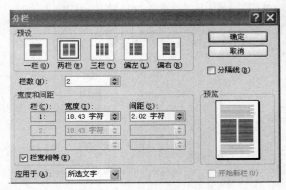

图 3-22 "分栏"对话框

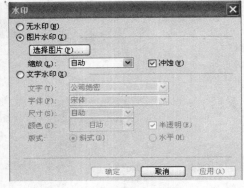

图 3-23 "水印"对话框

（2）设置相应的图片水印或文字水印。

（3）单击"确定"按钮完成设置。

3.4.6 文字方向和双行合一

1. 设置文字方向

选定进行设置的文本对象。

（1）选择"格式"→"文字方向"命令，弹出如图 3-24 所示的对话框。

（2）选择相应的文字方向，并选择应用于"所选文字"或"整篇文章"。

（3）单击"确定"按钮完成设置。

2. 设置双行合一

在使用 Word 2003 软件编辑 Word 文档的过程中，有时需要在一行中显示两行文字，然后在相同的行中继续显示单行文字，实现单行、双行文字的混排效果。这时可以使用 Word 2003 提供的"双行合一"命令实现这个目的。

选定进行设置的文本对象。

（1）选择"格式"→"中文版式"→"双行合一"命令，弹出如图 3-25 所示的对话框。

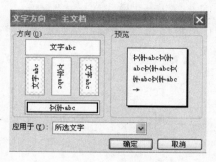

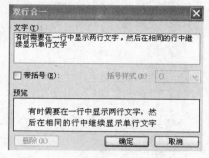

图 3-24　"文字方向"对话框　　　　　　图 3-25　"双行合一"对话框

（2）预览双行显示的效果。如果勾选"带括号"复选框，则双行文字将在括号内显示。

（3）单击"确定"按钮完成设置。

3.4.7　样式、模板与目录

1. 样式

在对一篇长文档进行排版时，会发现一篇文档往往有多处的格式设置是一样的，例如，一本教材有许多章，每章下有许多节，每节下有多个小标题，标题下还有正文。而每个章标题，每个节标题，各段正文的格式均是相同的，如果每处的格式都要逐一设置，效率就会很低。使用样式就可以解决上述问题，提高排版效率。

所谓样式，就是具有名字的特定编排格式的组合，可以认为样式是用户自己设计的能够重复使用的格式编排命令的集合。当用户调用某一样式时，就自动调用了样式中的一系列格式，快速完成对文档段落或字符的格式编排；当样式由于某种需要改变后，应用该样式的所有文本格式将自动改变。

样式按作用范围可分为段落样式和字符样式，按形成方式可分为内置样式和自定义样式。

字符样式是由样式名称来标识的字符格式的组合，如字体、字号、字形、字间距等。通过字符样式可以控制段落内选定字符的外观。在 Word 2003 的样式列表中，字符样式用"a"表示。

段落样式是由样式名称来标识的一套字符格式组合（如字体、字号、字形、字间距等）与段落格式组合（如缩进格式、对齐方式、段间距、行距、制表位、边框等）。通过段落格式不仅能控制段落内所有字符的外观,而且能控制段落外观的各个方面,另外还能控制和其他段落之间的关系。在 Word 2003 的样式列表中,段落样式用"段落标识符"表示。

内置样式是 Word 2003 为用户提供的样式,自定义样式是用户自己创建的样式。这里主要介绍样式的定义、更改、删除及重命名等操作。

1) 定义样式

定义样式的方法不止一种,最常用的方法是使用"格式"→"样式"命令来定义样式,具体操作步骤如下:

(1) 选择"格式"→"样式和格式"命令,弹出如图 3-26 所示"样式和格式"面板。

(2) 单击"新样式"按钮,弹出如图 3-27 所示的"新建样式"对话框。

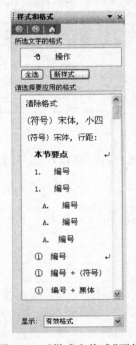

图 3-26 "样式和格式"面板

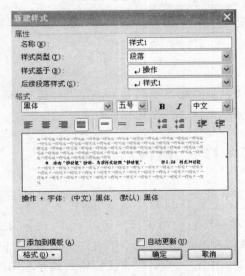

图 3-27 "新建样式"对话框

(3) 在"名称"文本框中输入新样式的名称;在"样式类型"下拉列表框中选择样式的类型(段落或字符);在"样式基于"下拉列表框中选择一种基准样式,在此基础上进行格式编排,提高效率;在"后续段落样式"下拉列表框中选择下一段落将要应用的样式。

(4) 在"格式"选项区中详细设置字符、段落、制表位、边框、语言、图文框和编号等格式。

(5) 单击"确定"按钮,完成新样式的创建,新的样式被添加到样式列表中。

2) 应用样式

定义样式的目的是为了应用,应用样式的方法以下有 3 种:

(1) 使用"格式"工具栏中的"样式"列表框。

① 将插入点移到需要应用样式的段落或选择需要应用样式的字符。

② 单击"格式"工具栏中的"样式"列表框,从中选择应用的样式。

——————————— 新编大学计算机基础教程

（2）使用"格式"→"样式和格式"命令。

① 将插入点移到需要应用样式的段落或选择需要应用样式的字符。

② 选择"格式"→"样式和格式"命令，弹出"样式"对话框。

③ 在"样式"列表框中选择需要的样式，单击"应用"按钮。

（3）使用样式的快捷键。

① 将插入点移到需要应用样式的段落或选择需要应用样式的字符。

② 按应用样式的快捷键。

3）修改样式

（1）选择"格式"→"样式和格式"命令，显示"样式和格式"对话框。

（2）在"样式"列表框中选择需修改的样式，单击下三角按钮，选择"更改"选项，弹出"更改样式"对话框。在弹出的对话框中进行修改。

（3）修改完毕后，单击"确定"按钮。

（4）如果需要修改其他样式，重复步骤（2）～（4）的操作。

（5）全部修改完毕，单击"关闭"按钮退出。

4）重命名样式

（1）选择"格式"→"样式和格式"命令，弹出"样式和格式"对话框。

（2）在"样式"列表框中选择需重命名的样式，单击下三角按钮，选择"更改"选项，弹出"更改样式"对话框。

（3）在"名称"文本框中输入新的样式名，单击"确定"按钮。

5）删除样式

（1）选择"格式"→"样式和格式"命令，弹出"样式和格式"对话框。

（2）在"样式"列表框中单击要删除的样式，单击下三角按钮，选择"删除"选项。

2. 模板

在日常工作中，通常会建立一些格式相同或相近的文档，如各种"通知书"，为了保证这些文档的格式一致，可以创建一个特定的模板，利用模板决定文档的基本结构和格式编排。在此基础上编辑新文档，可以使操作简化到只需填入相应内容，从而大大提高工作效率。

模板是一种包含特定格式说明的专用文档，模板中包含了能简化工作的样式表、页面设置、自动图文集、工具栏按钮、自定义菜单及快捷键的设置等有关文档的信息。Word 2003 提供了多种实用的模板，如简历、备忘录、新闻稿、信函等，其扩展名为. doc，保存在 Templates 文件夹中，用户可以利用这些内置模板，快速创建相同风格的文档。同时，用户也可根据需要创建新的模板。

1）使用模板创建文档

（1）选择"文件"→"新建"命令，弹出如图 3-28 所示的"新建文档"面板。

（2）选择"本机上的模板"命令，弹出如图 3-29 所示的对话框。

（3）切换至相应的选项卡，选择相应的模板。

（4）单击"确定"按钮，打开相应的模板，只需在相应的位置填入内容。

图 3-28　"新建文档"面板

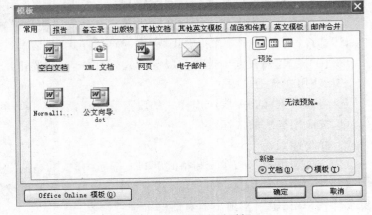

图 3-29　"模板"对话框

2）创建新模板

可以利用现有的文档或现存的模板来创建一个新模板，具体操作步骤如下：

（1）打开现有的文档或现存的模板，进行编辑修改。

（2）选择"文件"→"另存为"命令，打开"另存为"对话框。

（3）选择"保存类型"为"文档模板"，并选择用来保存模板的文件夹（默认为 Templates 文件夹）。然后输入模板文件名，单击"保存"按钮，生成一个新的模板。

3. 目录

在长文档如书稿的编辑后期，往往要根据文档的各级标题，生成目录。Word 2003 提供了自动生成目录的功能，利用此功能用户能够根据标题快速地制作目录。具体操作步骤如下：

（1）将插入点置于要插入目录的位置，一般在文章的开始处。

（2）选择"插入"→"引用"→"索引和目录"命令，弹出"索引和目录"对话框。

（3）切换至"目录"选项卡，如图 3-30 所示。

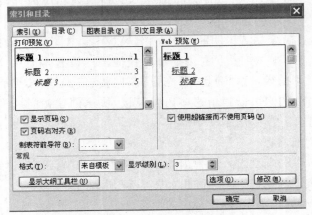

图 3-30　"目录"选项卡

（4）在"格式"下拉列表框中选择目录的样式；在"制表符前导符"下拉列表框中选择目录与页码之间的连接符，默认为省略号；在"显示级别"下拉列表框中选择创建目录的层次。

（5）勾选"显示页码"和"页码右对齐"复选框。

（6）如果想以文档中的其他样式创建目录，则单击"选项"按钮，打开"目录选项"对话框。

（7）选择想要的样式，然后在"目录级别"中输入指定的级别。若不想使用样式，则可删除"目录级别"文本框中的数字。

（8）单击"确定"完成目录的创建。

3.4.8 页面设置

1. 页面格式编排的主要内容

1）页面设置

对文档版面的整体布局进行编排，如纸型、打印方向、页边距、文档网格及版式等。

2）设置分页、分节

Word 2003 具有自动分页的功能，除了自动分页外，也可以进行人工分页。

在 Word 2003 中，可以将文档分割成任意数量的节，每节都可以根据需要设置成不同的格式。如果想在文档的某一部分中采用不同的格式设置，就必须创建一个节。即在该部分文档前插入分节符。

所谓的分栏就是使文本从一个栏的底端连接到下一栏的顶端。在报纸、杂志、字典中经常看到分栏格式，分栏有助于版面的美观，便于阅读，同时对回行较多的版面可以起到节约纸张的作用。

3）设置脚注与尾注

脚注和尾注是对文档中的文本进行注释的两种方法。脚注通常是对某一页有关内容的解释，一般放在该页的最后；尾注常用来标明文章引用了哪些文章，或对文档的内容作详细解释，一般放在文章的最后。

文档中的注释包含两个相关联的部分，即注释引用标记及该标记所指的注释文本。一般要对引用标记进行自动编号，以便在添加、删除或移动脚注和尾注之后，Word 能自动对注释引用标记重新编号。

2. 页面格式编排的主要操作方法

1）页面设置

（1）选择"文件"→"页面设置"命令，打开"页面设置"对话框。

（2）切换至"纸张"选项卡，设置纸张的大小和方向。

（3）切换至"页边距"选项卡，如图 3-31 所示。

（4）设置文本内容与纸张边界的上、下、左、右距离。

（5）设置页眉上边缘、页脚下边缘与纸张上、下边界的距离。

（6）设置装订线的位置及装订线与页边界之间的距离。

（7）如果要在纸张两面打印文档，则勾选"对称页边距"复选框。

（8）切换至"版式"选项卡，如图 3-32 所示。设置有关页眉与页脚、垂直对齐方式以及行号等特殊的版式选项。

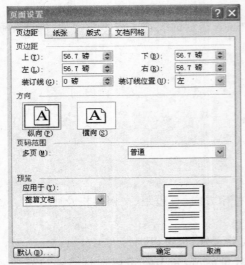

图 3-31 "页边距"选项卡

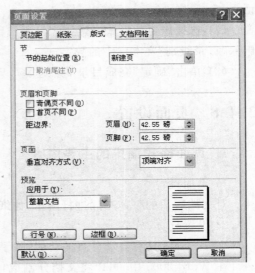

图 3-32 "版式"选项卡

（9）切换至"文档网格"选项卡，如图 3-33 所示。设置每页的行数、每行的字符数、文字的排列方向、及在页面上绘制网格线等。

图 3-33 "文档网格"选项卡

新编大学计算机基础教程

2）分页

（1）将插入点移到新一页的开始位置。

（2）选择"插入"→"分隔符"命令，打开"分隔符"对话框。

（3）选中"分页符"单选按钮。

（4）单击"确定"按钮，在插入点位置插入人工分页符（也称硬分页符）。

3）分节

（1）移动插入点至建立新节的位置。

（2）选择"插入"→"分隔符"命令，打开"分隔符"对话框，如图 3-34 所示。

（3）在"分节符类型"选项区，选择一种分节符。

（4）选中"连续"单选按钮，则插入分节符，但新节不另起一页。

（5）选中"偶数页"单选按钮，则新节中的文本打印在下一偶数页上。

（6）选中"奇数页"单选按钮，则新节中的文本打印在下一奇数页上。

（7）单击"确定"按钮，在插入点位置处插入分节符。

4）插入脚注和尾注

（1）将插入点移到要插入注释引用标记的位置。

（2）选择"插入"→"引用"→"脚注和尾注"命令，打开"脚注和尾注"对话框，如图 3-35 所示。

图 3-34 "分隔符"对话框

图 3-35 "脚注和尾注"对话框

（3）在"位置"选项区选中"脚注"或"尾注"单选按钮，并选择插入的位置。

（4）设置相应的格式。

（5）单击"插入"按钮插入标记。

3.4.9 页眉和页脚设置

页眉是打印在文档中每页顶部的文本或图形，其内容包括文档标题、章节名或文件名，文档生成日期等。页脚是打印在文档中每页底部的文本或图形，通常包括页码以及一些有关信息。每页的页眉与页脚可以全文相同，也可以各节有不同的页眉与页脚,还可以在第一页建立一个不同于其他页的页眉与页脚以及奇数页、偶数页有不同的页眉与页脚。具体采用哪种方式,可通过"页面设置"对话框中"版式"选项卡的选项进行设置。

1. 插入页眉与页脚

（1）单击"页面视图"按钮,转换到页面视图状态。

（2）选择"视图"→"页眉和页脚"命令,文档中将出现页眉编辑区,同时屏幕上出现了"页眉和页脚"工具栏,如图 3-36 所示。

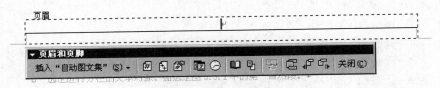

图 3-36　页眉、页脚设置

（3）页眉区输入文字或图形,也可单击"页眉和页脚"工具栏中的相应按钮,在页眉区插入自动图文集、页码、页数、日期、时间等。

（4）单击"格式"工具栏上相应的对齐按钮,可以设置页眉的对齐方式。

（5）单击"页眉和页脚"工具栏中的"显示前一项" 、"显示下一项"按钮 ,可以继续编辑前一个页眉或下一个页眉。

（6）单击"页眉和页脚"工具栏中的"在页眉和页脚间切换"按钮 ,切换到页脚编辑区,重复前面的步骤设置页脚的内容。

（7）单击"关闭"按钮,完成对页眉和页脚的编辑工作并返回文档。

2. 插入页码

选择"插入"→"页码"命令,在"页码"对话框中,按照如图 3-37 所示的参数,设置页码的格式、位置、对齐方式、起始页号等,单击"确定"按钮,插入页码。

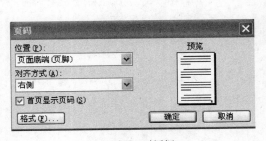

(a)　"页码"对话框

(b)　"页码格式"对话框

图 3-37　页码设置

3.4.10 文档的打印输出

在完成一个文档的编辑和排版后，就可以将文档打印出来。在正式打印之前，要先预览打印效果。

1. 预览文档

单击"常用"工具栏上的"打印预览"按钮，进入打印预览状态，如图 3-38 所示。在打印预览显示模式下，Word 2003 显示"打印预览"工具栏，鼠标移到页面上时会变成一个带加号的放大镜，单击鼠标就可以将页面放大为 100％的显示方式。此时，鼠标会变成一个带减号的放大镜，再次单击，又使页面恢复到原来的大小。

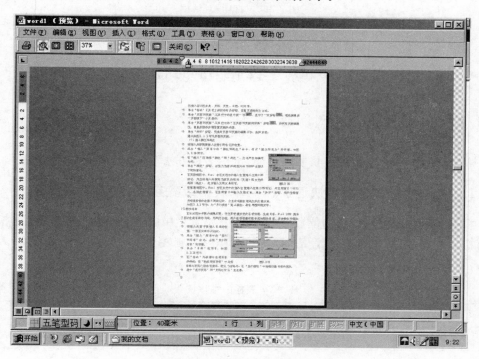

图 3-38　文档打印预览效果

单击"查看标尺"按钮，显示水平与垂直标尺，用于调整页面布局；单击"多页显示"按钮，在下拉菜单中选择显示文档的页数；单击"全屏显示"按钮，打开全屏显示状态；单击"关闭"按钮，退出打印预览状态。

2. 打印文档

选择"文件"→"打印"命令，打开如图 3-39 所示的"打印"对话框，设置打印机的类型与属性、打印范围、份数等，最后单击"确定"按钮。

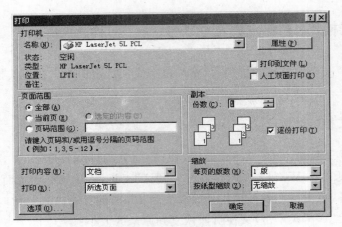

图 3-39 "打印"对话框

3.5 表格的制作

3.5.1 插入表格

Word 2003 具有强大的表格制作功能,可用多种方法制作出各种复杂的表格。

1. 利用插入表格按钮快速制作简单表格或复杂表格的主体框架

将插入点置于创建表格的位置,单击"常用"工具栏中的"插入表格"按钮,沿网格向右下角拖动鼠标,定义表格的行数及列数,如 3 行 5 列,则在当前位置创建一个 3 行 5 列的表格,如表 3-3 所示。

表 3-3 表格的主体框架

2. 利用"表格"菜单中的"插入"命令创建表格

(1)将插入点置于创建表格的位置。

(2)选择"表格"→"插入"命令,弹出"插入表格"对话框,如图 3-40 所示。

(3)在"表格尺寸"选项区输入列数与行数,如 4 列 3 行。在"'自动调整'操作"选项区中选择列宽的调整方法。

(4)Word 2003 为用户提供了多种预定义的表格格式,单击"自动套用格式"按钮,选择某一特定的格式,如网格型 3。

（5）单击"确定"按钮，创建具有一定格式的表格，如表 3-4 所示。

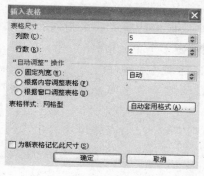

图 3-40　"插入表格"对话框

表 3-4　自动套用格式

姓名＼科目	语文	数学	英语
张三	87	76	67
李四	56	67	34

3. 利用"表格和边框"工具栏绘制复杂的表格

（1）单击"常用"工具栏中的"表格和边框"按钮，显示"表格和边框"工具栏。

（2）从"表格和边框"工具栏的线型列表框中选择适当的线型，从粗细列表框中选择合适的线宽。

（3）单击"表格和边框"工具栏中的"绘制表格"按钮。

（4）将鼠标移至编辑区，鼠标指针变成笔形时，按住鼠标左键，绘制表格的外框。

（5）在外框的基础上，选择合适的线型和线宽任意绘制横线、竖线或斜线，创建一个复杂的表格，如表 3-5 所示。

表 3-5　复杂表格的编辑

要删除某条框线，单击"表格和边框"工具栏中的"擦除"按钮。此时，鼠标指针变成橡皮擦形，拖动鼠标经过要删除的线，可将其擦除。

3.5.2　编辑表格

创建好表格或表格的主体框架后，可以用各种方法来改变表格的结构，形成一张复杂的表格。

1. 选定单元格、行、列

（1）选定单元格：鼠标移至单元格的左边框附近，当鼠标指针变成一个指向右上方的小黑箭头时单击鼠标，则选定一个单元格，拖动鼠标则选定多个单元格。

（2）选定行：在选定区中单击鼠标，选定一行，拖动鼠标则选定多行。

（3）选定列：鼠标移至该列的上边框附近，鼠标指针变成一个指向下方的小黑箭头时单击鼠标，则选定该列，拖动鼠标，则选定多列。

（4）选定整个表格：将插入点置于表格的任意位置时，表格左上方会出现一个表格控制符，单击该控制符可以选定整个表格。

2. 插入单元格、行、列

1）插入单元格

在指定位置上，插入一个或多个单元格。选择"表格"→"插入"→"单元格"命令，弹出"插入单元格"对话框，如图 3-41 所示。选择对话框中相应的选项，在相应的位置插入选定的单元格。

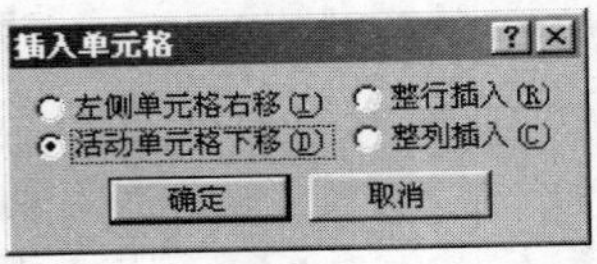

图 3-41 "插入单元格"对话框

（1）"左侧单元格右移"：即在所选单元格的左边插入单元格。

（2）"活动单元格下移"：即在所选单元格的上方插入单元格。

（3）"整行插入"：即在所选单元格的上方插入一行。

（4）"整列插入"：即在所选单元格的左侧插入一列。

2）插入行

选定要插入行所在位置上的一行或多行，选择"表格"→"插入"→"行"命令。

3）插入列

选定要插入列所在位置上的一列或多列，选择"表格"→"插入"→"列"命令。

4）嵌套表格

嵌套表格即在表格单元格中插入表格。将插入点移至要插入表格的单元格中，选择"表格"→"插入"→"表格"命令，弹出"插入表格"对话框，并设置插入表格的行、列数，单击"确定"按钮，如表 3-5 所示。

3. 删除单元格、行、列及表

选定要删除的单元格、行、列、表，选择"表格"→"删除"级联菜单中相应的"单元格"、"行"、"列"、"表"命令。

4. 合并单元格

选定相邻的数个单元格，选择"表格"→"合并单元格"命令，将选定的多个单元格合并为一个较大的单元格。

5. 拆分单元格

选定需要进行拆分的一个或多个单元格,选择"表格"→"拆分单元格"命令,弹出"拆分单元格"对话框,设置要拆分的列数、行数,若希望在拆分前合并单元格,则勾选"拆分前合并单元格"复选框,单击"确定"按钮,完成单元格的拆分。

6. 拆分表格

将插入点定位到将成为第二个表格第一行中的任意单元格内,选择"表格"→"拆分表格"命令,将表格一分为二,并且它们之间出一行文本行,便于在两表格之间插入文本。

7. 调整行高、列宽

(1) 使用鼠标:将鼠标移至行或列的边框线上,鼠标指针变成双向箭头时拖动鼠标,可调整相应的行高或列宽。

(2) 选定要调整的行或列,选择"表格"→"表格属性"命令,弹出"表格属性"对话框。切换至"列"选项卡,输入指定的列宽,单击"前一列"或"后一列"按钮,可改变相邻列的列宽;切换至"行"选项卡,在"行高值是"列表框中选择"最小值"或"固定值",输入指定的行高,并单击"上一行"或"下一行"按钮,可改变相邻行的行高。单击"确定"按钮即调整完相应的行高或列宽。

(3) 可以选择"表格"→"自动调整"级联菜单中的"平均分布各行"、"平均分布各列"命令来均衡表格中所选定的行高或列宽。

3.5.3 表格属性设置及其他设置

1. 输入文本

将插入点定位到第一单元格,使用和在文档编辑中相同的方法插入文本或图形。按Tab键,移至下一个单元格;按Shift+Tab键,移至上一个单元格。

2. 删除文本

(1) 删除表格单元格中的文本:选定单元格,按Delete键。
(2) 删除表格行中的文本:选定该行,按Delete键。
(3) 删除表格列中的文本:选定该列,按Delete键。

3. 移动、复制文本

1) 移动、复制单元格中的文本
(1) 选定要移动或复制的单元格(包括单元格结束符)。
(2) 单击"常用"工具栏中的"剪切"或"复制"按钮。
(3) 将插入点置于接收区左上角的单元格中,单击"常用"工具栏中的"粘贴"按钮。

2）移动、复制表格中整行或整列文本

（1）选定表格中的一整行或列（包括行或列的尾标记）。

（2）单击"常用"工具栏中的"剪切"或"复制"按钮。

（3）将插入点置于该行或列的第一个单元格中，单击"常用"工具栏中的"粘贴"按钮。复制的行被插入到选定行的上方，复制的列被插入到选定列的左侧。

4. 设置单元格中文本的对齐方式

选定要设置文本对齐方式的一个或多个单元格，单击鼠标右键选定区，在弹出的快捷菜单中选择"单元格对齐方式"命令，从对齐方式列表中选择适当的对齐方式。

5. 改变单元格中文字的方向

选定要改变文字方向的单元格，选择"格式"→"文字方向"命令，在"文字方向—表格单元格"对话框中选择适当的文字方向。

6. 设置斜线表头

Word 2003 专门提供了制作斜线表头的工具，利用它可快速地绘制各种斜线表头。

（1）将插入点置于表格的第一个单元格中。

（2）选择"表格"→"绘制斜线表头"命令，弹出图 3-42 所示的"插入斜线表头"对话框。

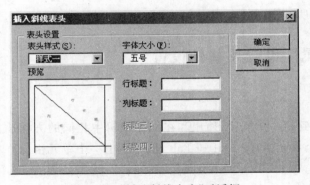

图 3-42　"插入斜线表头"对话框

（3）选择适当的表头样式，输入行、列标题名称，设置标题文字的大小。

（4）单击"确定"按钮完成设置。

（5）建立如表 3-5 所示的表头。

7. 自动重复表格标题

当创建的表格超过一页时，希望在第二页的顶部显示表格的标题，可利用 Word 2003 提供的自动重复表格标题的功能，具体操作步骤如下：

（1）选定作为表格标题的表格行，必须包括表格的首行。

（2）选择"表格"→"标题"命令，将选定的表格行定义为表格的标题。

当表格自动跨页时，会在第二页的顶部显示表格的标题，重复后的表格标题只可在页面视图方式中查看。

8．文字与表格的转换

Word 2003 提供了表格与文字互换的功能，可将以特定的分隔符（如段落标记、逗号、制表符、空格或其他特定字符）分隔的文字转换成表格，也可将表格转换成以特定的分隔符分隔的文字。具体操作步骤如下：

（1）选定要转换的文字或表格。

（2）选择"表格"→"转换"→"文字转换成表格"或"表格转换成文字"命令，在出现的对话框中选择适当的选项，单击"确定"按钮。

3.5.4 表格的计算与排序

Word 2003 可对表格中的数据进行简单计算（如求和、求平均值等），还可对表格中的数据进行排序。

1．计算

为了便于对表格中的数据进行处理，Word 2003 对表格中的单元格进行统一标记并规定了单元格引用规则。

（1）单元格标记：列标（依次用字母 A、B、C、D、…描述）＋行号（依次用数字 1、2、3、4、…描述）。例如，第 1 列第 1 个单元格标记为 A1，第 3 列第 4 个单元格描述为 C4。

（2）单元格的引用：

① 单个单元格引用：单元格标记。如 A3。

② 连续多个单元格引用："左上角单元格标记：右下角单元格标记"。如"A1：B3"。

③ 不相邻单元格引用：用逗号分隔单元格标记。如"A1,C1,B3"。

④ 一整行或一整列引用：用"行号：行号"或"列号：列号"标记。如"1：1"或"b：b"表示第 1 行或第 2 列。

1）对行或列中的数据求和

将插入点置于存放求和结果的单元格中，打开"表格与边框"工具栏，单击"自动求和"按钮，对行或列的数据求和，求和结果自动出现在选定的单元格中。

【例 3-3】 求表 3-4 中行、列值的和。

单击相应的需求和的单元格，如 B6，然后再单击"自动求和"按钮，求出第 2 列值的和。

其他行、列值的和操作类似，在此不再一一叙述。

2）进行其他类型的计算

（1）将插入点置于存放求和结果的单元格中。

（2）选择"表格"→"公式"命令，打开如图 3-43 所示的"公式"对话框。

（3）从"粘贴函数"下拉列表框中选择一个运算函数，如求平均值函数 AVERAGE（）。

（4）在函数的括号中输入单元格引用值，如"a1：a3"。

（5）从"数字格式"下拉列表框中选择运算结果的数据格式。

（6）单击"确定"按钮。

如果要表格中的数据进行复杂的数据处理，建议使用 Microsoft Office 2003 中的另一软件——电子表格软件 Excel 2003。其内容将在第 4 章中作详细介绍。

2．排序

在 Word 2003 中，可以按照数字、拼音、中文笔画或者日期的顺序来重排表格中的各行内容。

（1）使用"表格和边框"工具栏中的"升序"或"降序"按钮进行排序。

① 将插入点置于作为排序依据的单元格中。如在表 3-4 中，按"语文"的值排序，则将插入点置于"语文"单元格中。

② 单击"表格和边框"工具栏中的"升序"或"降序"按钮，对表 3-4 中各行按"语文"的值进行升序或降序排列。

（2）选择"表格"→"排序"命令，还可以进行多重排序。

① 将插入点置于要排序的表格中。

② 选择"表格"→"排序"命令，弹出"排序"对话框如图 3-44 所示。

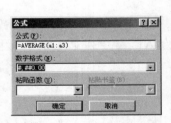

图 3-43　"公式"对话框

图 3-44　"排序"对话框

③ 选择多重排序的依据、类型（数字、拼音、笔画或日期）、排序的规则（递增或递减），单击"确定"按钮。

3.6　Word 文档的艺术加工和处理

3.6.1　在文稿中添加剪贴画或图片

1．插入图片

1）插入剪贴画

Word 2003 软件带有一个非常丰富的图片剪辑库。其中的剪贴画都是经过专业设计的,从动物到植物,从建筑到人物,应有尽有。

（1）将插入点定位于文档中想插入剪贴画的位置。

（2）选择"插入"→"图片"→"剪贴画"命令,弹出"剪贴画"面板,单击"搜索"按钮,如图 3-45 所示。在下面的列表框中可以看到 Word 2003 提供了不同种类的剪贴画。

（3）选择想要插入的剪贴画。

（4）单击下拉按钮,选择"插入"命令即可插入剪贴画。

2）插入图片文件

Word 2003 可以识别多种图片文件格式,所以用户可以将软盘、光盘或网络上的图片文件插入到文档中。具体操作步骤如下:

（1）将插入点定位于文档中想插入图形文件的位置。

（2）选择"插入"→"图片"→"来自文件"命令,弹出"插入图片"对话框。

（3）选择要插入的图形文件。

（4）单击"插入"按钮,将选定的图形文件插入到文档中。

如果要减小文档的大小,节约存储空间,则单击"插入"按钮右边的下三角按钮,在弹出的下拉菜单中选择"链接文件"命令,将选定的图形文件链接到文档中。

图 3-45 "剪贴画"面板

2. 改变图片的大小

在文档中插入剪贴画或图片后,用户可打开 Word 2003 所提供的"图片"工具栏对图片进行编辑操作,如调理图片的大小、位置和环绕方式、裁剪图片、调整亮度与对比度、添加边框等。

1）调整图片的大小

（1）单击插入的图片,图片周围将出现 8 个控制点,将鼠标移至控制点并进行拖动,可调整图片的大小。

（2）单击插入的图片,单击"图片"工具栏中的"设置图片格式"按钮 ,弹出"设置图片格式"对话框,切换至"大小"选项卡,在该选项卡中可对图片的大小进行精确的调整,如图 3-46 所示。

2）裁剪图片

（1）单击要裁剪的图片,单击"图片"工具栏中的"裁剪"按钮 ,将鼠标移至图片的某个控制点,向图片内部拖动,可隐藏图片的部分区域;向图片外部拖动,可增大图片周围的空白区域。

（2）单击要裁剪的图片,单击"图片"工具栏中的"设置图片格式"按钮 ,弹出"设置图片格式"对话框,切换至"图片"选项卡如图 3-47 所示。在"裁剪"区设置对图片上、下、左、右 4 个方向裁剪的数值,可对图片进行精确的裁剪。

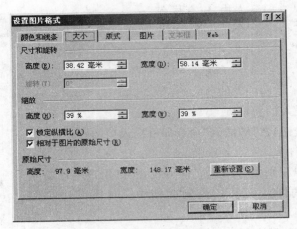

图 3-46 "大小"选项卡

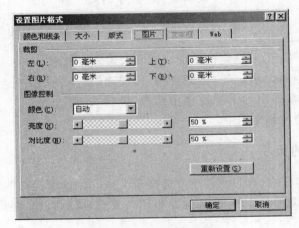

图 3-47 "图片"选项卡

3. 设置图片的格式

Word 中插入图片后默认版式为"嵌入型",单击图片会出现"图片"工具栏,在此可以把图片版式改为其他版式。图片的环绕方式主要有 5 种,其含义如下:

(1) 嵌入型:图片的位置不能随意移动,也不能在其周围环绕文字,图片在文本中的地位与文字相同。

(2) 四周型:文字在所选图片方形边界外环绕,用户可拖动鼠标将图片移动到任意位置。

(3) 紧密型:文字在所选图片的实际边缘外环绕,用户可拖动鼠标将图片移动到任意位置。

(4) 浮于文字上方:整个图片浮动在文档上,并且图片将遮挡住下方的文字。

(5) 浮于文字下方:文字显示在图片的上面,图片作为文字的背景打印出来。

设置环绕方式的具体设置步骤如下:

（1）单击要设置环绕方式的图片。

（2）单击"图片"工具栏中的"设置图片格式"按钮，弹出"设置图片格式"对话框。

（3）切换至"版式"选项卡，如图 3-48 所示。

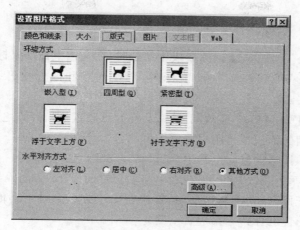

图 3-48 "版式"选项卡

（4）在"环绕方式"选项区中，选择文字与图形的环绕方式，如四周型。

（5）在"水平对齐方式"选项区中指定更详细的环绕位置，如其他方式。4 种水平对齐方式的含义如下：

① 左对齐：图片居左，文字在图片右边环绕。

② 右对齐：图片居右，文字在图片左边环绕。

③ 居中：图片居中，文字在图片两边环绕。

④ 其他方式：图片在文档中的位置由用户指定，文字在图片两边环绕。

（6）单击"高级"按钮，弹出"高级版式"对话框。

（7）在"图片位置"选项卡中，进一步设置图片的水平和垂直位置；在"文字环绕"选项卡中，进一步设置文字和环绕方式以及图片各边与文字之间的距离。

（8）单击"确定"按钮返回文档，完成对图片环绕方式的设置。

4. 移动图片和删除图片

把鼠标放在图片上，当光标变成一个"十"字形标签时，即可移动图片。

选定图片，直接按 Delete 键可以删除图片。

3.6.2 在文稿中绘制图形

Word 2003 提供的绘图工具包括线条、基本形状、箭头、流程图、标注、星与旗帜 6 类，用户可以通过这 6 类工具绘制出所需的图形。

1. 调出"绘图"工具栏

单击"常用"工具栏中的"绘图"按钮，出现如图 3-49 所示的"绘图"工具栏。

图 3-49 "绘图"工具栏

2. 绘制直线、矩形、椭圆形

(1) 选择"直线"工具 。鼠标变成十字状时,在文档中拖动鼠标,即可绘制完成。

(2) 选择"矩形"工具 。拖动鼠标时,会在起点和鼠标松开点之间绘制出一个矩形。

(3) 选择"椭圆"工具 。拖动鼠标时,会在起点和鼠标松开点之间绘制出一个椭圆。

在绘图时,下面的知识也是用户需要知道的:

在绘图过程中,即拖动鼠标过程中,如果按住 Shift 键,会得到一些特殊效果。例如,可以绘制出水平或垂直直线,也可以在水平与垂直之间以 15°为间隔绘制出斜线;在绘制圆形时,能绘制出正圆形;在绘制矩形时,能绘制出正方形。对于其他形状,在按住 Shift 键时,绘制出的图形能够保持原始形状不变。

在绘图过程中,如果按住 Ctrl 键,也会得到一些特殊效果。例如,在绘制矩形、圆形等形状时,会以鼠标单击的位置为中心,向四周开始绘图。可以通过这个功能绘制出指定中心点的圆。

由于绘制的图形默认浮在文字上方,因此用户可以在文档中的任何位置开始绘图。

3. 给图形填充颜色

用户可以根据实际需要为 Word 2003 中的自选图形设置填充颜色,所选择的填充颜色既可以是标准的纯色,也可以是自定义的颜色。

(1) 选中准备设置填充颜色的自选图形。

(2) 单击"绘图"工具栏中的"填充颜色"按钮 ,选择相应的颜色。

4. 设置阴影

用户可以根据实际需要为 Word 2003 中的自选图形设置不同的阴影。

(1) 选中准备设置填充颜色的自选图形。

(2) 单击"绘图"工具栏中的"阴影样式"按钮 ,选择相应的阴影。

3.6.3 在文稿中添加艺术字

为了使文档的版面更加活泼、生动,用户可利用 Word 2003 提供的"艺术字"功能生成具有特殊视觉效果的标题等特殊文本。实际上,也可把"艺术字"看成一种特殊的图形对象。

1. 插入艺术字

(1) 将插入点移至要插入艺术字的位置。

新编大学计算机基础教程

（2）单击"绘图"工具栏上的"插入艺术字"按钮，弹出"'艺术字'库"对话框，如图 3-50 所示。

图 3-50 "'艺术字'库"对话框

（3）选择一种艺术字式样，单击"确定"按钮，弹出"编辑艺术字文字"对话框。

（4）在"文字"文本框中输入标题的文字，并利用字体、字号、字形按钮设置文本框中的文字。

（5）单击"确定"按钮完成设置。

2. 编辑处理艺术字

刚插入的艺术字往往不尽如人意，因此插入后还需对其进行编辑处理。具体操作步骤如下：

（1）单击艺术字，用鼠标拖动其控制点，可改变其大小。

（2）利用"艺术字"工具栏中的工具对其进行编辑处理。

（3）单击"插入艺术字"按钮，打开"编辑艺术字文字"对话框，对艺术字文字进行编辑修改。

（4）单击"艺术字库"按钮，打开"艺术字库"对话框，更改艺术字式样。

（5）单击"设置艺术字格式"按钮，打开"设置艺术字格式"对话框，对艺术字格式进行设置，该对话框的设置方法与前面讲述的"设置图片格式"对话框的设置方法类似，在此不再叙述。

（6）单击"艺术字形状"按钮，打开"艺术字形状"菜单，从中选择合适的艺术字字形。

（7）单击"自由旋转"按钮，艺术字的四个角的控制点将变成绿色的小圆，鼠标移至其中一个小圆并进行拖动，可旋转艺术字。

（8）单击"文字环绕"按钮，可使艺术字中的大小字母高度相等。再次单击该按钮，则可取消该次操作。

（9）单击"艺术字竖排文字"按钮，可改变艺术字的排列方式，即变为竖排。再单击该按钮，又恢复为横排。

（10）单击"艺术字对齐方式"按钮,在"艺术字对齐方式"菜单中选择合适的对齐方式。

（11）单击"艺术字字符间距"按钮,在"艺术字字符间距"菜单中选择或自定义艺术字的字符间距。

3.6.4 在页面中添加画布

"绘图画布"实际上是文档中的一个特殊区域。用户可以在其中绘制多个图形,其意义相当于一个"图形容器"。因为形状包含在绘图画布内,画布中所有对象就有了一个绝对的位置,这样它们可作为一个整体进行移动或调整大小,还能避免文本中断或分页时出现的图形异常。

使用绘图画布非常容易,只要单击"插入"→"图片"→"绘制新图形"命令,即可将绘图画布插入文档;另一种更简单的方法是单击"绘图"工具栏中的图形绘制按钮(艺术字、图片、文本框及剪贴画按钮出外),绘图画布便会自动出现在页面中。

另外,双击绘图画布边框,则可以进一步设置绘图画布的格式。例如,修改内部填充或边框线条的颜色。

3.6.5 使用文本框

文本框是存放文本的容器,框中的文字和图片能够随文本框移动,可放置页面任意位置,可调整大小,也可设置与文字的环绕方式。实际上,可把文本框看成一个特殊的图形对象。合理地使用文本框将使版面更加丰富多彩。

1. 插入文本框

单击"绘图"工具栏中的"文本框"按钮▣或"竖排文本框"按钮▣,这时鼠标变成十字形。

将鼠标移至要绘制文本框的位置,拖动鼠标至所需的大小。

向文本框中输入文字或插入图片。

2. 调整文本框的大小、位置、边框及环绕方式

由于在 Word 2003 中,可把文本框看成一个特殊的图形对象,所以其操作方法与上面讲述的图片一样,在此不再重复介绍。

3.6.6 在文本中插入公式

为便于在文档中插入复杂的数学公式,Word 2003 为用户提供了功能强大的公式编辑器。使用公式编辑器建立公式时,公式编辑器会根据数学方面的排字惯例自动调整字体的大小、间距和格式,还可以在工作时调整格式设置并重新定义自动样式。具体操作步骤如下:

（1）将插入点定位到插入公式的起始位置。

（2）选择"插入"→"对象"命令，从"新建"选项卡的"对象类型"列表框中选择
"Microsoft 公式 3.0"选项，如图 3-51 所示。

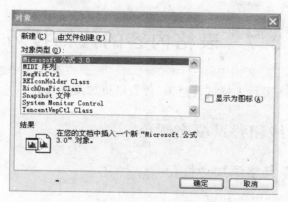

图 3-51 选择公式编辑器

（3）单击"确定"按钮，启动公式编辑器。

启动公式编辑器后，Word 2003 打开"公式"工具栏，如图 3-52 所示。该工具栏提供
了两排工具按钮，上面一排为"符号"按钮，单击其中的任意一个均能打开一个符号列表，
从中可以选择插入一些特殊的符号，如希腊字母、关系符号等；下面一排为"模板"按钮，提
供了编辑公式所需的各种不同的模板样式，如分式、根式、上标和下标等。同时，Word 操
作界面中菜单栏也变成了公式编辑器的菜单，并且在文档中显示一个公式编辑框。

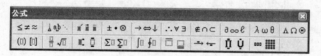

图 3-52 "公式"工具栏

通过从"公式"工具栏中挑选各种数学符号、模板并输入变量和数字来编辑复杂的
公式。

公式编辑完成后，单击 Word 窗口，将公式插入到文档中，返回到 Word 文档编辑
状态。

【例 3-4】 在文档中插入下列公式。

$$Y = \frac{\alpha + \beta}{\sqrt{3}}$$

具体操作步骤如下：

（1）启动公式编辑器。

（2）在公式编辑框中输入"Y＝"。

（3）在"公式"工具栏中单击"分式和根式模板"按钮，从下拉菜单中选择"分式"模板。

（4）将光标定位于分子处，单击"希腊字母（小写）"按钮，选择希腊字母 α，接着输入
"＋"，再重新单击"希腊字母（小写）"按钮，选择希腊字母 β。

（5）将光标定位于分母处，单击"分式和根式模板"按钮，从下拉菜单中选择"根式"模板，并输入3。

（6）输入完毕，在公式编辑框外任意处单击鼠标，退出公式编辑状态。

3.7 表格内容的修饰技巧

创建好表格后，还需对表格进行修饰，使表格更加美观大方。

3.7.1 表格框线和背景填充颜色

1. 为表格或单元格添加边框

【例3-5】 为表3-3添加边框。

（1）将插入点置于要添加边框的表格中（或选定要添加边框的单元格）。

（2）选择"格式"→"边框和底纹"命令，打开"边框和底纹"对话框，切换至"边框"选项卡，如图3-53所示。

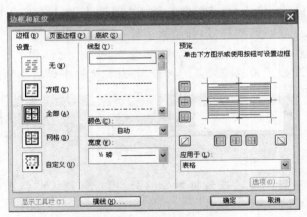

图3-53 "边框"选项卡

（3）选择适当的线型、线宽、颜色及线框样式。

（4）利用预览区提供的8个框线按钮，局部调整相应的框线。

（5）选择"应用于"为"表格"（或单元格），单击"确定"按钮。

2. 为表格或单元格添加底纹

【例3-6】 为表3-3添加底纹。

（1）将插入点置于要添加底纹的表格中（或选定要添加底纹的单元格）。

（2）选择"格式"→"边框和底纹"命令，打开"边框和底纹"对话框，切换至"底纹"选项卡，如图3-54所示。

（3）选择图案的式样、颜色及应用范围，单击"确定"按钮。

3.7.2 表格的版式控制

通过表格属性的命令可以对表格的版式进行控制,如对齐方式、文字环绕、单元格的垂直对齐等。

(1) 将插入点置于要设置的表格中(或选定要某一设置的单元格)。

(2) 选择"表格"→"表格属性"命令,弹出如图 3-55 所示的对话框。

(3) 切换至"表格"选项卡,设置对齐方式和文字环绕。

(4) 切换至相应的"行"、"列"、"单元格"等选项卡,并设置相应的版式。

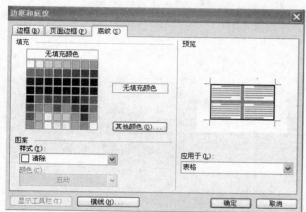

图 3-54 "底纹"选项卡

图 3-55 "表格属性"对话框

3.8 典型案例

3.8.1 邀请函的设计和制作准备

制作邀请函,邀请函的用途非常广泛,如生日聚会、结婚典礼、节日庆典等都需要使用。邀请函也可以在商店购买,但大多设计得大众化和太简单,可以利用 Word 2003 来制作一份个性鲜明的邀请函,邀请函主要包括图片、边框、背景、文字几个部分。制作前还要根据邀请函的主题搜集相关的图片素材。

3.8.2 设计邀请函内容

1. 确定邀请函的尺寸

(1) 选择"文件"→"页面设置"命令,弹出如图 3-56 所示的"页面设置"对话框。"页边距"的"上"、"下"、"左"、"右"文本框均设置为 0.2 厘米,"方向"设置为"纵向"。

（2）切换至"纸张"选项卡，进行邀请函尺寸的设定，如图 3-57 所示。将"纸张大小"设置为"自定义大小"，设置"高度"和"宽度"分别为 25 厘米和 16 厘米。单击"确定"按钮完成设置。

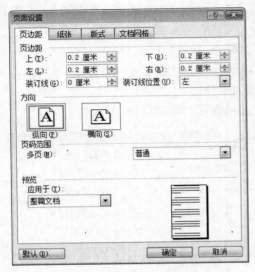

图 3-56　"页边距"选项卡

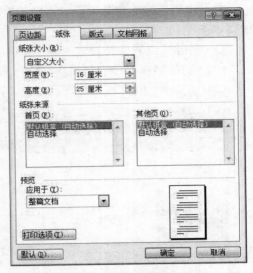

图 3-57　"纸张"选项卡

2. 纵观全局制作邀请函

（1）选择"视图"→"显示比例"命令，弹出如图 3-58 所示的对话框，选择 75％的显示比例，单击"确定"按钮完成设置（该显示比例可以根据具体的制作尺寸来设定）。

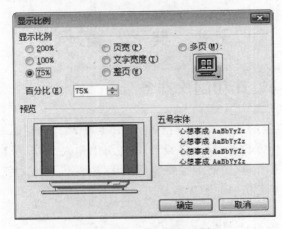

图 3-58　"显示比例"对话框

（2）设置邀请函的正反两面。当前页面作为邀请函的反面，按 Ctrl＋Enter 键分页，按 Enter 键换行，生成第二个页面，作为邀请函的正面，如图 3-59 所示。调整之后看看是否满意，对后续的工作是否方便。

图 3-59　邀请函正反面页面

3. 邀请函艺术边框

选择"格式"→"边框和底纹"命令,弹出"边框和底纹"对话框。切换至"页面边框"选项卡,如图 3-60 所示。在"艺术型"下拉菜单中选择所需图案,设置"宽度"为 10 磅(默认为 20 磅)。

4. 添加邀请函背景

(1) 选择"格式"→"背景"→"其他颜色"命令,弹出如图 3-61 所示"颜色"对话框,选取背景颜色,单击"确定"按钮完成设置。

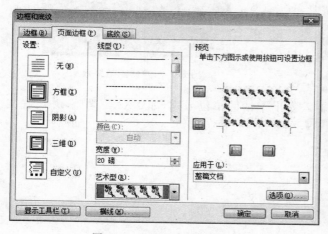

图 3-60　"页面边框"选项卡

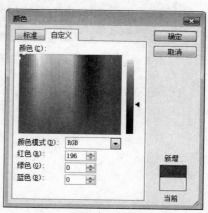

图 3-61　"颜色"对话框

（2）选择"插入"→"图片"→"来自文件"命令，选择已准备好的背景图片插入。选中图片，单击鼠标右键，在弹出的快捷菜单中选择"设置图片格式"命令，打开"设置图片格式"对话框，切换至"版式"选项卡，在"环绕方式"选项中选择"浮于文字上方"选项，然后移动图片至如图 3-62 所示位置。

5．添加装饰图片

（1）选择"插入"→"图片"→"来自文件"命令，选择已准备好的装饰图片并将其插入。调整图片大小、位置、整体布局，效果如图 3-63 所示。

图 3-62　插入背景图片后效果

图 3-63　插入装饰图片后效果

（2）插入邀请函图片，设置"文字环绕"为"浮于文字上方"，调整图片位置及大小，效果如图 3-64 所示。插入艺术字图片，内容为"2008 新春答谢会"，设置艺术字图片的"文字环绕"为"浮于文字上方"，调整图片位置及大小，效果如图 3-65 所示。

图 3-64　插入邀请函图片后效果

图 3-65　邀请函最终效果

（3）在邀请函封面的正面底部输入发出邀请的单位名称，如 XXXX 学院，并设置文字字体、字号、颜色等。

第 **4** 章 电子表格软件 Excel 2003

Microsoft Excel 2003 是一款功能强大的电子表格管理软件。它可以帮助用户建立、编辑和管理各种类型的电子表格并自动处理数据。利用所提供的公式和函数,还能完成多种复杂的计算功能,也可以产生与原始数据相链接的各种类型的图表。Excel 可广泛地应用于金融、财税、审计、行政等领域,有助于提高工作效率,实现办公自动化。本章以 Excel 2003 为蓝本,阐述 Excel 的常用功能及操作方法。

4.1 Excel 2003 的基础知识

4.1.1 Excel 2003 文档的启动和关闭

作为一个 Windows 应用程序,与其他应用程序一样,Excel 2003 的启动有多种方法,如用"开始"菜单中的"程序"选项启动或使用桌面上的快捷图标进入 Excel 2003 等。

退出 Excel 2003,常选择"文件"→"退出"命令或单击窗口右上角的"关闭"按钮或直接按 Alt+F4 键都可。

Excel 启动以后,会出现如图 4-1 所示的 Excel 2003 主窗口画面。从图中可以看到,Excel 2003 的主窗口与 Word 2003 差不多,只是工作区为工作簿窗口,同时多了一个编辑栏和标签栏。

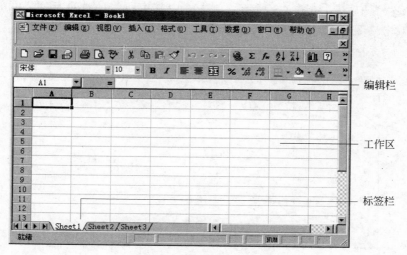

图 4-1　Excel 2003 主窗口

4.1.2 Excel 2003 文档的创建、打开和保存

1. 创建工作簿文件

启动 Excel 后,程序会自动创建一个新的工作簿,名为 Book1。若想同时创建另一工作簿文件,可用以下 3 种方法实现。

(1) 单击"新建"按钮 ▯,选择 ▦ 本机上的模板... 选项则新建一个基于默认工作簿模板的工作簿。

(2) 选择"文件"→"新建"命令,选择 ▦ 本机上的模板... 选项。在弹出的对话框中切换至"常用"选项卡,然后单击选中"工作簿"图标后,再单击"确定"按钮,或直接双击"工作簿"图标,可建立并打开一个空工作簿,如图 4-2 所示。

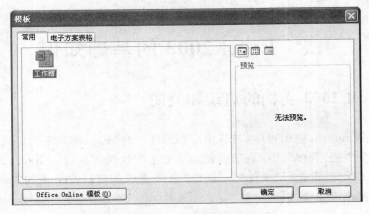

图 4-2 "常用"选项卡

(3) 选择"文件"→"新建"命令,选择 ▦ 本机上的模板... 选项。在弹出的对话框中切换至"电子方案表格"选项卡,如图 4-3 所示。单击选中其中所需的选项后,再单击"确定"按钮,或直接双击该图标,即可基于一个模板文件建立并打开一个新的工作簿。

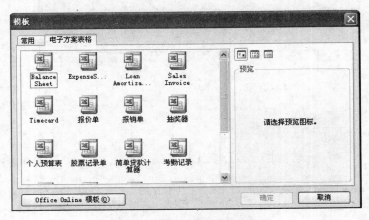

图 4-3 "电子方案表格"选项卡

新编大学计算机基础教程

2. 打开工作簿文件

如果用户想使用以前已保存过的工作簿,则可打开工作簿,并将其显示在 Excel 窗口中,作为当前工作簿。具体方法如下:

(1) 选择"文件"→"打开"命令或单击"打开"按钮 后,此时在屏幕上弹出 Excel 的"打开"对话框,如图 4-4 所示。

图 4-4 "打开"对话框

(2) 单击"历史"按钮,在文件列表中选择曾经使用过的工作簿快捷方式。

(3) 单击"打开"按钮,或直接双击工作簿文件名,选中文件即被打开。否则应继续执行下一步。

(4) 单击"查找范围"下拉列表框右边的下三角按钮,在"查找范围"下拉列表中,选定相应的驱动器、文件夹,然后找到并双击包含有该工作簿的文件夹,单击要打开的工作簿文件名,使其逆色显示,然后单击"打开"按钮。

3. 保存工作簿文件

在工作结束后和工作过程中为防止因意外引起的数据丢失,应及时对工作簿进行保存。保存后,工作簿文件的扩展名默认为 .xls。常有以下两种方法进行保存。

(1) 指定文件保存:选择"文件"→"另存为"命令。

(2) 以原文件快速保存:选择"文件"→"保存"命令或单击"常用"工具栏中的"保存"按钮 。

【例 4-1】 将"我的文档"中的 book1.xls 工作簿以 lx1 为文件名保存在 c:\program files 下。操作如下:

(1) 选择"文件"→"另存为"命令,弹出"另存为"对话框,如图 4-5 所示。缺省的情况下,工作簿的保存位置是在 My Documents 文件夹中。

图 4-5　"另存为"对话框(一)

　　(2) 在"保存位置"下拉列表中,选择驱动器"C:",在显示的列表框中双击 Program Files 文件夹,这样就可以将 Program Files 文件夹指定为新的保存位置了。

　　(3) 确认文件类型为"Microsoft Office Excel 工作簿"(. xls)。

　　(4) 在"文件名"框中输入工作簿名称为 lx1,如图 4-6 所示。

图 4-6　"另存为"对话框(二)

　　(5) 单击"保存"按钮进行保存。

　　若文件为首次保存,应当选择"文件"→"保存"命令(或单击"保存"按钮🖫),Excel 也会弹出"另存为"对话框。

4.1.3　Excel 2003 工作簿窗口组成

　　Excel 2003 启动后,程序会自动生成一个工作簿窗口,其主要构成如图 4-7 所示。

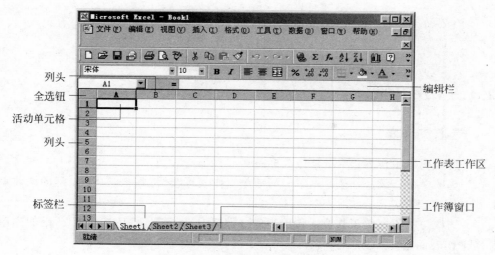

图 4-7　Excel 2003 工作簿窗口

4.1.4　Excel 2003 工作表的基本概念

1. 工作表、工作簿和单元格

（1）工作表：Excel 启动后将会出现由网格构成的表格。每张工作表由 256 列（A、B、…）和65536（1、2、…、65536）行组成。系统默认工作表名为 Sheet1、Sheet2 等。

（2）工作簿：是工作表的集合，系统默认的工作簿名为 Book1。当工作簿窗口最大化后，工作簿名显示在 Excel 应用程序名后面。缺省时由 3 张表格组成一个工作簿，最多有256 张。

（3）单元格：表格的最小组成单位。单元格地址以行、列名作为标识，如 A12。当前正在操作的单元格叫活动单元格，被黑线框住。

2. 标签栏

（1）标签栏：位于工作表的下面，如图 4-8 所示。

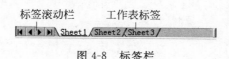

图 4-8　标签栏

（2）工作表标签：用于显示工作表名，当前活动的工作表为白色，其余为灰色，可用鼠标单击某个工作表标签将其切换为当前工作表。

（3）标签滚动按钮：当一个工作簿有较多的工作表时，利用标签滚动按钮可切换显示工作表标签。

4.2 工作表操作

4.2.1 工作表的选定与命名

1. 选取工作表

（1）选取单个工作表：单击工作表标签。

（2）选取多个连续工作表：先单击第一个工作表标签，然后按住 Shift 键的同时单击最后一个工作表标签。

（3）选取多个不连续工作表：先单击第一张工作表标签，然后按住 Ctrl 键的同时单击其他工作表标签。

2. 重命名工作表

在要重命名的工作表标签上双击或单击鼠标右键，效果如图 4-9 所示，然后输入新名字。

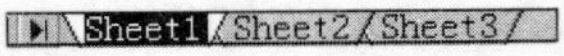

图 4-9　工作表重命名 　　　　　　　　图 4-10　工作表的复制与移动

4.2.2 工作表的移动与复制

工作表的移动和复制可分为同一工作簿和不同工作簿之间的移动和复制。

1. 在同一工作簿内移动（复制）

（1）单击需移动的工作表标签。

（2）按下鼠标左键，待鼠标所指位置出现一个图标，同时在标签名前出现一个小箭头，如图 4-10 所示。

图 4-11　"移动或复制工作表"
　　　　对话框

（3）按住 Ctrl 键的同时拖动鼠标到箭头对准的目标标签位置。

2. 在不同的工作簿间移动（复制）

（1）打开源工作簿和目标工作簿。

（2）选取源工作表。

（3）选择"编辑"→"移动或复制工作表"命令，弹出"移动或复制工作表"对话框，如图 4-11 所示。

选择目标工作表位置，选中"建立副本"复选框为复制工作表，否则为移动工作表。

4.2.3 工作表的插入与删除

1. 插入工作表

（1）选取要在其前面插入工作表的工作表标签。

（2）选择"插入"→"工作表"命令。

2. 删除工作表

（1）选取要删除的工作表。

（2）选择"编辑"→"删除工作表"命令。

（3）在弹出的提示框中单击"确定"按钮。

4.3 在工作表中输入数据

4.3.1 输入数字和文本

【例4-2】 在 C6 单元格中输入数值 1399。

操作步骤如下：

（1）单击 C6 单元格使其成为活动单元格。

（2）输入数值 1399。

（3）按 Enter 键或单击编辑栏中的确认按钮✓,确认输入。

说明：

（1）数值数字右对齐,字符左对齐,数字字符输入前面要加单引号,如'90。

（2）数值输入超出单元格的宽度时,将以科学记数法显示。

（3）字符输入超出单元格的宽度时,将扩展到右边列显示。若右边有内容,则截断显示。

（4）确认输入还可以按 Tab、Shift＋Tab、←、↑、→、↓键,不同之处是单元格指针的移动结果不同。

（5）输入分数为避免将输入的分数视作日期,应在分数前输入 0(零),如输入 0 1/2。

4.3.2 输入日期和时间

在 Excel 中,日期和时间均按数值方式输入。工作表中的时间或日期的显示方式取决于所在单元格中的数字格式。

【例4-3】 在 F6 单元格中输入日期"2001 年 2 月 28 日"。

操作步骤如下：

(1) 单击 F6 单元格。

(2) 输入 2001/2/28 或 2001-2-28。

(3) 确认输入,单元格中显示当前设置的日期格式,默认显示格式为 2001-2-28。

说明:

(1) 输入时间,用冒号":"作为分隔符,如 10:30:28。如果按 12 小时计时,则应在时间数字后空一格,再输入 a(上午)或 p(下午),如 5:15p。否则,Excel 将按上午处理。

(2) 同时输入日期与时间,两者之间要用空格隔开。如 2001-6-16 10:30:28。

(3) 如果输入的日期或时间超过了单元格宽度,则单元格中的值显示为"############"。

4.3.3 自动填充数据

1. 自动填充一批有规律的数据

【例 4-4】 在 B1:B6 区域中填充等差数列 1、3、5、7、9、11。

操作步骤如下:

(1) 在 B1、B2 两单元格中输入前两个数 1 和 3。

(2) 选中该两个单元格。

(3) 指向 B2 单元格右下角的自动填充柄。

(4) 拖动填充柄到 B6,见图 4-12 所示。

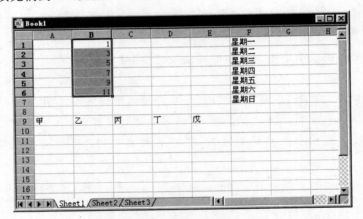

图 4-12 数据自动输入

2. 填充系统提供的序列数据

【例 4-5】 输入甲、乙、丙、丁、……星期一、星期二、星期三、……

操作步骤如下:

(1) 在起始位置输入第一个数据。

(2) 利用自动填充柄拖动到结束,效果如图 4-12 所示。

3. 用户自定义序列数据

【例 4-6】 自定义序列数据优、良、中、及格、不及格。操作步骤如下：

（1）选择"工具"→"选项"命令，单击"自定义序列"标签，如图 4-13 所示。

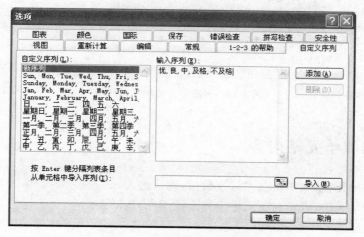

图 4-13　自定义序列的创建

（2）在输入序列框依次输入序列数据，之间用逗号分隔，如图 4-13 所示。

（3）单击"添加"按钮。

（4）单击"确定"按钮完成设置。

4.4　编辑工作表

4.4.1　选取单元格

（1）选取单个单元格：单击所需的单元格。

（2）清除选定的单元格：工作表任意处单击鼠标。

4.4.2　选取区域

（1）矩形区域选取：单击首单元格，拖动至对角单元格。

（2）多个不连续单元格区域：按住 Ctrl 键的同时单击单元格区域，如图 4-14 所示。

（3）整行或整列：单击行头或列头。

（4）全部单元格：单击行头、列头相交的全选按钮。

（5）清除选定的单元格：工作表任意处单击鼠标。

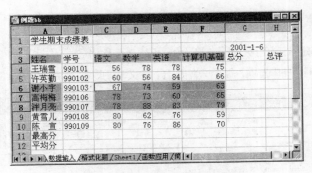

图 4-14　选取不连续单元格区域

4.4.3　修改单元格内容

（1）单击单元格，在编辑框中修改数据，确认输入。

（2）双击单元格，直接在单元格中修改数据，确认输入。

4.4.4　移动单元格

选择要移动的区域，将鼠标指针移至该区域的边框上，待变成空心箭头后拖动至新的位置。

4.4.5　复制单元格内容

选择要移动的区域，将鼠标指针移至该区域的边框上，待变成空心箭头后按住 Ctrl 键的同时拖动单元格至新的位置。

4.4.6　清除单元格内容

选取清除区域，选择"编辑"→"清除"命令，按要求选择"全部"、"格式"、"内容"、"批注"等命令项。

注意：清除内容，可在选中单元格区域后，直接按 Delete 键清除。

4.4.7　查找和替换数据

1. 数据的查找

查找命令可帮助用户搜索整个工作表，从而找到某个字符或字符串。操作步骤如下：

选定查找范围，即含有所需数据的工作表。

（1）选择"编辑"→"查找"命令，打开"查找和替换"对话框，如图 4-15 所示。

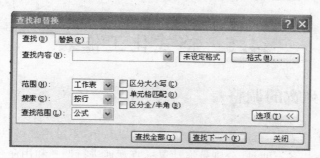

图 4-15 "查找"选项卡

（2）在"查找内容"文本框中输入要查找的内容，在"搜索"下拉列表框中选择"按行"或"按列"查找；在"查找范围"下拉列表框中选择"公式"、"值"或"批注"等范围；还可根据需要勾选"区分大小写"、"单元格匹配"、"区分全/半角"3 个复选框。

（3）单击"查找下一个"按钮，即可查找到内容，此时包含所需查找内容的单元格成为活动单元格。若要继续查找，可重复执行上述操作。

（4）单击"关闭"按钮，完成查找。

说明：

（1）查找时，可使用通配符"?"和"＊"，以查找相匹配的一个或多个字符。

（2）Excel 2000 中使用查找功能时，用户不必选定单元格或区域，系统会自动在整个工作表中进行搜索。

2. 数据的替换

替换是将查找到的内容修改成新的内容。操作步骤如下：

（1）选择"编辑"→"替换"命令，打开"查找和替换"对话框，如图 4-16 所示。

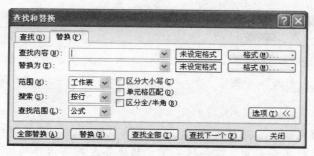

图 4-16 "替换"选项卡

（2）设置对话框，内容与"查找"对话框基本相同。

（3）在"查找内容"文本框中输入被替换的内容，在"替换为"文本框中输入要替换成的新内容。

（4）单击"全部替换"按钮，则替换所有查找的单元格；单击"查找下一个"按钮，则一个一个地进行替换。

(5) 单击"关闭"按钮,完成替换操作。

4.5 格式化工作表

4.5.1 行高列宽的调整

在一个新的工作表中,行高和列宽均为系统的默认值,不过用户可以根据实际需要改变行高和列宽。其方法各有两种,分别是拖动鼠标直观地进行调整和用命令方式进行调整。

1. 改变行高

1) 拖动鼠标进行调整

(1) 将鼠标移动到行头的下边界,光标会变成双箭头形状。

(2) 向下拖动鼠标,行高也随之发生变化。

注意:如果要更改多行高度,先选定要更改的所有行,然后再拖动其中一个行头的下边界。

2) 用命令方式调整

(1) 选定需调整行高的行。

(2) 选择"格式"→"行"→"行高"命令,弹出"行高"对话框,如图 4-17 所示。

(3) 在"行高"文本框中输入行高的数值。

(4) 单击"确定"按钮完成设置。

2. 改变列宽

改变列宽的方法和改变行高操作方法相似,"列宽"对话框如图 4-18 所示。

图 4-17 "行高"对话框

图 4-18 "列宽"对话框

说明:

(1) 当调整列宽后内容显示不下时,文字会被截断,数字以"＃＃＃"表示。

(2) 最合适的行高和列宽:双击行头下方的边界或列头右边的边界。

(3) 标准列宽:选择"格式"→"列"→"标准列宽"命令。

(4) 隐藏和恢复数据:选择"格式"→"行(列)"→"隐藏(取消隐藏)"命令。

4.5.2 单元格的格式化

单元格的格式化包括数字格式、对齐方式、字体、边框和图案等。

新编大学计算机基础教程

1. 选择"格式"→"单元格"命令

操作方法如下：

（1）选定需格式化的单元格或区域。

（2）选择"格式"→"单元格"命令，弹出"单元格格式"对话框，如图 4-19 所示。

（3）在对话框中可设置数字、对齐、字体、边框、图案等格式。

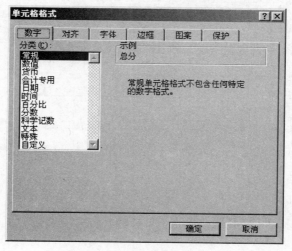

图 4-19　"单元格格式"对话框

2. 使用"格式"工具栏

操作方法如下：

（1）选定需格式化的单元格或区域。

（2）单击"格式"工具栏中的相应的按钮，如图 4-20 所示。

图 4-20　"格式"工具栏

3. 格式复制

操作方法如下：

（1）选定已设置好格式的区域。

（2）单击"常用"工具栏中的"格式刷"按钮 。

（3）拖动鼠标选取目标格式区域。

注意：对设置好的格式可选择"编辑"→"清除"→"格式"命令，删除设置的格式。

4. 自定义格式化单元格操作实例

以"学生期末成绩表"为例,按图 4-21 中的样式进行格式化,具体操作步骤如下。

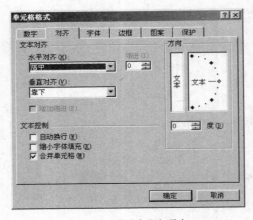

	A	B	语文	数学	英语	计算机基础	总分	总评
1				学生期末成绩表				
2							2001年1月6日	
3	姓名	学号	语文	数学	英语	计算机基础	总分	总评
4	王瑞雪	990101	56	78	78	75	287	
5	许英勤	990102	60	56	84	66	266	
6	谢小宇	990103	67	74	59	63	263	
7	高梅梅	990106	78	73	60	65	276	
8	泮月亮	990107	78	88	83	79	328	优秀
9	黄雪儿	990108	80	62	76	59	277	
10	陈　宣	990109	80	76	86	70	312	优秀
11	最高分		80	88	86	79	328	
12	平均分		71.3	72.4	75.1	68.1	287.0	
13								
14						优秀率	29%	

图 4-21　学生期末成绩表

(1) 选取单元格区域 A1:H1,选择"格式"→"单元格"命令,打开"单元格格式"对话框。切换至"对齐"选项卡,如图 4-22 所示,选择合并的单元格,设置"水平对齐"为"居中"。切换至"字体"选项卡,如图 4-23 所示,设置"字体"为"宋体"、"字形"为"加粗"、"字号"为 16。单击"确定"按钮退出。

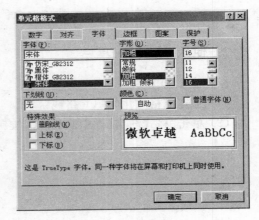

图 4-22　"对齐"选项卡　　　　　　　图 4-23　"字体"选项卡

(2) 选取单元格区域 G2:H2,选择"格式"→"单元格"命令,打开"单元格格式"对话框。

(3) 切换至"数字"选项卡,如图 4-24 所示,设置"日期"类数字格式为"1997 年 3 月 4 日"。

(4) 切换至"对齐"选项卡,如图 4-22 所示,选择合并单元格,设置"水平对齐"为"靠右"。

(5) 切换至"字体"选项卡,如图 4-23 所示,设置"字形"为"斜体"、"字号"为 10。

(6) 单击"确定"按钮退出。

(7) 选取单元格区域 A4:H12,单击"格式"工具栏中的"居中"按钮。

　　　　　新编大学计算机基础教程

（8）选取单元格区域 A3：H12，选择"格式"→"单元格"命令，打开"单元格格式"对话框。

（9）切换至"边框"选项卡，如图 4-25 所示，先选取线型为"粗黑线"，再设置"预置"为"外边框"。选取线型为"细黑线"，再预置为"内部"。单击"确定"按钮退出。

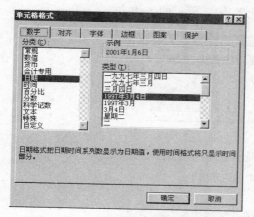
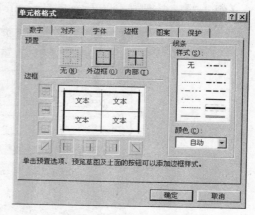

图 4-24 "数字"选项卡   图 4-25 "边框"选项卡

（10）选取单元格区域 A3：H3，选择"格式"→"单元格"命令，打开"单元格格式"对话框。

（11）切换至"边框"选项卡，先选取线型为"双线"，再设置"预置"为"下边线"。切换至"字体"选项卡，如图 4-23 所示，选取"字体"为"黑体"。单击"确定"按钮退出。

（12）选取单元格区域 A11：H12，选择"格式"→"单元格"命令，打开"单元格格式"对话框。

（13）切换至"边框"选项卡，如图 4-25 所示，先选取线型为"双线"，再设置"预置"为"上边线"。单击"确定"按钮退出。

（14）选取单元格区域 A3：H3，单击"格式"工具栏"填充颜色"按钮旁的下三角按钮，在弹出的颜色列表框中选择"灰－25%"。

（15）选取单元格区域 A3：H3 中的任一单元格，单击"常用"工具栏中的"格式刷"按钮，拖动鼠标过单元格区域 A11：H12。

（16）选取单元格区域 A12：H12，单击"格式"工具栏中的"减少小数位数"按钮，使之保留一位小数位。

（17）选取单元格区域 H13：H14，选择"格式"→"单元格"命令，打开"单元格格式"对话框。

（18）切换至"对齐"选项卡，选择合并单元格，将"水平对齐"和"垂直对齐"均设为"居中"。切换至"字体"选项卡，选择"字形"为"黑体"，单击"确定"按钮退出。

（19）选取单元格区域 G13：G14，选择"格式"→"单元格"命令，打开"单元格格式"对话框。

（20）切换至"对齐"选项卡，如图 4-22 所示，选择合并单元格，将"垂直对齐"和"水平对齐"均设为"居中"，再设置文字方向为 30°。切换至"字体"选项卡，如图 4-23 所示，选择

"字形"为"黑体",单击"确定"按钮退出。

4.5.3 自动套用格式

【例 4-7】 根据图 4-26 所示的样式,格式化图 4-27 所示的工作表。

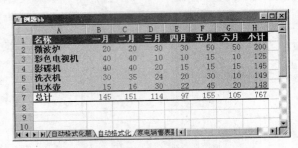

图 4-26 自动套用格式示例表

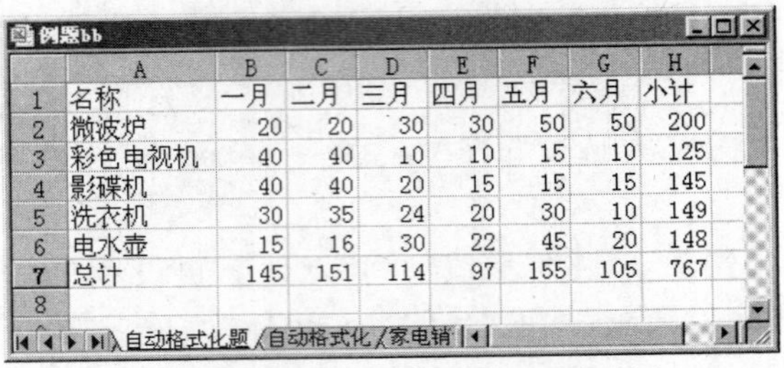

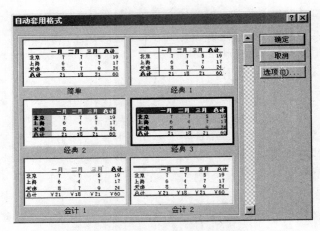

图 4-27 示例表初始化

操作步骤如下:

(1) 选定需格式化的区域 A1:H7。

(2) 选择"格式"→"自动套用格式"命令,弹出"自动套用格式"对话框,如图 4-28 所示。

图 4-28 "自动套用格式"对话框

（3）在弹出的"自动套用格式"对话框中选择"经典 3"格式。

（4）单击"选项"按钮。

（5）选择所有的应用格式种类。

（6）单击"确定"按钮，即完成格式化。

4.6 公式与函数的应用

4.6.1 单元格引用

用户在进行 Excel 的数据计算时，可以用像 C5、D5 这样的形式引用表格中的单元格。公式在复制过程中，会自动根据复制或填充时的位置移动情况，以新单元格地址作为原单元格公式中的参数。复制公式时，对地址参数的引用有"相对地址引用"和"绝对地址引用"两种方法。

1. 概念

（1）相对引用：公式中引用的单元格地址在公式复制、移动时自行调整。

（2）绝对引用：公式中引用的单元格地址在公式复制、移动时不会改变。

2. 表示

（1）相对引用：列坐标行坐标，如 B6、A4、C5:F8。

（2）绝对引用：$ 列坐标 $ 行坐标，如 $B$6、$A$4、$C$5:$F$8。

（3）混合引用：列坐标 $ 行坐标，如 B$6、A$4、C$5:F$8；$ 列坐标行坐标，如 $B6、$A4、$C5:$F8。

3. 相互转换

选定单元格中的引用部分，反复按 F4 键，则在各种引用之间轮换。

4. 单元格引用应用实例

计算如图 4-29 所示"家电销售量表"中的"总计"和"百分数"，以此说明单元格引用的使用方法，具体操作步骤如下：

（1）单击 B9 单元格，输入"＝B4＋B5＋B6＋B7＋B8"，如图 4-29 所示，确认输入。

（2）将光标移至 B9 单元格右下角的自动填充柄并拖动到 H9。

（3）单击单元格 I4，输入"＝H4/$H$9"，如图 4-30 所示，确认输入。

（4）将光标移至 I4 单元格右下角的自动填充柄并拖动到 I8。

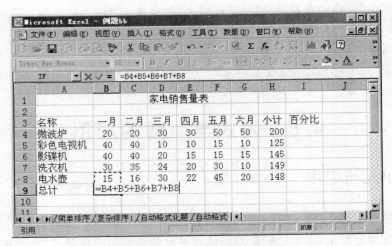

图 4-29 单元格引用示例 1

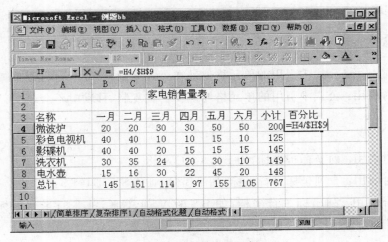

图 4-30 单元格引用示例 2

4.6.2 公式的建立与修改

在工作表中可以使用公式进行简单的运算。Excel 中的公式除了必须以"="号开头以外,其他公式输入算式与数学公式类似。

1. 公式的构成

Excel 的公式是由数、运算符、单元格引用和函数构成的。公式输入到单元格中,以等号"="开头。

例如,"=3+5*7"是由数字组成的公式,"=C5*1.15+D5"是数字与单元格引用组成的公式,"=3*SUM(A1:A5)"是由数字、单元格引用和函数组成的公式。

2. 使用公式实例

【例 4-8】 计算如图 4-31 所示各种家电的销售量。

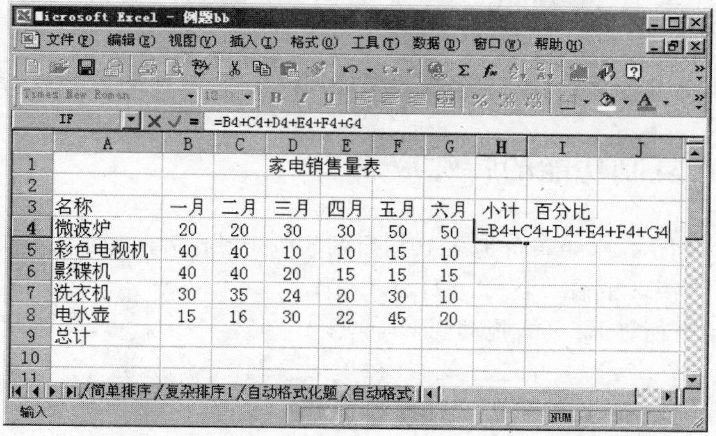

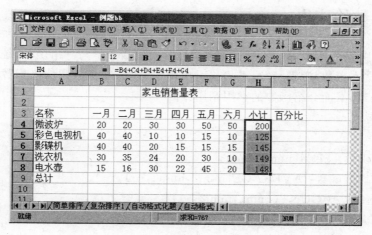

图 4-31　家电销售量表

操作步骤如下：将光标移至 H4 单元格右下角的自动填充柄并拖动到 H8,如图 4-32 所示。

图 4-32　使用公式示例表

3. 说明

公式的输入有直接输入法和使用公式选项板(在编辑栏中单击"等号"按钮将会显示公式选项板)两种。

4. 运算符

(1) 算术运算符：＋、－、＊、/、^、％、()，运算符优先级从高到低为负号、％、^、乘和除、加和减。

(2) 字符运算符：&(连字符)。

(3) 关系运算符：=、>、>=、<、<=、<>。

5. 运算优先级

以上 3 种运算符优先级从高到低为算术运算符、字符运算符、关系运算符。

4.6.3 公式复制功能的特殊应用

【例 4-9】 将图 4-33 中单价提高 10%后的数值。操作方法如下：

(1) 在单元格 E2 中输入公式"=D2 * 1.1"；

(2) 利用填充柄将 E2 公式拖动到 E11 中；

(3) 选中区域 E2:E11 并进行复制，在单元格 D2 上单击鼠标右键，在弹出的快捷菜单中选择"选择性粘贴"命令，在弹出的对话框中选中"数值"单选按钮，然后再单击"确定"按钮即可完成单价提高 10%值的计算。

	A	B	C	D	E
1	货号	品名	库存量	单价	
2	1001	单芯塑线	150	20	
3	1002	双芯塑线	90	22	
4	1003	三芯塑线	5	19	
5	2001	单芯花线	203	21	
6	2003	双芯花线	173	22	
7	2005	三芯花线	86	35	
8	3002	高频电缆	112	30	
9	3007	七芯电缆	250	28	
10	3012	九芯电缆	302	25	
11	4004	漆包线	73	24	

图 4-33　公式复制的特殊应用

4.6.4 函数的应用

在 Excel 中提供了 11 类多达几百个函数，其中包括数学与三角函数、统计函数、日期与时间函数、文本函数、逻辑函数、查找与引用函数、数据库函数和信息函数等，也允许用户自己创建函数，下面介绍函数的常用调用方法。

1. 常用函数

(1) 求和函数：SUM(num1,num2,…)。

(2) 求平均值函数：AVERAGE(num1,num2,…)。

(3) 计数函数：COUNT(num1,num2,…)。

(4) 求最大值函数：MAX(num1,num2,…)。

(5) 求最小值函数：MIN(num1,num2,…)。

(6) 条件测试函数：IF(logical_test,value_if_true,value_if_false)。

(7) 条件计数函数：COUNTIF(range,criteria)。

(8) 求日期的年份函数：YEAR(serial_number)。

2. 常用函数使用实例

下面通过例子介绍几种常用函数的使用：

【例 4-10】 求如图 4-34 所示的"学生期末成绩表"中的"最高分"、"平均分"、"总评"和"优秀率"。具体操作步骤如下：

1）求最高分（MAX 函数）

（1）单击存放结果单元格 C11。

（2）单击"常用"工具栏中的"粘贴函数"按钮 f_{x}，打开"粘贴函数"对话框，如图 4-35 所示。

图 4-34　"MAX 函数"使用示例表

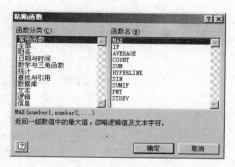

图 4-35　"粘贴函数"对话框

（3）在"函数分类"列表框中选择函数类型，在"函数名"列表框中选择函数。在此选择"常用函数"中的 MAX 函数，如图 4-35 所示。

（4）单击"确定"按钮，此时将在地址栏中显示"MAX 函数"公式选项板，此选项板将显示公式中的第一个函数和它的所有参数，在编辑栏中也显示了该公式，如图 4-36 所示。

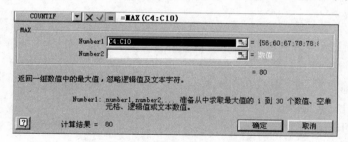

图 4-36　"MAX 函数"公式选项板

（5）可单击公式选项板中 Number1 文本框中的"压缩对话框"按钮图标，重新在工作表中选择 C4:C10 数据区域作为函数的第一个参数，再次单击"压缩对话框"按钮图标后又返回到公式选项板；可采用同样办法在 Number2 文本框中设置函数的第二个参数。

（6）单击"确定"按钮，完成利用粘贴函数实现求最大值的操作。

（7）指向 C11 单元格右下角的自动填充柄并拖动填充柄到 G11。

2）求平均值（AVERAGE 函数）

（1）单击存放结果单元格 C12，如图 4-37 所示。

（2）单击"常用"工具栏中的"粘贴函数"按钮 f_{x}，打开对话框，如图 4-35 所示。

（3）选择"常用函数"中的 AVERAGE 函数。

（4）单击"确定"按钮，此时将在地址栏中显示"AVERAGE 函数"公式选项板，如图 4-38 所示。

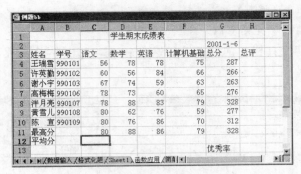

图 4-37 "AVERAGE 函数"使用示例

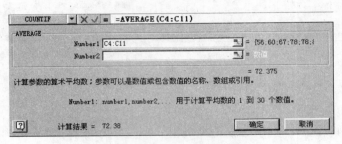

图 4-38 "AVERAGE 函数"公式选项板

(5) 单击公式选项板中 Number1 文本框中的"压缩对话框"按钮,重新在工作表中选择 C4:C10 数据区域作为函数的第一个参数,再次单击"压缩对话框"按钮后返回到公式选项板。

(6) 单击"确定"按钮,完成利用粘贴函数实现求平均值的操作。

(7) 指向 C12 单元格右下角的自动填充柄并拖动填充柄到 G12。

3) 求总评(IF 函数)

(1) 单击存放结果单元格 H4,如图 4-39 所示。

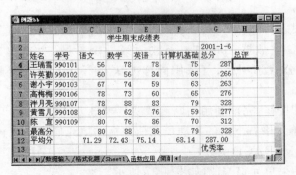

图 4-39 "IF 函数"使用示例

(2) 单击"常用"工具栏中的"粘贴函数"按钮 f_x,打开"粘贴函数"对话框,如图 4-35 所示。

(3) 选择"常用函数"中的 IF 函数。

（4）单击"确定"按钮，此时将在地址栏中显示"IF 函数"公式选项板，如图 4-40 所示。

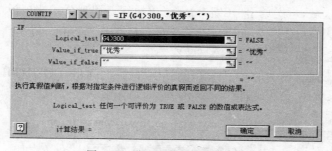

图 4-40 "IF 函数"公式选项板

（5）单击公式选项板中 Number1 文本框中的"压缩对话框"按钮，在工作表中选择 G5 单元格，再次单击"压缩对话框"按钮后返回到公式选项板，完成公式选项板中所有参数的输入，如图 4-40 所示。

（6）单击"确定"按钮，完成利用粘贴函数实现求总评的操作。

（7）指向 H4 单元格右下角的自动填充柄并拖动填充柄到 H10。

4）求优秀率（COUNTIF 函数）

（1）单击存放结果单元格 H13，如图 4-41 所示。

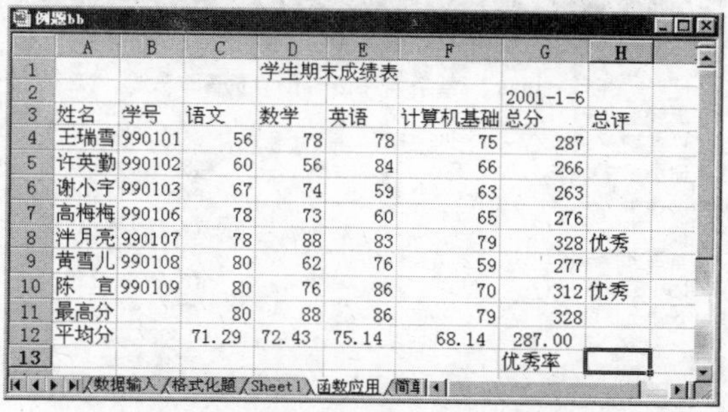

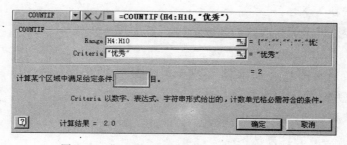

图 4-41 "COUNTIF 函数"使用示例

（2）单击"常用"工具栏中的"粘贴函数"按钮 f_x，打开对话框，如图 4-35 所示。

（3）选择"统计"中的 COUNTIF 函数。

（4）单击"确定"按钮，此时将在地址栏中显示"COUNTIF 函数"公式选项板，如图 4-42 所示。

图 4-42 "COUNTIF 函数"公式选项板（一）

(5)单击公式选项板 Range 文本框中的"压缩对话框"按钮,在工作表中选择 H4:H10 单元格区域,再次单击"压缩对话框"按钮后返回到公式选项板,完成公式选项板中条件参数的输入,如图 4-42 所示。

(6)在编辑栏右部公式区输入除号"/"。

(7)选择公式选项板中的 COUNTIF 函数,再一次弹出"COUNTIF 函数"公式选项板,选择范围 H4:H10,输入条件"＊",如图 4-43 所示。

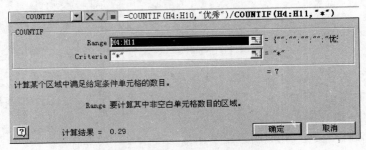

图 4-43 "COUNTIF 函数"公式选项板(二)

(8)单击"确定"按钮,完成求优秀率的计算操作,结果如图 4-44 所示。

	A	B	C	D	E	F	G	H
2								
3	姓名	学号	语文	数学	英语	计算机基础	总分	总评
4	王瑞雪	990101	56	78	78	75	287	
5	许英勤	990102	60	56	84	66	266	
6	谢小宇	990103	67	74	59	63	263	
7	高梅梅	990106	78	73	60	65	276	
8	泮月亮	990107	78	88	83	79	328	优秀
9	黄雪儿	990108	80	62	76	59	277	
10	陈 宣	990109	80	76	86	70	312	优秀
11	最高分		80	88	86	79	328	
12	平均分		71.29	72.43	75.14	68.14	287.00	
13							优秀率	0.29
14								

图 4-44 函数使用示例最后结果

4.6.5 自动求和

自动求和按钮为 Σ 。

功能:在最接近单元格的数据区域求和。

操作方法:

【例 4-11】 计算图 4-45 所示"学生期末成绩表"中的总分。

(1)选取存放结果的单元格 G4。

(2)单击求和按钮,看到计算公式。

(3)确认输入,看到计算结果。

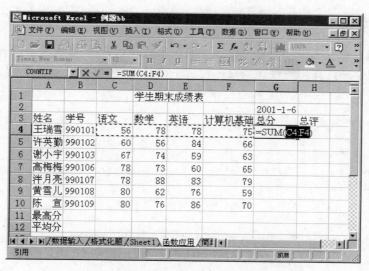

图 4-45 函数使用示例表——自动求和

说明：

（1）若双击求和按钮，可得到计算结果。

（2）若总计任何所选取的区域（区域中有一个空行或列）：选取区域，再单击求和按钮。

4.6.6 名称的使用与合并计算

1. 名称的使用

在 Microsoft Excel 中，名称是建立的一个易于记忆的标识符，它可以代表一个单元格、一组单元格、数值或者公式。在使用工作表进行工作的时候，如果不愿意使用那些不直观的单元格地址，可以为其定义一个名称，选择单元格或区域，选择"插入"→"名称"→"定义"命令可完成名称定义。使用名称有下列优点：

（1）在公式中使用名称比使用单元格引用位置更易于阅读和记忆。例如，公式"＝销售－成本"比公式"＝E5－D6"易于阅读。

（2）如果改变了工作表的结构，更新某处的引用位置，则所有使用这个名称的公式都会自动更新。

（3）一旦定义之后，名称的使用范围通常是工作簿级的，即它们可以在同一个工作簿中的任何地方使用。在工作簿的任何一个工作表中，编辑栏内的名称框都可以提供这些名称。

（4）名称减少了公式出错的机会。例如，输入"利润"出错的机会，要远远小于输入"＝A1－B1－C1"出错的机会。

（5）名称比单元格地址更容易记忆。

2. 合并计算

【例 4-12】 现有每位评委对每位选手的声乐、器乐、表演、舞美 4 项的评分,如图 4-46 所示。请利用合并计算出每位评委对每位选手的最终评分(取 4 项的平均分),如图 4-47 所示。

选手编号	001	002	003	004	005	006	007	008	009	010
1号评委	9.00	5.80	8.00	8.60	8.20	8.00	9.00	9.60	9.20	8.80
2号评委	8.80	6.80	7.50	8.20	8.10	7.60	9.20	9.50	9.00	8.60
3号评委	8.90	5.90	7.30	8.90	8.80	7.80	8.50	9.40	8.70	8.90
4号评委	8.40	6.00	7.40	8.90	8.90	7.50	8.70	9.40	8.30	8.80
5号评委	8.20	6.40	7.90	7.90	8.40	7.90	8.80	8.80	9.10	9.00
6号评委	8.90	6.40	8.00	8.50	8.50	8.00	9.10	9.50	9.10	8.40

图 4-46 选手的单项评分

	A	B	C	D	E	F	G	H	I	J	K
1				各评委对选手四次平均评分结果							
2	选手编号	001	002	003	004	005	006	007	008	009	010
3	1号评委										
4	2号评委										
5	3号评委										
6	4号评委										
7	5号评委										
8	6号评委										

图 4-47 选手的最终评分

操作步骤如下:

(1) 单击单元格 B3,选择"数据"→"合并计算"命令,打开如图 4-48 所示的"合并计算"对话框。

(2) 在"函数"下拉列表框中选择"平均值"选项。

(3) 单击"引用位置"右边的"折叠对话框"按钮,选取"声乐"工作表中的 B2:K7 单元格区域后,单击"折叠对话框"按钮返回"合并计算"对话框,如图 4-48 所示。

(4) 单击"添加"按钮,将"声乐!＄B＄2:＄K＄7"单元格区域添加到计算区域中。"声乐!＄B＄2:＄K＄7"即显示在"所有引用位置"列表框中。

(5) 同理,将器乐、表演、舞美的数据加入到计算区域中,如图 4-49 所示。

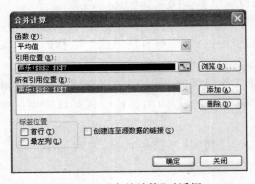

图 4-48 "合并计算"对话框

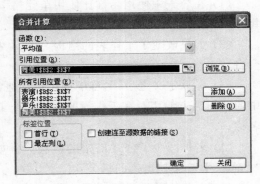

图 4-49 添加数据

（6）4 项的数据全部加入后，单击"确定"按钮，完成合并计算。计算结果如图 4-50 所示。

	各评委对选手四次平均评分结果									
选手编号	001	002	003	004	005	006	007	008	009	010
1号评委	9.00	5.80	8.00	8.60	8.20	8.00	9.00	9.60	9.20	8.80
2号评委	8.81	6.80	7.50	8.20	8.10	7.60	9.20	9.50	9.00	8.60
3号评委	8.90	5.91	7.30	8.91	8.40	7.80	8.50	9.40	8.70	8.91
4号评委	8.40	6.00	7.40	9.00	8.90	7.50	8.68	8.90	8.30	8.80
5号评委	8.20	6.90	7.90	7.90	8.40	7.90	8.93	8.80	9.00	9.00
6号评委	8.90	6.40	8.00	8.50	8.50	8.00	9.10	9.50	9.10	8.40

图 4-50　合并计算的结果

4.7　数据管理与分析

4.7.1　用记录单建立和编辑数据清单

Excel 2003 具备了数据库的一些特点，可以把工作表中的数据做成一个类似数据库的数据清单，从而对其进行数据库的管理操作，如排序、筛选、分类汇总、生成数据透视表等。数据清单的建立和编辑可以同一般的工作表操作，也可以选择"数据"→"数据清单"命令，此处将对后一种方法作简单介绍。

1. 数据清单的特点及术语

有关数据清单的术语如图 4-51 所示。

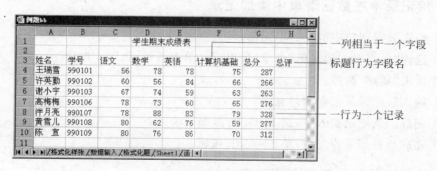

图 4-51　"数据清单"示例

（1）每一张数据清单独占一个工作表；

（2）数据清单的第一行为列标题，称为字段名；

（3）每一列中的数据格式应该相同；

（4）数据清单中最好不要有空行或空列；

（5）数据清单与其他数据应有空行或空列相隔。

2. 数据清单的建立

以建立图 4-51 所示的数据清单为例,具体操作步骤如下:

图 4-52　记录单对话框

（1）建立数据清单的标题行,在数据清单的标题中输入各字段名。

（2）单击需要向其中添加记录的数据清单中的任一单元格。

（3）选择"数据"→"记录单"命令,弹出如图 4-52 所示的记录单对话框。

（4）输入新记录所包含的信息,完成一条记录输入后,按 Enter 键确认。

（5）同理,输入其他部分的记录,单击"关闭"按钮。

3. 用记录单在数据清单中修改记录

（1）单击需要修改的数据清单中的任一单元格。

（2）选择"数据"→"记录单"命令,弹出记录单对话框,如图 4-52 所示。

（3）单击"上一条"、"下一条"按钮找到需要修改的记录。

（4）在记录中修改信息。

（5）完成数据修改后,按 Enter 键更新记录并移到下一记录。

（6）完成所有记录修改后,单击"关闭"按钮更新显示的记录并关闭记录单。

4. 用记录单在数据清单中添加记录

（1）单击数据清单中的任一单元格;

（2）选择"数据"→"记录单"命令,弹出记录单对话框,如图 4-52 所示。

（3）单击"新建"按钮。

（4）输入新记录所包含的信息。

（5）完成一条记录输入后,按 Enter 键添加记录。

（6）完成所有记录添加后,单击"关闭"按钮。

5. 使用记录单从清单中删除记录

（1）单击数据清单中的任一单元格。

（2）选择"数据"→"记录单"命令,弹出记录单对话框,如图 4-52 所示。

（3）找到需要删除的记录。

（4）单击"删除"按钮。

注意:使用记录单删除记录后就不能撤销删除操作了,这个记录会永远被删除。

6. 查找记录

（1）单击数据清单中的任一单元格。

（2）选择"数据"→"记录单"命令，弹出记录单对话框。

（3）单击"条件"按钮，切换至条件对话框，如图 4-53 所示。

（4）在条件对话框中输入条件，如图 4-53 所示的总分">300"。

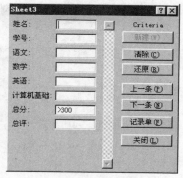

图 4-53　条件对话框

（5）单击"上一条"或"下一条"按钮可以在条件对话框中显示所有符合条件的记录。

（6）查看完毕后，单击"关闭"按钮。

说明：条件对话框与记录单的区别如下。

（1）"删除"按钮变成了"清除"按钮，单击"清除"按钮，将清除各字段框中输入的查找条件。

（2）"条件"按钮变成了"记录单"按钮。如果单击该按钮，将取消查找，返回记录单对话框。

（3）字段的文字框不是用来输入记录的内容，而是用来输入查找条件的，在条件中可使用通配符"＊"和"?"。

4.7.2　数据清单排序

Excel 2003 提供的排序方法，可以使用"升序"按钮↓和"降序"按钮↓将数据清单中的数据按某一列关键字进行简单排序，也可以选择"数据"→"排序"命令对数据清单中的数据进行复杂字段排序，实现按多关键字排序的效果，如按行或按列、按字母或按笔画排列、对整个数据清单或部分记录进行排序等。

1. 简单排序

【例 4-13】　如图 4-51 所示的"学生期末成绩表"，要求按"计算机基础"成绩进行升序排列。

操作步骤如下：

（1）单击"计算机基础"这一列的任一单元格。

（2）单击"常用"工具栏中的"升序"按钮↓。

说明：

（1）单元格中数据为文本类型，升序即从 A 到 Z，降序反之。若单元格中数据为汉字，则按拼音顺序排序。

（2）选中的区域是某字段列时，只对该字段排序，其他字段不会跟着改变。

2. 复杂字段排序

【例 4-14】 如图 4-54"期末成绩汇总表",要求以班级作为主关键字段、总分作为次关键字段进行升序排序。

图 4-54 "复杂字段排序"示例

操作步骤如下:

(1) 选择需要排序的单元格区域 A3:E14。

(2) 选择"数据"→"排序"命令,弹出"排序"对话框,如图 4-55 所示。

(3) 选择"主要关键字"为"班级",选中后面的"递增"单选按钮。

(4) 选择"次要关键字"为"总分",选中后面的"递增"单选按钮。

(5) 选择"当前数据清单"为"有标题行"。

(6) 单击"选项"按钮,弹出"排序选项"对话框,如图 4-56 所示。

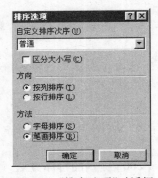

图 4-55 "排序"对话框   图 4-56 "排序选项"对话框

(7) 选择排序方法为"笔画排序"。

(8) 单击"确定"按钮,退出"排序选项"对话框。

(9) 单击"确定"按钮,完成排序。

4.7.3 数据筛选

筛选是把数据清单中符合特定条件的所有记录显示出来,不符合条件的记录全部隐藏起来,以快速选出所需数据。Excel 提供两种筛选方法,即"自动筛选"和"高级筛选",这里仅对"自动筛选"作介绍,自动筛选要求数据清单必须有列标题。

1. 自动筛选

【例 4-15】 在如图 4-51 所示的"学生期末成绩表"中筛选出所有总分在前 5 名,"英语"成绩大于 60 分的学生数据清单。

操作步骤如下：

（1）单击数据清单的任一单元格。

（2）选择"数据"→"筛选"→"自动筛选"命令，在数据清单第一行的各字段名旁出现一个下三角按钮，如图 4-57 所示。

（3）单击"总分"右边的下三角按钮，在弹出的下拉列表中选择"前 10 个…"选项。

（4）在弹出的"自动选择前 10 个"对话框中分别设置"最大"、5、"项"，如图 4-58 所示。

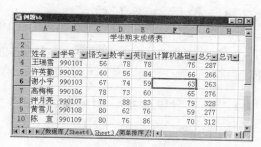

图 4-57 "自动筛选"示例表

（5）单击"确定"按钮，退出该对话框，结果如图 4-59 所示。

图 4-58 "自动筛选前 10 个"对话框

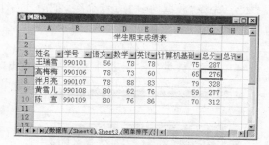

图 4-59 "自动筛选"示例表

（6）再单击"英语"右边的下三角按钮，在弹出的下拉列表中选择"自定义…"选项。

（7）在弹出的"自定义自动筛选方式"对话框中分别设置"大于"、60，如图 4-60 所示。

（8）单击"确定"按钮，退出该对话框，结果如图 4-61 所示。

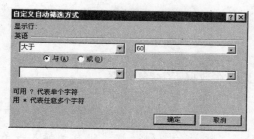

图 4-60 "自定义自动筛选方式"对话框

图 4-61 "自动筛选"示例表

2. 关闭自动筛选

再一次选择"数据"→"筛选"→"自动筛选"命令，将"自动筛选"命令前的"√"去掉，即可关闭自动筛选。

4.7.4 数据分类汇总

在数据清单中,可以对某一字段的内容进行分类,然后对一个字段或多个字段做出统计,即分类汇总。在分类汇总前必须按分类关键字段排序。

1. 单个字段分类,一种汇总方式

【**例 4-16**】 如图 4-51 所示的数据清单,生成一个关于"班级"的汇总表,并计算出各门课程的平均分,其他设置不变。

操作步骤如下:

(1) 选择需要排序的单元格区域 A3:E14。

(2) 选择"数据"→"排序"命令,把分类字段"班级"作为关键字按升序对数据清单中的所有记录排序,结果如图 4-62 所示。

(3) 选择需要汇总的单元格区域 A3:E14。

(4) 选择"数据"→"分类汇总"命令,弹出"分类汇总"对话框,如图 4-63 所示。

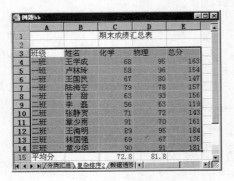

图 4-62 "分类汇总"示例表(一)

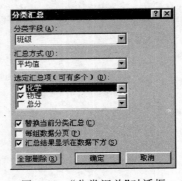

图 4-63 "分类汇总"对话框

(5) 选择"分类字段"为"班级"。

(6) 选择"汇总方式"为"平均值"。

(7) 设置"选定汇总项"为"化学"、"物理"。

(8) 勾选"替换当前分类汇总"、"汇总结果显示在数据下方"复选框。

(9) 单击"确定"按钮,完成分类汇总。

说明:

(1) 选中"每组数据分页"复选框,将在进行分类汇总的各组数据之间自动插入一条分页线。

(2) 若对数据清单中的全部信息进行汇总,只需单击数据清单中的任一单元格。

2. 单个字段分类,多种汇总方式

操作方法同基本分类汇总,但对于多种汇总方式,要多次重复上述分类汇总操作,第二次分类以后不勾选"替换现有分类汇总"复选框。

———————— 新编大学计算机基础教程

3. 清除分类汇总

(1) 单击分类汇总数据清单的任一单元格。

(2) 选择"数据"→"分类汇总"命令。

(3) 在弹出的"分类汇总"对话框中单击"全部删除"按钮,如图 4-63 所示。

4.7.5 数据透视表

数据透视表是一种汇总表,它提供了一种自动的功能使得创建和汇总数据变得方便简单,用户可以随时按照不同的需要,依不同的关系提取和组织数据。

1. 创建数据透视表

【例 4-17】 对图 4-64 所示的"期末成绩汇总表",按图 4-65 所示的样式建立数据透视表,要求横向分类为班级,纵向分类为性别,对化学与物理两门功课求平均值。

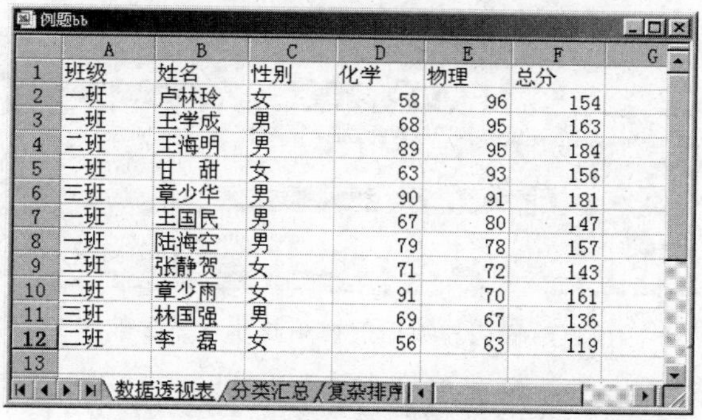

	A	B	C	D	E	F
1	班级	姓名	性别	化学	物理	总分
2	一班	卢林玲	女	58	96	154
3	一班	王学成	男	68	95	163
4	二班	王海明	男	89	95	184
5	一班	甘　甜	女	63	93	156
6	三班	章少华	男	90	91	181
7	一班	王国民	男	67	80	147
8	一班	陆海空	男	79	78	157
9	二班	张静贺	女	71	72	143
10	二班	章少雨	女	91	70	161
11	三班	林国强	男	69	67	136
12	二班	李　磊	女	56	63	119
13						

图 4-64 "分类汇总"示例表(二)

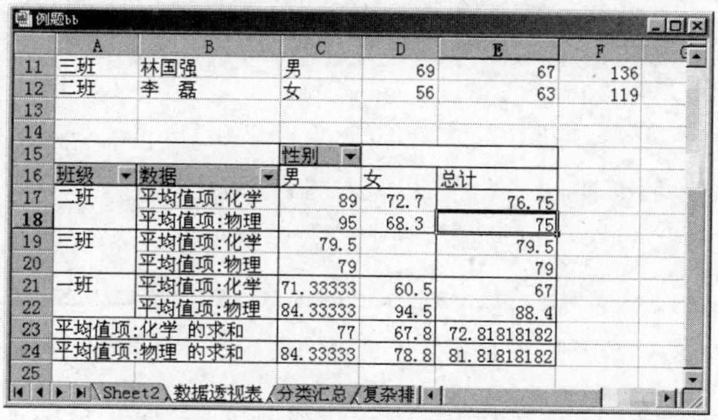

	A	B	C	D	E	F
11	三班	林国强	男	69	67	136
12	二班	李　磊	女	56	63	119
13						
14						
15			性别			
16	班级	数据	男	女	总计	
17	二班	平均值项:化学	89	72.7	76.75	
18		平均值项:物理	95	68.3	75	
19	三班	平均值项:化学	79.5		79.5	
20		平均值项:物理	79		79	
21	一班	平均值项:化学	71.33333	60.5	67	
22		平均值项:物理	84.33333	94.5	88.4	
23	平均值项:化学 的求和		77	67.8	72.81818182	
24	平均值项:物理 的求和		84.33333	78.8	81.81818182	
25						

图 4-65 "分类汇总"示例表(三)

操作步骤如下:

(1) 单击数据清单中的任一单元格。

(2) 选择"数据"→"数据透视表和图表报告"命令,弹出"数据透视表和数据透视图向

导 -- 3 步骤之 1"对话框,如图 4-66 所示。

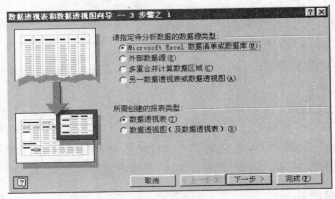

图 4-66 "数据透视表和数据透视图向导 -- 3 步骤之 1"对话框

(3) 指定待分析数据的数据源类型为"Microsoft Excel 数据清单或数据库";所需的报表类型为"数据透视表"。单击"下一步"按钮,弹出"数据透视表和数据透视图向导 -- 3 步骤之 2"对话框,如图 4-67 所示。

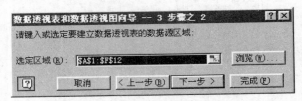

图 4-67 "数据透视表和数据透视图向导 -- 3 步骤之 2"对话框

(4) 选定要建立数据透视表的数据源区域 A1:E12。单击"下一步"按钮,弹出"数据透视表和数据透视图向导 -- 3 步骤之 3"对话框,如图 4-68 所示。

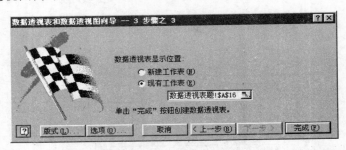

图 4-68 "数据透视表和数据透视图向导 -- 3 步骤之 3"对话框

(5) 选择数据透视表的显示位置为"现有工作表",并单击起始单元格 A16。

(6) 在对话框中单击"版式"按钮,弹出"数据透视表和数据透视图向导 -- 版式"对话框,如图 4-69 所示。将版式右边所列字段按钮"班级"、"性别"、"化学"、"物理"拖动到如图 4-69 所示的位置。

(7) 分别双击数据区域的"求和项:化学"和"求和项:物理"两个字段按钮,在弹出的

"数据透视表字段"对话框中将其"汇总方式"设置为"平均值",如图 4-70 所示。

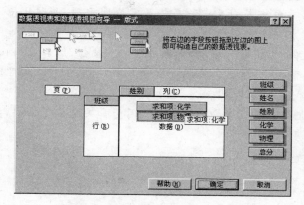

图 4-69 "数据透视表和数据透视图向导 -- 版式"对话框

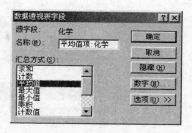

图 4-70 "数据透视表字段"对话框

(8) 单击"确定"按钮,返回到"数据透视表和数据透视图向导 -- 3 步骤之 3"对话框。

(9) 单击"完成"按钮,完成要求的数据透视表。

2. 隐藏和显示分类字段的值

(1) 单击要隐藏的字段名右边的下三角按钮,如图 4-71 所示。

图 4-71 隐藏和显示分类字段图示

(2) 选择要隐藏和显示的值。

(3) 单击"确定"按钮,如图 4-71 所示。

4.7.6 工作表的保护

1. 设置工作表保护

(1) 切换到需要实施保护的工作表。

(2) 选择"工具"→"保护"→"工作表"命令,弹出如图 4-72 所示的"保护工作表"对话框。

注意：

（1）如果要防止改变工作表中的单元格或图表中的数据及其他图表项，并防止他人查看隐藏的数据行、列和公式，请勾选相应内容复选框。

（2）如果要防止他人取消工作表保护，请输入密码，再单击"确定"按钮，然后在"确认密码"对话框中再次输入同一密码，如图 4-73 所示。密码是区分大小写的，请严格按照既定格式输入密码，包括大小写字母格式。最后单击"确定"按钮完成设置。

（3）如果设置了密码，请将密码记下并存放在安全的地方。因为如果忘记了密码，将不能再访问工作表。

图 4-72　"保护工作表"对话框

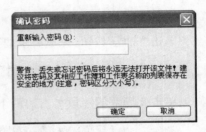

图 4-73　"确认密码"对话框

2. 撤销工作表保护

（1）切换到需要撤销保护的工作表。

（2）选择"工具"→"保护"→"撤销工作表保护"命令。

（3）输入撤销工作表保护密码。

（4）单击"确定"按钮，即完成撤销保护操作。

4.8　图　　表

4.8.1　图表的组成元素

图表是将工作表中的数据用图形表示出来，即将数据表格图形化。与数据表格相比，图表的表达方式更加直观，分析数据也更加方便。

（1）数据源：作图的数据区域，可以包含一张工作表的说明性的行头或列头文字。

（2）图表选项：图表中的有关对象，包括标题、坐标轴、网格线、图例、数据标志、数据表等，如图 4-75 所示。

（3）图表位置：在当前工作表上放置工作表，称为嵌入式图表；作为当前工作簿的一张独立的图表，或放置在另一个工作簿中的图表，称为独立图表。

4.8.2 图表的类型

Excel 提供了丰富的图表类型，有柱形图、条形图、折线图、饼图等，共 18 类，每类还有子类型，包括二维的、三维的，以满足不同数据关系的需要。

4.8.3 创建图表

Excel 创建图表的操作非常简单，因为系统为图表提供了“图表向导”，只要按照图表向导中 4 个对话框的提示一步一步地进行设置即可。下面以创建“学生期末成绩表”的三维簇状柱形图为例，说明图表的创建方法，具体操作步骤如下：

(1) 确定绘图区域，先选取区域 A3:A6，按住 Ctrl 键的同时再选取区域 C3:F6，如图 4-74 所示。

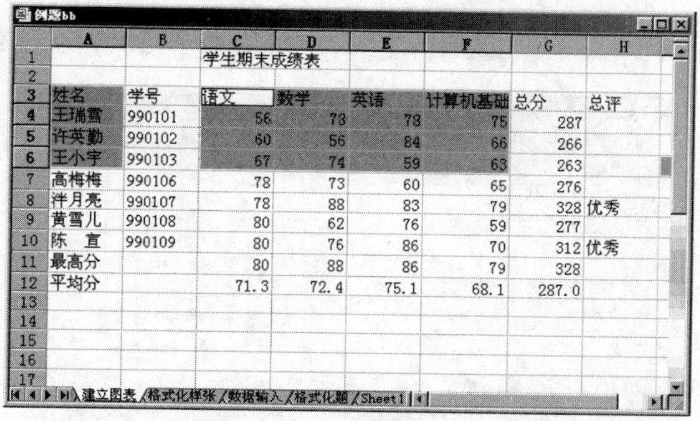

	A	B	C	D	E	F	G	H
1			学生期末成绩表					
2								
3	姓名	学号	语文	数学	英语	计算机基础	总分	总评
4	王瑞雪	990101	56	73	73	75	287	
5	许英勤	990102	60	56	84	66	266	
6	王小宇	990103	67	74	59	63	263	
7	高梅梅	990106	78	73	60	65	276	
8	泮月亮	990107	78	88	83	79	328	优秀
9	黄雪儿	990108	80	62	76	59	277	
10	陈　萱	990109	80	76	86	70	312	优秀
11	最高分		80	88	86	79	328	
12	平均分		71.3	72.4	75.1	68.1	287.0	
13								
14								
15								
16								
17								

图 4-74　“创建图表”示例表(一)

(2) 单击“图表向导”工具按钮，或选择“插入”→“图表”命令，打开“图表向导 - 4 步骤 1 - 图表类型”对话框，如图 4-75 所示。

(3) 在对话框的“图表类型”中选择“柱形图”，再在“子图表类型”中选择“三维簇状柱形图”，如图 4-75 所示。此时可用鼠标单击并按住对话框中的“按下不放可查看示例”按钮，查看是否为所需的图表。

(4) 单击“下一步”按钮，弹出“图表向导 - 4 步骤 2 - 图表数据源”对话框，如图 4-76 所示。

(5) 单击此对话框的“数据区”选项卡，“数据区域”文本框中会出现所选的数据区域；若要修改此区域，可单击其右边的“压缩对话框”按钮，重新在工作表中选定单元格区域后，再单击“压缩对话框”按钮，返回到对话框。选择按“行”或按“列”产生系列，此处选中“列”单选按钮。

图 4-75 选择图表类型

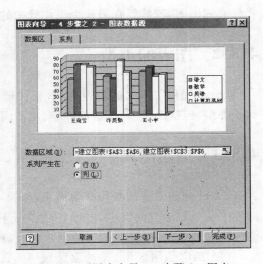

图 4-76 "图表向导-4 步骤 2-图表
数据源"对话框

（6）单击"下一步"按钮，打开"图表向导-4 步骤之 3-图表选项"对话框，如图 4-77 所示。

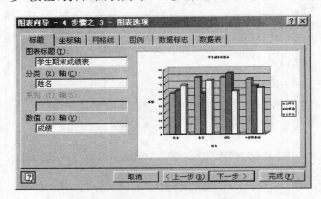

图 4-77 "图表向导-4 步骤之 3-图表选项"对话框

（7）在"标题"选项卡中输入图表的标题"学生期末成绩表"，设置"分类轴"为"姓名"、
"数值轴"为"成绩"，在该对话框中还有其他 5 个选项卡，在此不再设置。

（8）单击"下一步"按钮，打开"图表向导-4 步骤之 4-图表位置"对话框，如图 4-78
所示。

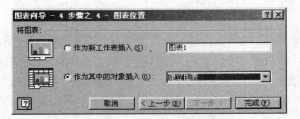

图 4-78 "图表向导-4 步骤之 4-图表位置"对话框

(9) 选中"作为其中的对象插入"单选按钮,单击"完成"按钮,结果如图 4-79 所示。

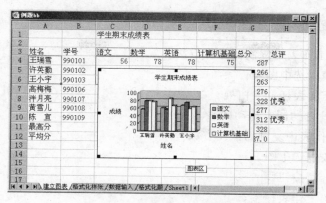

图 4-79 "创建图表"示例表(二)

4.8.4 编辑图表

图表建立后用户可以对其进行编辑或者修改,图表的编辑包括两个层次,分别是图表的编辑和图表对象的编辑,下面先介绍图表的常见编辑操作,包括移动、缩放、复制、删除、改变图表类型等。

1. 选中图表

单击图表内的空白区,图表四周将显示出 8 个方形的控制点,如图 4-79 所示。

2. 图表的移动

1) 在同一张工作表中移动的操作方法
(1) 单击图表以选中图表;
(2) 鼠标移至图表任意空白处;
(3) 拖动鼠标。
2) 在不同工作表中移动的操作方法
(1) 选中图表;
(2) 单击"剪切"按钮 ✂ ;
(3) 单击目的工作表标签;
(4) 单击目的单元格;
(5) 单击"粘贴"按钮 📋 。

3. 图表的缩放

(1) 单击图表以选中图表;
(2) 鼠标移至图表其中的一个控制点;

（3）拖动鼠标。

4. 图表的复制

1）在同一张工作表中复制的操作方法

（1）单击图表以选中图表；

（2）鼠标移至图表任意空白处；

（3）按住 Ctrl 键的同时拖动图表。

2）在不同工作表中复制的操作方法

（1）单击图表以选中图表；

（2）单击"复制"按钮；

（3）单击目的工作表标签；

（4）单击目的单元格；

（5）单击"粘贴"按钮。

5. 图表的删除

选中图表,然后按 Delete 键删除图表。

6. 改变图表类型

（1）单击图表以选中图表；

（2）选择"图表"→"图表类型"命令,弹出"图表类型"对话框,如图 4-75 所示；

（3）某种图表类型和子类型；

（4）单击"确定"按钮完成操作。

4.8.5 设置图表对象格式

图表建立以后,可以对整个图表或图表的某一对象进行格式化。

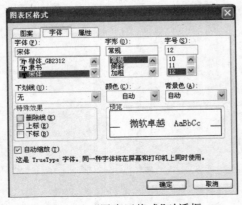

图 4-80 "图表区格式"对话框

1. 整个图表的格式化

1）方法一

（1）单击图表的空白处,选中图表；

（2）选择"格式"→"图表区"命令,弹出"图表区格式"对话框,如图 4-80 所示；

（3）在"图表区格式"对话框中切换至相应的选项卡,进行相应的设置。

2）方法二

（1）双击图表的空白处,弹出"图表区格式"对话框,如图 4-80 所示；

（2）在"图表区格式"对话框中切换至相

应的选项卡,进行相应的设置。

2. 图表对象的格式化

不同的图表对象,其格式设置的内容即设置对话框是不同的,但基本操作方法相似,都可以使用以下两种方法进行设置。

1）方法一

（1）单击图表对象,选择图表;

（2）选择"格式"菜单中的相应命令,打开相应图表对象的格式对话框;

（3）在格式对话框中进行设置。

2）方法二

（1）双击某图表对象,打开相应图表对象的格式对话框;

（2）在格式对话框中进行设置。

【例 4-18】 将图 4-79 所示图表中的图表标题字号设置为 12 号,其余文字字号设置为 8 号,主要刻度单位设置为 10。具体操作步骤如下:

（1）双击图表的空白处,弹出"图表区格式"对话框,如图 4-80 所示;

（2）在"图表区格式"对话框的"字体"选项卡中,选择字号为 8 号;

（3）单击"确定"按钮;

（4）双击图表标题,弹出"图表标题格式"对话框,如图 4-81 所示;

（5）在"图表标题格式"对话框的"字体"选项卡中选择字号为 12 号。

（6）单击"确定"按钮;

（7）双击坐标轴,弹出"坐标轴格式"对话框,如图 4-82 所示;

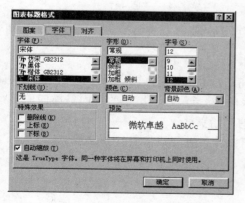

图 4-81 "图表标题格式"对话框

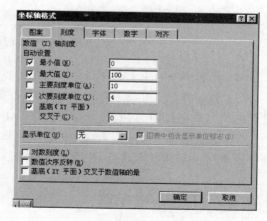

图 4-82 "坐标轴格式"对话框

（8）在"坐标轴格式"对话框的"刻度"选项卡中设置主要刻度单位为 10;

（9）单击"确定"按钮。

4.9 打印工作表

在实际工作中,当做好工作表后,往往需要把表格打印出来。一般可按下述步骤进行打印:页面设置、打印区域设置、打印预览、打印。

4.9.1 页面设置

在开始打印前,通过改变"页面设置"对话框中的选项,可以控制打印工作表的外观与版面,用户应根据需要为工作表等加上标题与页号,并确定打印纸的大小、打印方向和打印位置等。这些操作是通过执行"文件"→"页面设置"命令完成的。"页面设置"对话框包括页面、页边距、页眉/页脚和工作表4个选项卡,如图4-83所示。

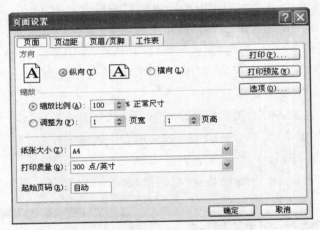

图 4-83 "页面设置"对话框

(1) 纸张大小:用于选择打印时使用的纸张,如 A4、B5、16 开等。

(2) 打印方向:可设置为纵向打印(从左到右打印工作表的每一行,打印出来的页面是竖向的)、横向打印(从上到下垂直打印工作表的每一行,打印出来的页面是横向的)。

(3) 设置起始页号:用于设定打印工作表的起始页号。

还有"打印"、"打印预览"、"选项"等按钮,可以在设置完成后直接预览或打印。

4.9.2 打印区域设置

在打印 Excel 表格前最好先设置打印区域,否则易出现打印的页面内容与实际不符的情况。选择要打印的区域,选择"文件"→"打印区域"→"设置打印区域"命令设定打印区域。

新编大学计算机基础教程

4.9.3 打印预览

在将工作表打印输出之前,应先执行"文件"→"打印预览"命令,或单击"常用"工具栏中的"打印预览"按钮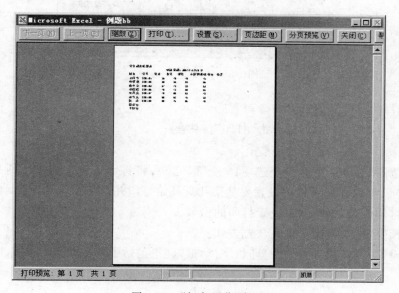,通过预览窗口查看一下设置效果,并进行调整。打印预览操作如下:

(1) 选择要打印的工作表,选择"文件"→"打印预览"命令,或单击"常用"工具栏中的"打印预览"按钮,即弹出"打印预览"窗口,如图 4-84 所示。

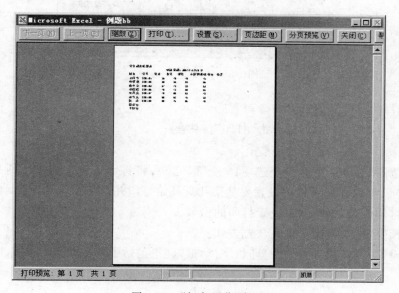

图 4-84 "打印预览"窗口

(2)"打印预览"窗口的标题下有一排操作按钮,其中部分按钮的功能如下。

① 缩放:可在屏幕上缩小或放大显示打印的效果,缩放操作并不影响实际打印的尺寸。

② 页边距:用于在打印预览窗口上设置页边距、页眉边距、页脚边距以及列宽,通过拖动边界线来加以调整。

③ 设置:弹出"页面设置"对话框,如图 4-83 所示。

④ 打印:弹出"打印"对话框,如图 4-85 所示。

4.9.4 打印

在观看打印预览后,就可以将工作表打印输出。Excel 对打印工作表提供了灵活的方式,可以选择打印单页、若干页或全部。具体操作步骤如下:

启动打印有如下 4 种方法,"打印"对话框如图 4-85 所示。

(1) 单击页面设置对话框中的"打印"按钮;

(2) 单击"常用"工具栏中的"打印"按钮;

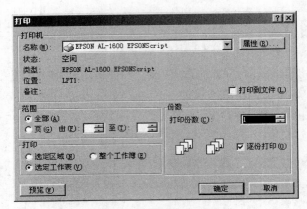

图 4-85 "打印"对话框

(3) 选择"文件"→"打印"命令；

(4) 在"打印预览"窗口中单击"打印"按钮 🖨 。

在图 4-85 中，打印设置如下：

(1) "范围"选项区中有两个选项："全部"选项，将打印选定工作表中所有各页的内容；"页"选项，可以在文字栏中设置要从第几页开始打印并打印到第几页。

(2) "打印份数"选项用来设置打印的份数。

(3) "预览"按钮可用于进入预览方式。

(4) "属性"按钮用于打开"打印机"对话框，其中包括了对打印机的设置。

4.10 典 型 案 例

4.10.1 案例1：函数运算与生成函数曲线

1. 案例说明

温州飞驼鞋业公司 2010 年部分职工的工资表如图 4-86 所示，据此完成以下操作。

	A	B	C	D	E	F
1	工资表					
2	姓名	性别	工资	计税工资	应缴税金	实付工资
3	高艳	女	890			
4	吴文宇	男	1000			
5	王笑春	女	1302			
6	周晓丹	女	450			
7	高喜乐	女	2560			
8	吴胜艳	女	4300			
9	刘翰斌	男	890			
10	郑丽朋	男	670			
11	余瑶瑶	女	980			
12	王东	男	1500			
13	张静	女	2100			

图 4-86 温州飞驼鞋业公司 2010 年部分职工的工资表

（1）将标题合并居中设为 16 号加粗的隶书字，且将表格中数据居中对齐。

（2）根据公司财务计算规定，应缴税部分的数据只占总工资的 40%。

（3）个税的缴纳按以下标准实施：

① 工资 800 元以下的免征调节税；

② 工资 800 元至 1500 元的超过部分按 5% 的税率征收；

③ 工资 1500 元至 2000 元的超过部分按 8% 的税率征收；

④ 工资高于 2000 元的超过部分按 20% 的税率征收。

提示：请利用 if 函数计算个税。

（4）利用公式计算公司实际付给工人的工资；

（5）绘出应缴税金工作表中的各数据的曲线示意图。

2. 案例分析

根据案例所提供的素材，结合操作要求分析，本案例操作所涉及的知识点主要包括以下方面：

（1）**数据格式设置**：本知识点主要应用于对表格中的文字等数据进行字体字号等的格式化设置，以便对表格进行美化修饰。

（2）**公式应用**：根据公司的账务计算规则，利用直接输入公式的方法可批量计算多个数据。

（3）**if 函数应用**：根据缴税的标准，不同工资所缴个税的方法各不相同，因此须采用 if 函数进行分支计算。

（4）**单元格引用**：考虑到公式及函数的复制使用，因此须斟酌使用单元格的格式，由于本案例计算个税时的个税标准与工资不在同一张工作表中所以要慎重考虑单元格的相对引用与绝对引用。

（5）**图表绘制**：图表绘制在此省略。

3. 案例操作步骤

（1）选中工作表"工资表"中的单元格 A1：F1，在工具栏中设置单元格的格式为合并居中、加粗、16 号、隶书。

（2）单击单元格 D3，输入公式"＝C3 * 40%"，然后自动填充到 D13。

（3）在单元格 E3 中输入公式"E3＝IF(D3＜个税标准!B＄2,IF(D3＜个税标准!C＄2,(应缴税金!D3－个税标准!B＄2) * 个税标准!C＄3,IF(D3＜个税标准!D＄2,(应缴税金!D3－个税标准!C＄2) * 个税标准!D＄3＋(个税标准!C＄2－个税标准!B＄2) * 个税标准!C＄3,(D3－个税标准!E＄2) * 个税标准!E＄3＋(个税标准!D＄2－个税标准!C＄2) * 个税标准!D＄3＋(个税标准!C＄2－个税标准!B＄2) * 个税标准!C＄3)))"。

（4）在单元格 F3 中输入公式"F3＝C3－E3"。

（5）单击菜单"插入"→"图表"命令，在弹出的对话框左侧的列表框中选择"XY 散点图"选项，在右侧的列表框中选择"无数据点平滑线散点图"选项，单击"下一步"按钮，在数据区域中选择工作表"应缴税金"一列,单击"完成"按钮完成制图。

4.10.2　案例 2：数据检索统计

1．案例说明

某组大学生期中考试成绩表如图 4-87 所示,现要求按性别进行排序,以及总分均值计算、统计各科均值等各种数据的统计,试完成以下操作要求。

第一小组全体同学期中考试成绩表									
学号	姓　名	性别	高等数学	大学语文	英语	德育	体育	计算机	总　分
001	王书洞	男	88	65	82	85	82	89	
002	张泽民	男	85	76	90	87	70	95	
003	魏叶	女	89	87	77	85	83	92	
004	叶枫	男	90	86	89	89	75	96	
005	李云青	男	73	79	87	87	65	88	
006	谢天明	男	81	91	89	90	89	90	
007	史美杭	女	86	76	78	86	85	80	
008	罗瑞维	女	69	68	86	84	90	99	
009	秦基业	男	85	68	56	74	85	81	
010	刘予予	女	95	89	93	87	94	86	
011	梁水洛	男	62	75	78	88	57	68	
012	任强	男	74	84	92	89	84	94	
平均分									

图 4-87　期中考试成绩表

(1) 利用函数计算出每个学生的总分与每门课程的平均分;

(2) 将成绩表复制到 Sheet2 中,按性别进行升序排列,并分别统计出男女同学的总分的平均分,将工作表改名为"按性别统计平均总分";

(3) 将体育成绩低于 75 分的男同学的数据存放到 Sheet3 中,将 Sheet3 改名为"体育低于 75 的男同学";

(4) 对成绩表进行统计分析,生成按性别统计各科平均分的透视表,工作表名为"性别透视表"。

2．案例分析

根据案例所提供的素材,结合操作要求分析,本案例操作所涉及的知识点主要包括以下几个方面:

(1) 函数应用:为便于对表中的多项数据进行计算要求会利用基本函数进行计算。

(2) 数据排序与分类汇总:能将排序与分类汇总结合起来使用,以便查找所需的数据。

(3) 数据筛选:能利用数据清单的自动筛选功能筛选出满足条件的数据。

(4) 数据透视表:能以数据透视表的形式对原始数据进行分类汇总。

3．案例操作步骤

(1) 单击单元格 J4,输入公式"＝SUM(D4:I4)",然后自动填充到 J15;

(2) 将成绩表复制到 Sheet2,然后按性别进行升序排列与分类汇总,分类字段选择

"性别","汇总方式"为"平均值",将工作表改名为"按性别统计平均总分";

（3）对工作表"成绩表"按性别和体育成绩进行自动筛选；选择"数据"→"筛选"→"自动筛选"命令，在"性别"列中选择"男"，再在"体育"列中选择"自定义"，设定条件为小于75，然后将筛选结果复制到 Sheet3，将工作表 Sheet3 改名为"体育低于 75 的男同学"；

（4）单击工作表 Sheet4，选择"数据"→"数据透视表和数据透视图"命令，在弹出的对话框中单击"下一步"按钮，选择数据区域为成绩表，在"布局"中将"性别"拖动到行，将各科目拖放到数据处，单击"完成"按钮，在生成的数据透视表中将"数据"拖动到"汇总"处，然后将每个科目的字段设置中汇总方式改为"平均值"，将工作表改名为"性别透视表"。

第 **5** 章 PowerPoint 2003 幻灯片制作

Microsoft PowerPoint 2003 主要用来创建包含文本、表格、图形、图像、声音及视频剪辑等多媒体元素为一体的演示文稿,也可用来制作演讲者备注、观众讲义、文件大纲和Web 演示文稿,利用它还可以在计算机屏幕上显示幻灯片,或打印在纸上,或将其处理成35mm 幻灯片。PowerPoint 2003 是信息社会中人们进行信息发布、思想交流、学术探讨和产品展销等交流的良好工具。

5.1 PowerPoint 2003 基础知识

5.1.1 PowerPoint 2003 的启动和关闭

1. 启动

作为一个 Windows XP 下的应用程序,如同其他应用程序一样,PowerPoint 2003 的启动也有多种方法。例如,用"开始"菜单中的"程序"项 Microsoft Office 中的 Microsoft Office PowerPoint 2003 启动,或通过单击桌面上的快捷图标,进入 PowerPoint 2003,打开后的 PowerPoint 2003 工作界面如图 5-1 所示。

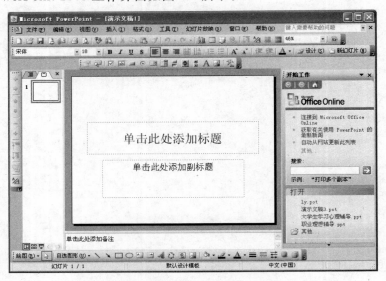

图 5-1　PowerPoint 2003 工作界面

2. 关闭

当完成了演示文稿编辑后,需要存盘退出 PowerPoint 2003,一般常用的有以下几种方法:

(1) 单击 PowerPoint 2003 窗口右上角的 ✕ 按钮。

(2) 双击 PowerPoint 2003 窗口左上角的 图标。

(3) 按 Alt+F4 键。

(4) 选择"文件"→"退出"命令。

如果退出前没有对演示文稿进行保存,则在执行退出命令后,PowerPoint 2003 会弹出提示对话框,提示是否保存。

5.1.2　PowerPoint 2003 的窗口组成

启动 PowerPoint 2003 应用程序之后,会弹出 PowerPoint 2003 的主窗口画面,它主要包括标题栏、菜单栏、工具栏、"大纲"窗格、"幻灯片"窗格、备注窗格、状态栏和任务窗格等几个部分,如图 5-2 所示。

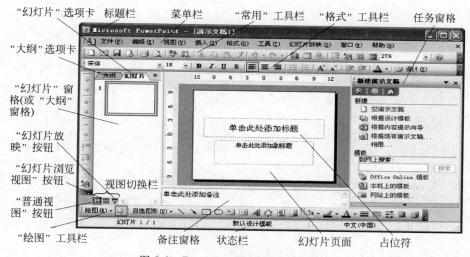

图 5-2　PowerPoint 2003 的窗口组成

1. 标题栏

标题栏在 PowerPoint 2003 窗口的最上方。左边有窗口控制图标、程序名称与文件名,右端有最小化、还原/最大化、关闭按钮。主要的功能是显示程序和当前编辑文档的文件名,调整窗口大小、移动窗口和关闭窗口。

2. 菜单栏

菜单栏位于标题栏下方,包含了 PowerPoint 2003 中的全部命令。由文件、编辑、视图、插入、格式、工具、幻灯片放映、窗口和帮助 9 项和即时问答输入框组成。

3. "常用"工具栏

将一些最为常用的命令按钮,集中放置在"常用"工具栏上,方便用户调用。

4. "格式"工具栏

将用来设置演示文稿中相应对象格式的常用命令按钮集中放置在"常用"工具栏上,方便使用者调用。

5. 任务窗格

通过任务窗格可以完成编辑演示文稿的一些主要操作。

6. 幻灯片页面

幻灯片页面是编辑幻灯片的工作区。

7. 备注窗格

备注窗格用来编辑幻灯片的一些备注文本。

8. 大纲窗格

在大纲窗格中,通过"大纲视图"或"幻灯片视图"可以快速查看整个演示文稿中的任意一张幻灯片。

9. "绘图"工具栏

可以利用"绘图"工具栏上面相应的按钮,在幻灯片中快速绘制出相应的图形。

10. 状态栏

状态栏在 PowerPoint 2003 窗口的最底部,用于显示系统当前的状态。

5.1.3 PowerPoint 2003 的视图模式

PowerPoint 2003 提供了几种观察演示文稿的方法即不同的文稿视图,分别为普通视图、幻灯片视图、大纲视图、幻灯片浏览视图、幻灯片放映视图和备注页视图。当一份演示文稿打开后,屏幕通常处于普通视图模式。

每种视图都有各自独特的功能,单击窗口左下角视图切换按钮,可在各视图(备注页视图除外)之间切换。在一种视图中对演示文稿所做的修改,会自动反映在演示文稿的其他视图中。

1. 普通视图

普通视图实际上是大纲视图、幻灯片视图和备注页视图 3 种模式的综合,是演示文稿编排工作中最为常用的视图模式。

　　选择"视图"→"普通视图"命令或单击屏幕左下角视图切换按钮中的回按钮可切换到普通视图,如图 5-3 所示。从图中可以看出,普通视图模式将演示文稿的编辑区分成大纲窗格、幻灯片页面、备注窗格 3 部分。普通视图主要是用来编辑幻灯片的总体结构,可以用来编辑单张幻灯片或大纲。右下半部的备注窗格是用来为文稿的报告人提供注释的地方,供文稿的报告人演示文稿时参考。

图 5-3　普通视图显示模式

2. 幻灯片视图

　　单击大纲窗格上部标签右侧的╳按钮就可以将大纲窗格关闭,这时将进入幻灯片视图,如图 5-4 所示。同时备注区也将消失,PowerPoint 2003 窗口的中部将全部显示要编辑的幻灯片。

图 5-4　幻灯片视图

在幻灯片视图中,一次只能操作一张幻灯片,可以看到文字、插入图片、背景、颜色、阴影等静止对象,并可以进行文本编辑和幻灯片内容的操作,因此是观察幻灯片详细信息的最好显示方式。

3. 幻灯片浏览视图

幻灯片浏览视图显示演示文稿中各幻灯片的缩略图。选择"视图"→"幻灯片浏览"命令或单击屏幕左下角的 ⊞ 按钮可切换到幻灯片浏览视图,如图 5-5 所示。在幻灯片浏览视图中,可以看到按次序排列的演示文稿中所有被缩小了的幻灯片,还可以观察到所有幻灯片的外貌、风格及演播顺序。在该视图中可以轻松地组织幻灯片的顺序,添加、删除和移动幻灯片,以及方便快速的定位到某张幻灯片。另外,在这里设置幻灯片的切换方式也是很方便的。但在该视图中不能对幻灯片的内容(如文字)进行编辑修改。

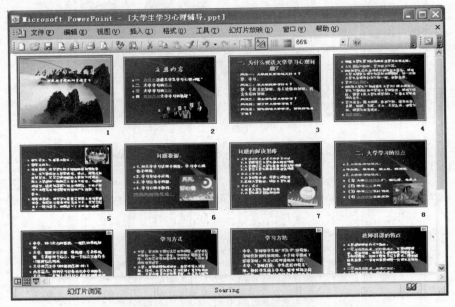

图 5-5　幻灯片浏览视图

4. 备注页视图

备注页一般是供演讲者使用,可以记录演讲时所需的提示重点。在备注页视图中可以方便地进行备注文字的编辑。选择"视图"→"幻灯片浏览"命令,可切换到备注页视图,如图 5-6 所示。可以看到,备注页视图中的画面被分为上下两部分,上面是幻灯片,下面是一个文本框。在文本框中可以输入备注内容,并且可以将其打印出来作为讲稿。

5. 幻灯片放映视图

幻灯片放映视图就像是一个幻灯放映机,整个屏幕显示一张幻灯片。用户还能看到其他视图中看不见的动画、定时效果,是进行预演示或实际视频演示的窗口。选择"视图"

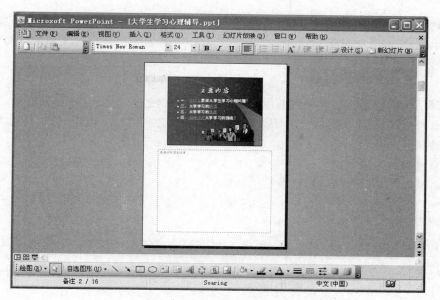

图 5-6　备注页视图

→"幻灯片放映"命令或单击屏幕左下角 🖳 按钮可切换到幻灯片浏览视图,效果如图 5-7 所示。

图 5-7　幻灯片放映视图模式

5.2　演示文稿的基本操作

5.2.1　创建和打开演示文稿

为了最大限度地满足用户的要求,PowerPoint 2003 提供了多种创建演示文稿的方法。例如,用户可以通过空演示文稿创建不包含任何颜色或风格的演示文稿;也可以使用预先设计好的、已有的演示文稿模板;或者使用向导一步步地创建演示文稿;还可以根据现有演示文稿、相片创建演示文稿。下面详细介绍几种常用创建演示文稿的方法。

1. 用空演示文稿创建

空演示文稿是自由空白的没有预先设计底板图案色彩,但可以由布局格式的幻灯片组成。这种方式给用户提供了最大程度的灵活性,使之可以充分使用色彩、布局等创建出具有个性风格的演示文稿。

在启动 PowerPoint 2003 后,选择"文件"→"新建"命令,调出"新建演示文稿"面板,如图 5-8 所示,选择"空演示文稿"选项即可。

2. 用"设计模板"创建

利用设计模板创建演示文稿,则不需要对演示文稿的版式和背景颜色进行编辑,直接应用设计模板,具体操作步骤如下:

(1) 在"新建演示文稿"面板中选择"新建"选项区中的"根据设计模板"选项,调出"幻灯片设计"面板,如图 5-9 所示。

图 5-8 "新建演示文稿"面板

图 5-9 "幻灯片设计"面板

(2) 在"幻灯片设计"面板的"应用设计模板"列表框中选择一种适合的模板可创建该模板空白演示文稿。

3. 利用"内容提示向导"创建

具体操作步骤如下:

(1) 在"新建演示文稿"面板中选择"新建"选项区中的"根据内容提示向导"选项,弹出"内容提示向导"对话框,如图 5-10 所示。

（2）"内容提示向导"对话框的左侧列出了该向导的整个流程,该对话框中没有可供选择的选项,直接单击"下一步"按钮,进入"演示文稿类型"界面,如图 5-11 所示。

（3）在"演示文稿类型"界面中,PowerPoint 中提供了 7 种演示文稿的类型,单击左侧的类型按钮,右边的列表框中就会出现该类型所包含的所有文稿模板。如果单击"全部"按钮,

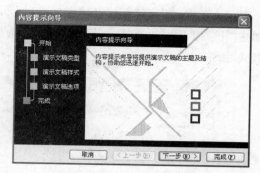

图 5-10　"内容提示向导"对话框

右侧列表框中将显示全部的文稿模板,此处选择"实验报告"模板选项,单击"下一步"按钮,进入"演示文稿输出类型"界面,如图 5-12 所示的对话框。

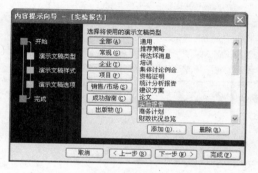

图 5-11　选择将使用的演示文稿类型

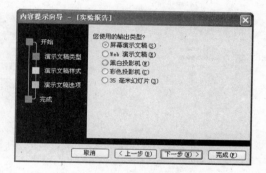

图 5-12　选择演示文稿输出类型

（4）在"演示文稿输出类型"界面中,选择演示文稿的输出类型,即演示文稿将用于什么用途。可以根据不同的要求选择合适的演示文稿格式,此处选择"屏幕演示文稿",单击"下一步"按钮,进入"演示文稿标题、页脚"界面,如图 5-13 所示。

（5）在"演示文稿标题、页脚"界面中,可以设置演示文稿的标题和页脚等信息。设置完成后,单击"下一步"按钮,进入如图 5-14 所示的"演示文稿完成"界面。

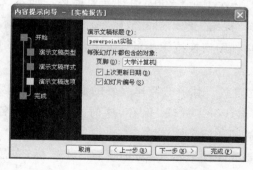

图 5-13　"演示文稿标题、页脚"界面

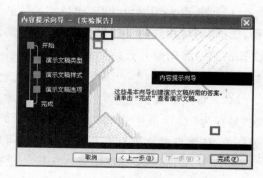

图 5-14　"演示文稿完成"界面

（6）此时，"内容提示向导"对话框的设置已经完成，如果要改变前面的设置选项，可单击"上一步"按钮，逐屏向前修改所需的选项。单击"完成"按钮，完成演示文稿的制作，效果如图 5-15 所示。

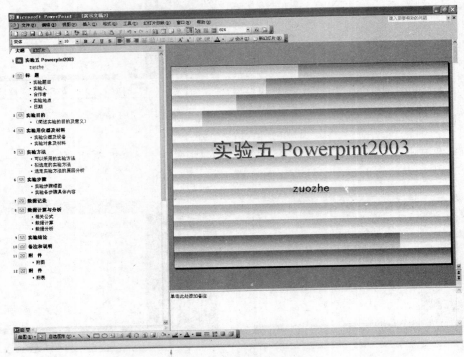

图 5-15   新创建的演示文稿

5.2.2   播放演示文稿

演示文稿制作完成后，就可以试着播放了。播放演示文稿可以通过以下 3 种方法实现：

（1）在 PowerPoint 2003 中启动播放。在 PowerPoint 2003 中打开要播放的演示文稿，选择"幻灯片放映"→"观看放映"命令或选择"视图"→"幻灯片放映"命令，这时从演示文稿的第一张幻灯片开始播放；单击窗口左下角视图切换按钮中的 ☐ 按钮，则可从当前幻灯片开始播放。

（2）将演示文稿保存为"PowerPoint 放映"类型。对于已经建立好的演示文稿，可以在"另存为"对话框中选择"保存类型"为"PowerPoint 放映"保存，这时文件的扩展名为.pps，该类型的文件只要双击文件名就可以放映该演示文稿。

（3）从 Windows 环境中直接运行。找到要放映的演示文稿，选中后右击鼠标，在弹出快捷菜单中选择"显示"命令后开始放映。

5.3 编辑演示文稿

5.3.1 编辑幻灯片

幻灯片是演示文稿的基本组成单元,用户要演示的全部信息,包括文字、图片、表格等多媒体内容都要以幻灯片组织起来。

1. 幻灯片的基本操作

1) 添加幻灯片

默认情况下,启动 PowerPoint 2003 时,系统会新建一份空白演示文稿,并新建一张标题幻灯片,其他幻灯片要自己添加。可以通过以下 3 种方法,在当前演示文稿中添加新的幻灯片。

（1）使用命令方法。选择"插入"→"新幻灯片"命令,会在当前幻灯片后新建一张幻灯片。

（2）按快捷键法。直接按 Ctrl＋M 键,可在当前幻灯片后快速添加一张新的幻灯片。

（3）按 Enter 键法。在普通视图下的"幻灯片"选项卡中单击要在其后添加新幻灯片的幻灯片缩略图,然后直接按 Enter 键进行添加。

2) 复制幻灯片

复制幻灯片可以在普通视图和幻灯片浏览视图下完成。

（1）在普通视图下,选择"插入"→"幻灯片副本"命令,可在当前幻灯片后复制一张与之相同的幻灯片。

（2）选中要复制的一张或多张幻灯片,选择"编辑"→"复制"命令,在目标位置单击鼠标后,选择"编辑"→"粘贴"命令。

（3）在普通视图下的"幻灯片"选项卡或幻灯片浏览视图下,选中要复制的幻灯片,在按住 Ctrl 键的同时拖动鼠标,这时鼠标下方的方框上方出现一个加号,当到达目标位置后释放鼠标,幻灯片复制完成。

3) 移动幻灯片

在普通视图或幻灯片浏览视图下,选中要移动的一个或多个幻灯片,拖动鼠标,这时鼠标下方出现一个方框,当达到目标位置后释放鼠标,幻灯片移动完成。

4) 删除幻灯片

选定要删除的一个或多个幻灯片,选择"编辑"→"删除幻灯片"命令。也可以在选定幻灯片后按 Delete 键。

2. 幻灯片格式设置

一般情况下,如果新建的演示文稿是通过向导或模板生成的,则可以马上进行幻灯片的编辑工作,不必再为幻灯片的格式费心。如果新文稿是空白演示文稿,或者对幻灯片格式不满意,可以重新设置。幻灯片格式包括的内容有页面设置、背景、配色方案等。

1) 幻灯片页面设置

幻灯片的页面一般可以用系统的默认设置,如果需要重新调整,可以用下述方法实现:

(1) 选择"文件"→"页面设置"命令,打开"页面设置"对话框,如图5-16所示。

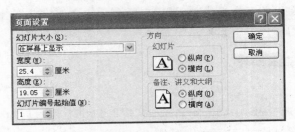

图5-16 "页面设置"对话框

(2) 在此对话框中主要进行幻灯片大小和方向的设置。根据不同的播放设置和现场要求,对幻灯片的大小和方向做出选择,如果是自定义大小,可以在高度和宽度两个数字框中输入具体数值。幻灯片的编号如果不从1开始,则可以指定一个起始编号值。

(3) 单击"确定"按钮,完成页面设置。

2) 版式选择

版式是幻灯片上标题、文本、图片、图表等内容的布局形式。分为文字版式、内容版式、文字和内容版式、其他版式。即在具体制作某一张幻灯片时,可以预先设计各种对象的布局,如幻灯片要有什么对象,各个对象的占位符大小、位置、格式等,这种布局形式就是幻灯片的版式。

修改或设置幻灯片版式时,选择"格式"→"幻灯片版式"命令,将弹出"幻灯片版式"面板,从中选择一个合适的版式即可。

3) 背景的设置

"白底黑字"是PowerPoint 2003中默认的文稿搭配颜色。为了使自己编辑的演示文稿更漂亮些,可以通过改变背景的颜色或增加背景图案来实现。如何在PowerPoint 2003中设置个性化的背景?具体操作步骤如下:

(1) 选择"格式"→"背景"命令,打开"背景"对话框,如图5-17所示。

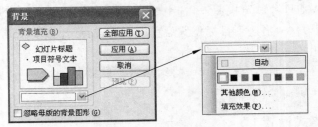

图5-17 "背景"对话框

新编大学计算机基础教程

（2）在"背景"对话框中，从"背景填充"预览框中可以看到当前的背景，从颜色下拉列表中选择一种颜色。如果不满意的话，可以选择"其他颜色"选项来选择颜色或自定义颜色。如果要选择一种填充效果作为背景，可以选择"填充效果"选项，打开"填充效果"对话框，如图 5-18 所示。根据需要从多种填充效果（渐变、纹理、表格、图片）中选择一种效果后单击"确定"按钮返回"背景"对话框。当选择一种颜色或效果后，会立即在背景填充框的示意图中反映出来，如果要看效果，可以单击"预览"按钮预览新背景的实际效果。

（3）有的演示文稿在背景上常常会有一些图形，如果使用新背景后不想让这些图形显示出来，则可以勾选对话框底部的"忽略母版的背景图形"复选项。

（4）单击"应用"按钮，所选背景将会只应用于当前幻灯片；若单击"全部应用"按钮，则背景将应用于所有已经存在的幻灯片和后面添加的新幻灯片。

4）配色方案设置

设计演示文稿时，不仅可以更改演示文稿中幻灯片的布局或版式，还可以根据需要进行幻灯片色彩的调整，即进行配色方案的设置。配色方案由背景颜色、线条、文本的颜色及其他 6 种颜色经过巧妙搭配组成。这 6 种配色方案分别用于图形、表格及其他出现在背景上的对象，这些对象颜色用户都是可以自行设置的。

配色方案可以从预定方案汇中选择，也可以自己定义。具体操作步骤如下：

（1）打开要改变配色方案的演示文稿。如果要改变某一张幻灯片的配色方案，还应选定要设置的幻灯片。

（2）选择"格式"→"幻灯片设计"命令，弹出"幻灯片设计"面板。

（3）在"幻灯片设计"面板中单击"配色方案"选项，出现如图 5-19 所示的"应用配色方案"列表框，显示了可供选择的配色方案。

图 5-18　"填充效果"对话框

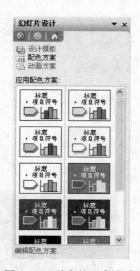

图 5-19　列表的配色方案

（4）将鼠标移到"应用配色方案"列表框中所需配色方案时，在该方案右边会出现一个下三角按钮，单击该按钮，在弹出的下拉列表中选择"应用于所选幻灯片"选项，可将新的配色方案应用于当前幻灯片;选择"应用于所有幻灯片"选项,将该方案应用于当前演示文稿中的所有幻灯片,如图 5-20 所示。

如果认为"标准"选项卡的配色方案都不合意,还可以自己设计配色方案。

(1) 单击"幻灯片设计"面板下部的"编辑配色方案"选项,将弹出"编辑配色方案"对话框,如图 5-21 所示。在"自定义"选项卡的"配色方案颜色"选项区中单击需要更改颜色的色块,再单击"更改颜色"按钮挑选理想的颜色。

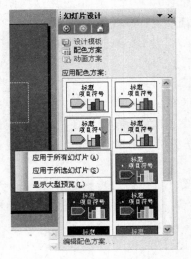

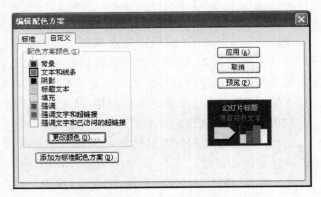

图 5-20　应用配色方案　　　　　　　　图 5-21　"编辑配色方案"对话框

(2) 更改完所有色块后,单击"应用"按钮,将修改后的配色方案应用于当前幻灯片。

(3) 如果需要将自定义配色方案添加到标准配色方案中,可在更改完所有色块之后,单击对话框"自定义"选项卡中的"添加为标准配色方案"按钮,将自定义的配色方案添加为标准配色方案。

3. 编辑文本

1) 输入文本

(1) 在占位符中输入。在幻灯片中,有带有虚线或有斜线标记边框的方框,里面有相关提示文字,这是占位符。在这些框内可编辑标题和正文,以及表格、图片等内容。在幻灯片上单击文本占位符后,即可进入文本编辑状态,输入文本文字,如图 5-22 所示。

正文文本占位符

图 5-22　在占位符中输入文本

灯片上单击文本占位符后,即可进入文本编辑状态,输入文本文字,如图 5-22 所示。

(2) 直接输入。编辑大量文本时,推荐使用直接输入文本的方法。在普通视图下,将鼠标移至左侧"大纲"窗格并切换到"大纲"选项卡下,然后在要编辑的幻灯片后直接输入文本字符即为标题文本,要输入正文文本,则按 Ctrl+Shift 键,效果如图 5-23 所示。

　　　　　新编大学计算机基础教程

（3）在文本框中输入。选择"插入"→"文本框"→"水平"命令，插入文字框为水平方向的文本框；若选择"垂直"命令则插入文字框为垂直方向的文本框。在幻灯片上拖动鼠标绘制出一个文本框后，就可以向里面输入文本了，如图 5-24 所示。

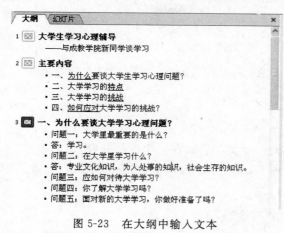

图 5-23　在大纲中输入文本

图 5-24　在文本框中输入文本

2）更改文本级别

对于占位符或文本框中的文本段落，允许具有不同的级别。这对于不少的演示文稿非常有用。例如，在幻灯片上显示的是演讲人的演讲提纲，通过不同级别的文本把演讲的内容提要放映在屏幕上，显明的层次可以使观众更容易接受，也增强了演讲的条理性。

在正文文本占位符中，可以分为 5 个级别，输入文本时系统默认是一级文本，当需要更改文本的级别时，具体操作步骤如下：

（1）打开"大纲"工具栏。选择"视图"→"工具栏"→"大纲"命令，打开"大纲"工具栏，如图 5-25 所示。

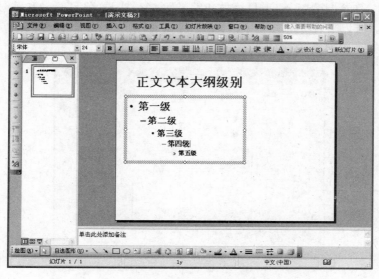

图 5-25　大纲级别设置

（2）通过单击"升级"按钮 ↩ 或"降级"按钮 ➡，可以把选定的段落提高或降低一个级别。

3）文本格式设置

文本输入完毕后，需对文本格式进行设置。其设置方法与 Word 2003 类似，大致步骤如下：

（1）设置文本格式。

① 选定文本内容。

② 选择"格式"→"字体"命令，打开如图 5-26 所示的"字体"对话框，对字符的字体、字号、字形、颜色及效果等参数进行设置。

（2）设置段落格式。

① 选定文本内容。

② 选择"格式"→"字体对齐方式"命令，对文字的对齐方式进行设置。

③ 选择"格式"→"行距"命令，打开图 5-27 所示的对话框，对行距、段前距、段后距进行设置。

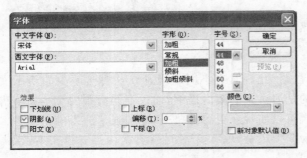

图 5-26 "字体"对话框

图 5-27 "行距"对话框

（3）添加、修改项目符号和编号。

选择文本，选择"格式"→"项目符号和编号"命令，打开"项目符号和编号"对话框，如图 5-28 所示。可以从现有的方案中选择，也可以通过选择图片、自定义等方式定制自己喜欢的项目符号，最后单击"确定"按钮。

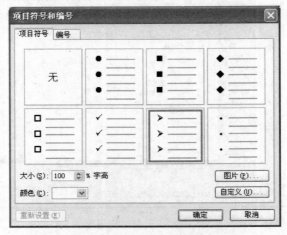

图 5-28 "项目符号和编号"对话框

（4）设置占位符、文本框格式。

选择要设置的占位符或文本框，右击鼠标，在弹出的快捷菜单中选择"设置占位符格式"或"设置文本框格式"命令，在弹出的对话框中设置文本框颜色和线条、填充色等。

5.3.2 设置动画效果

作为信息传达工具的演示文稿，设计中除了要使内容精炼准确外，形式上的生动活泼也是需要认真考虑的，所以常常希望幻灯片上的对象在幻灯片放映时能按顺序以动画的形式呈现在屏幕上，增加幻灯片放映时的趣味性。

1. 动画方案

PowerPoint 2003 新增了动画的预设功能。动画方案是指给幻灯片中的文本添加预设视觉效果。具体操作步骤如下：

（1）选择需要设置的幻灯片的对象。

（2）选择"幻灯片放映"→"动画方案"命令，打开"幻灯片设计"面板，如图 5-29 所示。

（3）在"应用于所选幻灯片"列表框中选择要使用的动画方式，如"向内溶解"方式。

（4）若单击"应用于所有幻灯片"按钮，则每张幻灯片的文本都以这种动画方式进行播放，此动画设置只对选中文本对象有效。

2. 自定义动画

动画方案的应用虽然为幻灯片的动画设置提供了方便，但它只提供切换方式、标题和正文的动画效果，而对于幻灯片上的其他对象的动画效果，动画方案中并没有预设。事实上，PowerPoint 2003 中所有对象都可以通过"自定义动画"来定义它的动画方式。具体操作步骤如下：

（1）选择"幻灯片放映"→"自定义动画"命令，打开如图 5-30 所示的"自定义动画"面板。

图 5-29 "幻灯片设计"面板

图 5-30 "自定义动画"面板（一）

（2）选择要设置动画的对象，单击"自定义动画"面板中的"添加效果"按钮，将会弹击一个下拉菜单，其中有"进入"、"强调"、"退出"和"动作路径"4 个子菜单。在每一个子菜单中，分别有相应于该命令的各种动画类型。

（3）选择一种动画类型，比如选择了"进入"子菜单中的"飞入"命令，将激活"自定义动画"任务窗格上的各设置选项，如图 5-31 所示。通过这些设置，就可以对所选对象的动画效果进行个性化的设置。

（4）对所选的动画效果进行了相关设置后，单击"自定义动画"面板上的"播放"按钮，就可以直接在幻灯片上进行设置的预览。

（5）一般一张幻灯片上有多个对象含有动画效果，甚至一个对象上有时也设置了多个动画效果，当需要对这些动画的播放顺序进行调整时，可单击"自定义动画"面板上"重新排序"中 ⬆ 和 ⬇ 按钮进行调整。

图 5-31 "自定义动画"面板（二）

5.3.3 设置超链接

在演示文稿的制作中，有时需要实现幻灯片内容的跳转，单击当前幻灯片中的某点内容即可跳转链接到其他幻灯片或其他类型的文件中，如 Word 文档、Excel 电子表格、数据库文件或图片等，甚至可以跳转到互联网的某一网页中。

1. 插入超连接

PowerPoint 提供了"超链接"功能实现幻灯片内容的跳转，具体操作步骤如下：

（1）在幻灯片中选定需建立超链接的对象（如文字、图片等）。

（2）选择"插入"→"超链接"命令，打开图 5-32 所示的"编辑超链接"对话框，在左侧

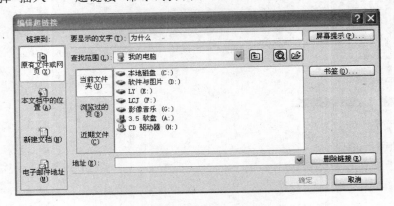

图 5-32 "编辑超链接"对话框（一）

的"链接到"列表框中提供了原有文件或网页、本文档中的位置、新建文档、电子邮件地址等选项,单击相应的按钮就可以在不同项目中输入链接的对象。

（3）在"链接到"列表框中选择连接指向的类型,如选择"本文档中的位置"选项,就会弹出如图 5-33 所示的"编辑超链接"对话框,在"请选择文档中的位置"列表框中选择需要超链接的某张幻灯片（如标题为"3. 一、为什么要谈大学学习心理问题"的幻灯片）,同时在"幻灯片预览"框中可以预览目标幻灯片。单击"确定"按钮退出,超链接就设置好了。

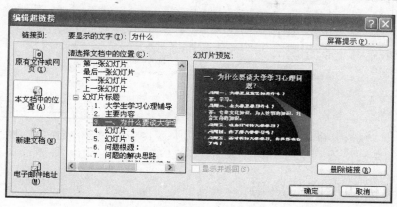

图 5-33　"编辑超链接"对话框（二）

（4）对已创建好超链接的对象,可通过右击鼠标,在弹出的快捷菜单中选择"编辑超链接"命令对超链接进行编辑修改;若在弹出的快捷菜单中选择"删除超链接"命令,即可删除超链接。

2. 动作按钮

超链接的对象很多,包括文本、图形、表格等,此外还可以利用动作按钮来创建超链接。PowerPoint 带有一些制作好的动作按钮,可以将动作按钮插入到演示文稿中并为其添加超链接。在幻灯片上加入动作按钮,可以使用户在演示的过程中方便地跳转到其他幻灯片上,也可以播放电影、声音等,还可以启动应用程序。具体操作步骤如下:

（1）选择要放置动作按钮的幻灯片。

（2）选择"幻灯片放映"→"动作按钮"命令,弹出如图 5-34 所示的子菜单。子菜单中列出的是已经制作好外形的动作按钮,按钮上的图形都是常用的、易理解的符号,如左箭头表示后退或上一项,右箭头表示前进或下一项等。此外,面板中还有表示链接到第一张、最后一张等的按钮,还有播放电影或声音的按钮。单击一个所需的动作按钮选项,将光标移动到幻灯片窗口中,光标变成十字状时,在窗口中拖动鼠标,便可画出选定的按钮图示。

（3）释放鼠标,自动打开如图 5-35 所示的"动作设置"对话框,在"超链接到"下拉列表框中给出了建议的链接选项,也可以自己定义链接。最后单击"确定"按钮,完成动作按钮的设置。

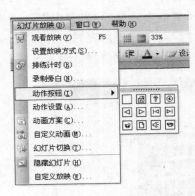

图 5-34　"动作按钮"子菜单　　　　　　图 5-35　"动作设置"对话框

5.3.4　模板和母版的应用

1. 模板

PowerPoint 2003 提供了几十种预定义的模板,模板中定制了幻灯片的板式、配色方案、背景和母版。选择了一种模板,就相当于定制好了整个幻灯片的格式,可以满足绝大多数用户的需要。使用设计模板的目的是让不同的演示文稿共享样式。

1) 选择已有的模板

当使用"根据内容提示向导"或"根据设计模板"创建一个新演示文稿时,某个特定模板即自动附着于该演示文稿。开始创建新演示文稿时,需要在"新建演示文稿"面板中选择"根据设计模板"或"空演示文稿"选项,然后选择一个模板。

要改变一个已有的演示文稿的模板,具体操作步骤如下:

（1）打开要设置模板的演示文稿。

（2）选择"格式"→"幻灯片设计"命令,弹出"幻灯片设计"面板,单击该任务窗格中的"设计模板"选项,如图 5-36 所示。

（3）若要对演示文稿中的所有幻灯片应用设计模板,单击"幻灯片设计"面板中"应用设计模板"列表框中需要的模板即可。

（4）若要将模板应用于单张幻灯片,将鼠标移至该模板,在模板样式右边会出现一个下三角按钮,单击该按钮,在出现的下拉列表中选择"应用于选定幻灯片"选项。

图 5-36　"幻灯片设计"面板列出的设计模板

2）创建新模板

在 PowerPoint 2003 中，除了可以用已有的模板，还可以根据自己的需要更改模板，或根据已创建的演示文稿创建新文稿。模板文件与普通演示文稿并无多大差别，通常创建新的模板也是将演示文稿另存为模板得到的。具体操作步骤如下：

（1）新建或打开已有的演示文稿。

（2）删除演示文稿中所有的文本和图形对象，只保留模板的样式，以符合所要创建的设计模板的要求。

（3）选择"文件"→"另存为"命令。

（4）弹出"另存为"对话框，如图 5-37 所示。选择保存位置，在"文件名"文本框中输入模板名称，在"保存类型"下拉列表框中选择"演示文稿设计模板"选项。

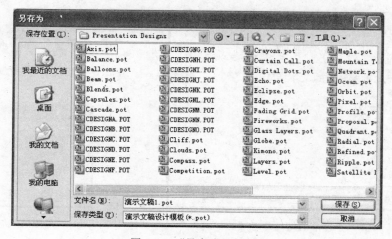

图 5-37 "另存为"对话框

（5）单击"保存"按钮。

如果将模板保存在 PowerPoint 文件的模板默认存储目录下，新模板会在下次打开 PowerPoint 文件时会出现在"幻灯片设计"面板的"可供使用"选项区中。如果保存在其他目录之下，在应用此设计模板时需要单击"幻灯片设计"面板最下面的"浏览"按钮以找到此模板。

2. 母版

模板内的设定不一定都符合用户的需求。因此 PowerPoint 提供了"母版"的功能，只要用户在母版中设定好所有的格式需求，像是每张幻灯片都要出现的文字或图形，标题的文字、大小、位置和颜色，背景的颜色等，那么在同一件文件中，所有的幻灯片格式都会和母版中的设定的样式相同。

PowerPoint 2003 提供了 3 种母版，演示文稿中每一个主要部分都有各自的母版。

（1）幻灯片母版：普通幻灯片样式的母版。

（2）讲义母版：演示文稿作为讲义打印输出时的样式母版。

（3）备注母版：演示文稿作为备注文稿时的样式母版。

下面就以幻灯片母版设计为例说明母版的设置,幻灯片母版将控制绝大多数幻灯片的格式。

1)打开幻灯片母版窗口

选择"视图"→"母版"→"幻灯片母版"命令,打开图5-38所示的幻灯片母版窗口。在出现幻灯片母版的同时,还会出现浮动的"幻灯片母版视图"工具栏,如图5-39所示。

2)调整母版的布局

(1)单击选取占位符,拖动控制点或边框,调整占位符的大小及位置。

(2)单击选取占位符,按Delete键删除不需要的占位符。

(3)如果误删了想要的占位符,如标题占位符,可右击母版空白处,弹出图5-40所示的"母版版式"对话框,勾选"标题"复选框可恢复误删的标题占位符。

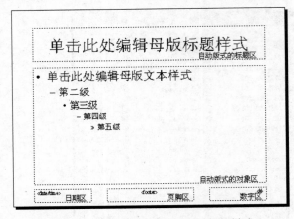

图 5-38　一个标准的幻灯片母版的样式

图 5-39　"幻灯片母版视图"工具栏

图 5-40　"母版版式"对话框

3)设置母版的格式

(1)单击选取占位符。

(2)选择"格式"→"字体",设置字符格式。

(3)选择"格式"→"行距",设置段落格式。

(4)选择"格式"→"项目符号和编号",设置相应的项目符号或编号。

(5)选择"格式"→"占位符",设置填充色和边框。

4)添加图片和图形

要想把一幅图片或图形添加到幻灯片母版中,可选择"插入"→"图片"→"来自文件"命令,弹出"插入图片"对话框,选择要插入的图片,单击"插入"按钮,图片则被插入到幻灯片母版中(图片插入的具体操作步骤请查阅5.4.1节的内容)。

5)改变背景设计和配色方案

背景、配色方案的设置与幻灯片上的操作完全一样,这里就不再叙述了。

单击"备注母版视图"→"关闭母版视图"按钮,可以返回到原来的视图方式,或者单击屏幕左下角视图切换按钮中的任意一个视图按钮,也可以进入相应的视图方式。

并非所有的幻灯片在每个细节上都有必须与幻灯片母版一致。这时,只须在幻灯片视图中选中要更改的幻灯片,根据需要进行更改。

5.4 PowerPoint 2003 演示文稿的艺术加工和处理

5.4.1 插入图片

图片对象是幻灯片表达信息的一种必要手段，也是丰富画面、增强演示感染力的有效方式。图片对象按类型分为剪贴画、自选图形、JPGE、BMP、GIF 等各种格式的图片、艺术字、组织结构图等。在演示文稿中用户插入图片的方式有多种，可以插入剪贴画，插入图形文件，也可以在演示文稿中自己绘制图形。

1. 插入剪贴画

选择"插入"→"图片"→"剪贴画"命令，打开"剪贴画"面板，在"搜索文字"文本框中输入一个关键字（如"人物"），然后单击右侧的"搜索"按钮，与"人物"主题有关的剪贴画就出现在下面的列表框中，单击合适的图片即可将其插入到幻灯片中，如图 5-41 所示。

图 5-41 插入剪贴画

2. 插入图形文件

选择"插入"→"图片"→"来自文件"命令，弹出"插入图片"对话框，定位到需要插入的图片所在的文件夹，选中要插入的图片文件，然后单击"插入"按钮，将图片插入到幻灯片中。对插入的图片，用户可以对其进行修改，最有效的方法是使用"图片"工具栏。具体操作步骤同 Word 中的图片操作类似。

3. 插入自选图形

选择"插入"→"图片"→"自选图形"命令,打开"自选图形"工具栏,单击选择一个需要的图形,待鼠标指针变为十字形后,在幻灯片上拖动鼠标,可将图片插入到幻灯片中。

4. 插入艺术字

选择"插入"→"图片"→"艺术字"命令,打开"艺术字库"对话框,选中一个艺术字样式后,单击"确定"按钮,打开"编辑'艺术字'文字"对话框,输入要添加的文字,并设置好字体、字号等要素,单击"确定"按钮返回,此时出现"艺术字"工具栏。可以通过工具栏对艺术字格式进行进一步修改,具体操作步骤与 Word 2003 类似。

5. 插入组织结构图

在一些演示文稿中,可能会用到一些组织结构图,一个组织结构图可以表达新的结构信息,某团体或部门的改组整顿信息或某些特殊人员管理信息等。具体操作步骤如下:

(1) 选择"插入"→"图片"→"组织结构"命令,在幻灯片内添加一个组织结构图,同时弹出"组织结构图"工具栏,如图 5-42 所示。

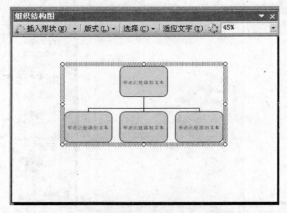

图 5-42　组织结构图幻灯片及其工具栏

(2) 根据需要利用"组织结构图"工具栏插入形状、选择版式、插入文本等。

在幻灯片中,各类图片对象的插入除了上文介绍的菜单插入外,还可以选择一种带有所需对象占位符的幻灯片版式,然后单击幻灯片中所需的占位符标识进行插入。

5.4.2　插入表格和图表

表格的插入方法有两种,一是在插入新幻灯片后,在幻灯片版式中选择含有表格占位符的版式,应用到新的幻灯片,然后单击幻灯片中表格占位符标识,就可以制作表格;二是直接在已有的幻灯片中加入表格,可以单击"常用"工具栏上的"插入表格"按钮 ⊞,快速

　新编大学计算机基础教程

建立一个表格。插入图表的方法与插入表格类似，即单击"常用"工具栏上的"插入图表"
按钮 。

1. 插入表格

插入表格的操作方法与 Word 2003 中的方法类似，但不能插入 Excel 工作表。具体
操作步骤如下：

（1）选择含有表格占位符的版式，双击版式中的"表格"占位符或选择"插入"→"表
格"命令，弹出"插入表格"对话框，单击"列数"和"行数"微调按钮或直接输入列数和行数，
然后单击"确定"按钮。

（2）在表格内输入信息，并利用"表格和边框"
工具栏进行表格格式设置。选择"视图"→"工具栏"
→"表格和边框"命令调出"表格和边框"工具栏，如
图 5-43 所示。

图 5-43　"表格和边框"工具栏

2. 插入图表

在工作表中图表是图形化的数据，同样在一个演示文稿中，使用诸如条形图、饼图或
面积图等图表，通常较文字本身更能生动地表述数据。具体操作步骤如下：

（1）选择"插入"→"图表"命令，激活图表后的窗口如图 5-44 所示。

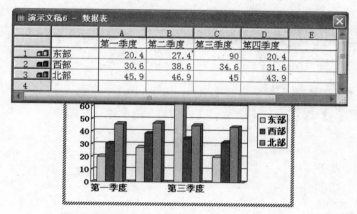

图 5-44　激活图表后的窗口

（2）在数据表中输入数据，如图 5-45 所示。

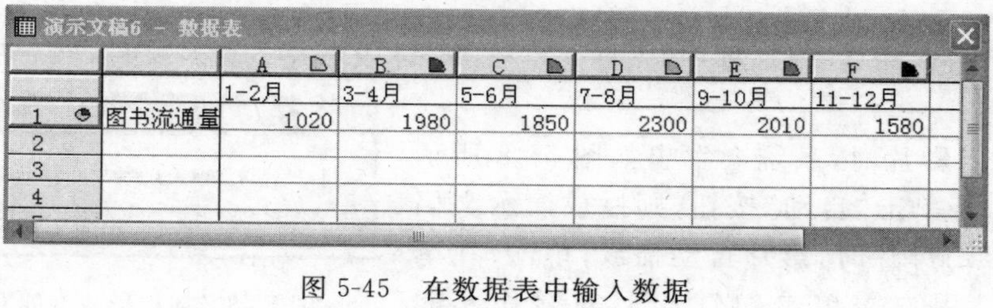

图 5-45　在数据表中输入数据

（3）选择"图表"→"图表类型"命令，在弹出的"图表类型"对话框中选择所需的图表类型（如饼图），单击"确定"按钮。

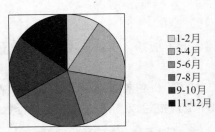

图书流通量

☐ 1-2月
☐ 3-4月
☐ 5-6月
☐ 7-8月
■ 9-10月
■ 11-12月

图 5-46　插入图表后的幻灯片

（4）选择"图表"→"图表选项"命令，在弹出的"图表选项"对话框中可设置图表的标题、图例、数据标签等信息，操作方式与 Excel 2003 中的方式类似。

（5）单击图表以外的区域以确定，插入图表后的幻灯片如图 5-46 所示。

（6）图表编辑完成后，需要对部分内容进行修改，双击该图标可进入图表编辑状态。

5.4.3　插入影片与声音

在幻灯片中，不但可以加入图片、表格和图表等静止的图像，还可以在幻灯片中添加视频、声音等多媒体对象，以增加幻灯片的吸引力。

1. 插入影片

（1）选择"插入"→"影片和声音"→"文件中的影片"命令，弹出"插入影片"对话框，如图 5-47 所示。

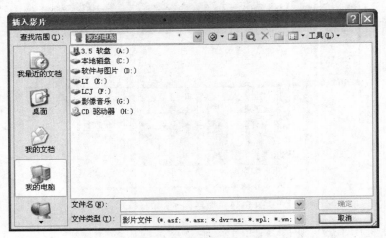

图 5-47　"插入影片"对话框

（2）在"插入影片"对话框中，先打开要插入演示文稿中的影片文件，然后单击"确定"按钮。

（3）插入影片时，系统会发出如图 5-48 所示的询问框。若单击"自动"按钮，则播放演示文稿时放映到该幻灯片时，影片自动播放；单击"在单击时"按钮，用户需单击幻灯片上的影片才能

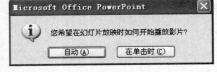

图 5-48　播放影片询问对话框

　　新编大学计算机基础教程

播放。

（4）调整视频播放窗口的大小，将其定位在幻灯片合适的位置上。

（5）在影片对象上右击鼠标，在弹出的快捷菜单中选择"编辑影片对象"命令可设置影片选项。

2. 插入声音

（1）选择"插入"→"影片和声音"→"文件中的声音"命令，弹出"插入声音"对话框。

（2）在"插入声音"对话框中打开要插入演示文稿中的声音文件，然后单击"确定"按钮。

（3）插入声音时，系统会弹出如图 5-49 所示的询问框。若单击"自动"按钮，则播放演示文稿时放映到该幻灯片时，声音自动播放；单击
图 5-49　播放声音询问对话框

"在单击时"按钮，用户需单击幻灯片上的声音图标才能播放。

（4）将声音图标定位在幻灯片合适的位置上。

（5）在声音图标上右击鼠标，在弹出的快捷菜单中选择"编辑声音对象"命令可设置声音选项。

5.4.4　插入页眉和页脚

在编辑 PowerPoint 2003 演示文稿时，可以为每张幻灯片添加类似于 Word、Excel 文档中的页眉和页脚，加入日期和时间、幻灯片序号以及页脚等信息。具体操作步骤如下：

（1）选择"视图"→"页眉和页脚"命令，打开"页眉和页脚"对话框，如图 5-50 所示。

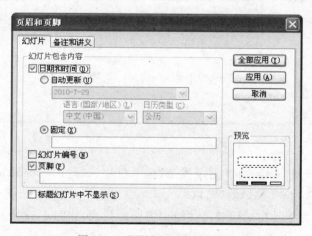

图 5-50　"页眉和页脚"对话框

（2）切换至"页眉和页脚"对话框的"幻灯片"选项卡，进行幻灯片页眉和页脚的设置。

（3）选中"幻灯片"选项卡中的"日期和时间"复选框，激活"自动更新"和"固定"两种日期和时间的样式。选中"自动更新"单选按钮，PowerPoint 2003 会根据计算机的系统时间，自动为幻灯片加上时间，同时可以通过单选按钮下方的下拉列表框中选择一种日期和时间的样式；选中"固定"单选按钮，则需要用户输入一个时间，无论什么时候再打开演示文稿，日期和时间都不变。

（4）选中"幻灯片"选项卡中的"幻灯片编号"复选框，PowerPoint 2003 会自动给演示文稿中的每张幻灯片加上编号。

（5）选中"幻灯片"选项卡中的"页脚"复选框，然后可以在"页脚"文本框中输入添加在页脚上的文字。

（6）选中"幻灯片"选项卡中的"标题幻灯片中不显示"复选框，则在标题幻灯片中将没有以上的这些内容。

（7）单击"应用"按钮时，对页眉和页脚的设置将会只应用于当前幻灯片；当单击"全部应用"按钮时，则将应用于所有已经存在的幻灯片和后面添加的新幻灯片。

5.4.5　插入公式

在制作一些专业技术性演示文稿时，需要在幻灯片中添加一些复杂的公式，这些公式可以利用公式编辑器来制作。具体操作步骤如下：

（1）选择"插入"→"对象"命令，打开"插入对象"对话框，如图 5-51 所示。

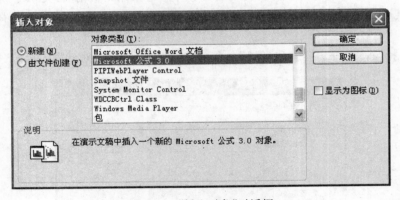

图 5-51　"插入对象"对话框

（2）在"插入对象"对话框的"对象类型"列表框中选择"Microsoft 公式 3.0"选项，单击"确定"按钮，进入"公式编辑器"窗口。

（3）利用工具栏上相应的模板可编辑出需要的公式，如图 5-52 所示。

（4）编辑完成后，关闭"公式编辑器"窗口，返回幻灯片编辑状态，公式即插入到幻灯片中。

（5）调整好公式的大小，并定位在幻灯片中合适的位置。

　　　　　　　新编大学计算机基础教程

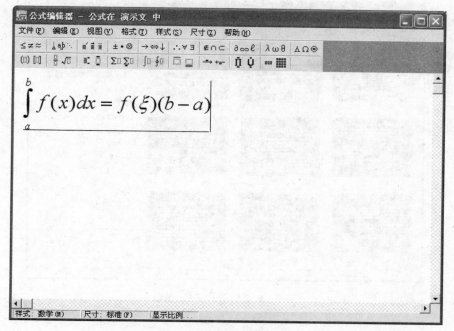

图 5-52   "公式编辑器"窗口

5.5   幻灯片艺术效果的设置

5.5.1   设置换片方式

幻灯片的换片方式即指演示文稿在放映时从上一张幻灯片过渡到当前幻灯片的方式,包括换片时的动态效果和切换方式以及幻灯片播放持续的时间等。

设置切换效果的最好场所是幻灯片浏览视图,在幻灯片浏览视图中,可一次查看多个幻灯片,并且可以预览幻灯片切换效果。具体操作步骤如下:

(1) 进入幻灯片浏览视图状态,选择"幻灯片放映"→"幻灯片切换"命令,打开"幻灯片切换"窗口,如图 5-53 所示。

(2) 选择要为其添加切换效果的一张或一组幻灯片。

(3) 在"幻灯片切换"窗口的"应用于所选幻灯片"列表框中为幻灯片选择一个切换效果;在"修改切换效果"选项区中可以选择切换的速度和声音;在"换片方式"选项区下,可以指定切换到下一张幻灯片的方式。

(4) 所设置切换效果的幻灯片进行了以上设置后,就可以将选择的切换效果应用于所选择的幻灯片上。若需要将选择的切换效果设置应用于演示文稿中所有幻灯片,单击"应用于所有幻灯片"按钮。

图 5-53 "幻灯片切换"窗口

5.5.2 使用排练计时

要建立幻灯片的自动演示效果,可以在前面介绍的"幻灯片切换"窗口中输入一个换页的间隔时间,也可以在演示文稿放映的时候进行"排练计时"设置,自动记录下每张幻灯片上的停留时间和演示整个演示文稿的总时间。具体操作步骤如下:

(1) 选择"幻灯片放映"→"排练计时"命令,即进入幻灯片放映状态,并且会在屏幕上出现如图 5-54 所示的"预演"工具栏。

(2) 单击"预演"工具栏的"暂停"按钮 ❚❚ ,可以暂停幻灯片的放映并停止计时。再次单击该按钮,又会重新开始放映幻灯片,并继续计时。

(3) 如果在进行幻灯片放映时,因其他事情影响了幻灯片的计时,可以单击"预演"工具栏的重复按钮 ↩ ,重新对该幻灯片的排练计时。

(4) 单击"预演"工具栏中的"下一项"按钮 ➡ ,可以切换到下一张幻灯片,也可以通过单击鼠标进入下一张幻灯片。

(5) 放映完所有幻灯片后,或中途结束幻灯片的放映,都会弹出一个如图 5-55 所示的询问对话框,单击"是"按钮,在下次放映时使用该时间;单击"否"按钮,不保存该排练时间,可重新执行"排练计时"命令,进行排练计时。

图 5-54 "预演"工具栏

图 5-55 保留新的幻灯片排练时间对话框

新编大学计算机基础教程

5.5.3　录制语音旁白

录制旁白时,可以浏览演示文稿并且将旁白录制到每张幻灯片上,也可以暂停和继续录制。若要录制语音旁白,则需要声卡、话筒和扬声器。

(1) 在普通视图的"大纲"选项卡或"幻灯片"选项卡中选择需要进行录制的幻灯片图标或缩略图。

(2) 选择"幻灯片放映"→"录制旁白"命令。

(3) 单击"设置话筒级别"按钮,在弹出的对话框中按照说明来设置话筒的级别,再单击"确定"按钮。

(4) 可执行下列操作之一:

① 嵌入旁白:直接单击"确定"按钮。

② 链接旁白:勾选"链接旁白"复选框,再单击"浏览"按钮,单击列表框中的文件夹,再单击"选择"按钮,最后单击"确定"按钮。

(5) 如果在步骤1中选择了从第一张幻灯片开始录制,请转至下一步。如果选择从其他幻灯片开始录制,会弹出"录制旁白"对话框。这时执行下列操作之一:

① 若要启动演示文稿中第一张幻灯片的旁白,则单击"第一张幻灯片"按钮。

② 若要启动当前选定幻灯片的旁白,请单击"当前幻灯片"按钮。

(6) 在幻灯片放映视图中,通过话筒语音输入旁白文本,再单击该幻灯片以换页。语音输入该幻灯片的旁白文本,再换至下一张幻灯片,依此类推。若要暂停和继续录制旁白,可右击幻灯片,再在弹出的快捷菜单中选择"暂停旁白"或"继续旁白"命令。

(7) 重复步骤(6)直到浏览完该幻灯片,遇到黑色的"退出"屏幕时,在其中单击鼠标。

(8) 旁白是自动保存的,而且会出现信息询问是否需要保存放映时间,可执行下列操作之一:

① 若要保存放映时间,则单击"保存"按钮。幻灯片浏览视图中会显示幻灯片,而且每张幻灯片的底部都有幻灯片放映时间。

② 若要取消该时间,则单击"不保存"(可以单独地录制该时间)按钮。

在演示文稿中每次只能播放一种声音。因此如果已经插入了自动播放的声音,语音旁白会将其覆盖。

若要运行没有旁白的演示文稿,则选择"幻灯片放映"→"设置放映方式"命令,再勾选"放映时不加旁白"复选框。如果保存了幻灯片放映排练时间但是希望运行没有该时间的演示文稿,可选择"幻灯片放映"→"设置放映方式"命令,在弹出的对话框中选中"换片方式"选项区中"手动"单选按钮。如果要再次使用该排练时间,可选中"如果存在排练时间,则使用它"单选按钮。

5.5.4　隐藏幻灯片

对于一个演示文稿中的许多幅幻灯片,如果有些幻灯片在放映时不想让它们出现,就

可以对其进行隐藏操作,具体步骤如下:

(1) 在幻灯片浏览视图中,选择要隐藏的一张或多张幻灯片,选择"幻灯片放映"→"隐藏幻灯片"命令,可隐藏不必在幻灯片放映中出现的幻灯片。再次选择"幻灯片放映"→"隐藏幻灯片"命令,可以取消隐藏。

(2) 在默认情况下,设置隐藏幻灯片在进行幻灯片放映时是不会出现的。但如果用户在进行幻灯片放映时改变了主意,可在幻灯片放映过程中,在屏幕上右击鼠标,然后在弹出的快捷菜单中选择"定位至幻灯片"命令,在相应的子菜单中,有演示文稿的所有幻灯片的编号和标题,隐藏的幻灯片的编号会有一个小括号,如图 5-56 所示。选择要显示隐藏幻灯片的标题,就会在屏幕上出现该隐藏幻灯片。

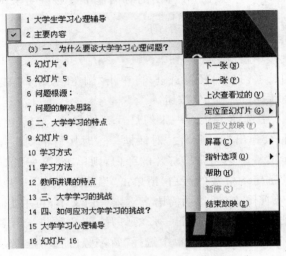

图 5-56 "定位至幻灯片"子菜单

5.5.5 设置放映方式

选择"幻灯片放映"→"设置放映方式"命令,打开"设置放映方式"对话框,如图 5-57 所示。PowerPoint 2003 中提供了 3 种放映类型,分别为演讲者放映、观众自行浏览、在展台浏览。用户可以根据放映环境的不同从中选择一种最能满足需要的方式。

1. 演讲者放映

这是常规的演讲者放映方式,通常用于演讲者一边演讲一边放映的情况。在该方法下,用户可以全屏幕查看演示文稿,并且可以控制放映过程。

2. 观众自行浏览

若放映的地方是类似于会议、展览中心等场所,同时又允许观众自己动手操作时,可以选择此方式。在观看放映时,可拖动滚动条或按 PageUp 和 PageDown 键来一张一张地切换幻灯片。要在观看时打印演示文稿,可以选择"文件"→"打印"命令。通过选择"浏览"→"按标题"命令,可以快速地切换到一张特定的幻灯片上。

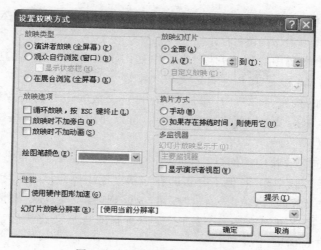

图 5-57　"设置放映方式"对话框

3. 在展台浏览

如果幻灯片放映时无人看管,可以使用这种放映方式,演示文稿会自动全屏放映。当选择了这个选项后,PowerPoint 2003 会自动设置放映,使其不停地循环运行,直到按 Esc 键终止放映。

5.5.6　设置自定义放映

通过创建自定义放映使一个演示文稿适用于多种听众。例如,如果某高校有一个用做新生入学指南的幻灯片放映,学校可能想让一个放映用于本科学生,一个放映用于专科学生。这两个放映对会有适用于所有学生的相似的幻灯片,但是通过自定义放映会将用于本科或专科学生的特定幻灯片组织在一起,用于不同对象的放映。

自定义放映设置操作如下:

(1) 选择"幻灯片放映"→"自定义放映"命令。

(2) 弹出"自定义放映"对话框,如图 5-58 所示,然后单击"新建"按钮。

(3) 弹出如图 5-59 所示的"定义自定义放映"对话框。

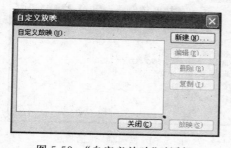

图 5-58　"自定义放映"对话框

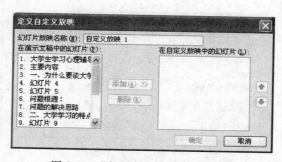

图 5-59　"定义自定义放映"对话框

（4）在"定义自定义放映"对话框的"幻灯片放映名称"文本框中输入自定义放映的新名称，此名称最多可以有 31 个字符。

（5）在"在演示文稿中的幻灯片"列表框中列出了当前演示文稿的所有幻灯片，隐藏幻灯片的编号会有括号。选择想在自定义放映中显示的所有幻灯片。

（6）单击"添加"按钮，将幻灯片添加到"在自定义放映中的幻灯片"列表框中。如果幻灯片放映的顺序不是以它们原来的顺序放映，可以使用上、下箭头按钮来将个别幻灯片移动到需要的位置。

（7）在"在自定义放映中的幻灯片"列表框中选择幻灯片，然后单击"删除"按钮，可以将幻灯片从自定义放映中删除，但不会真的在演示文稿中删除该幻灯片。

（8）完成自定义放映后，单击"确定"按钮，返回到"自定义放映"对话框。

（9）重复以上操作可创建另一个放映，完成所有的自定义放映后，单击"关闭"按钮，关闭"自定义放映"对话框。

5.6　演示文稿的打包与打印

5.6.1　演示文稿的打包

在日常的工作中，会将制作的演示文稿拿到其他的机器上使用，如果是尚未安装 PowerPoint 或版本不一致的电脑，就可以实现使用打包功能，以便在其他机器上使用该演示文稿。

1. 将演示文稿打包到文件夹

（1）打开要打包的演示文稿。

（2）选择"文件"→"打包成 CD"命令。

（3）打开图 5-60 所示的"打包成 CD"对话框。在对话框的"将 CD 命名为"文本框中输入一个名称。

（4）单击"打包成 CD"对话框中的"选项"按钮，出现"选项"对话框，如图 5-61 所示。

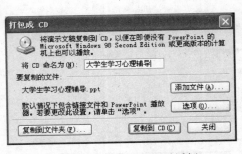

图 5-60　"打包成 CD"对话框

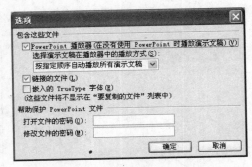

图 5-61　"选项"对话框

① 当勾选"PowerPoint 播放器"复选框时,可以在没有使用 PowerPoint 时播放演示文稿,并且可以在"选择演示文稿在播放器中的播放方式"下拉列表框中选择播放方式,PowerPoint 2003 提供了 4 种播放方式可供用户选择,分别为按指定顺序自动播放所有演示文稿、仅自动播放第一个演示文稿、让用户选择要浏览的演示文稿和不自动播放 CD。

② 在"帮助保护 PowerPoint 文件"选项区中可进行打开文件、修改文件密码设置。进行密码设置的打包演示文稿,当用户在播放时必须提供密码才能演示,增强了文件的安全性。

(5) 单击"复制到文件夹"按钮,弹出如图 5-62 所示的"复制到文件夹"对话框,在"位置"文本框中可直接输入演示文稿要打包存放到的详细路径,或者通过单击"浏览"按钮在弹出的对话框中定位。

图 5-62　"复制到文件夹"对话框

(6) 单击"复制到文件夹"对话框的"确定"按钮,完成打包工作。

2. 将演示文稿打包成 CD

演示文稿出了可以打包到文件夹外,还可以将其打包到 CD。这是 PowerPoint 2003 新增的功能,可打包演示文稿和所有支持文件,包括链接文件,并从 CD 自动运行演示文稿。

具体制作步骤如下:

(1) 打开要打包的演示文稿。

(2) 选择"文件"→"打包成 CD"命令。

(3) 打开"打包成 CD"对话框。在对话框的"将 CD 命名为"文本框中输入一个名称。

(4) 单击"复制到 CD"按钮,PowerPoint 2003 将收集准备的演示文稿信息收集完成后,会弹出一个"正在将文件复制到 CD"对话框,显示出复制进度。

(5) 文件复制完成后,会弹出一个提示询问对话框,提示用户已经成功地将文件复制到 CD 中,并会询问用户是否还要将同样的文件复制到另一张 CD 中。

(6) 如果用户还要将文件复制到另一张 CD 中,可从光驱中取出文件已复制完成的光盘,然后再放入一张空的光盘,单击"是"按钮,继续进行将文件复制到另一张 CD 中的操作;否则单击"否"按钮,返回到"打包到 CD"对话框中,在单击其中的"关闭"按钮,完成将演示文稿打包成 CD 的操作。

3. 播放打包的演示文稿

在完成了演示文稿的打包后,就可以在打包的目标目录上运行 PowerPoint 幻灯片的放映程序,而不再需要运行 PowerPoint 程序。

　　如果是将演示文稿打包成 CD,则该 CD 能够自动播放。如果将 CD 盘插入光驱时,没有自动播放,或者是将演示文稿打包到了文件夹中,要播放打包的演示文稿时,可以在通过"资源管理器"或"我的电脑"打开 CD 或文件夹,双击 Play.bat 文件进行自动播放,也可以双击 PowerPoint 播放器的 Pptview.exe 文件,然后在弹出的对话框中选择要播放的演示文稿,并单击"打开"按钮。

5.6.2　演示文稿的打印

　　制作好演示文稿后,用户可以将演示文稿中的幻灯片、大纲、演讲者备注及观众讲义打印出来,具体操作步骤如下:

1. 页面设置

　　(1) 选择"文件"→"页面设置"命令,打开图 5-63 所示的"页面设置"对话框。

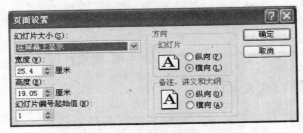

图 5-63　"页面设置"对话框

　　(2) 在"幻灯片大小"列表框中选择幻灯片的打印尺寸,如屏幕显示、A4 纸张、35mm 幻灯片等。如果选择"自定义"选项,可在"宽度"和"高度"框中输入相应的值。

　　(3) 选择幻灯片的起始编号,以及幻灯片、备注、讲义和大纲的布局方向为纵向或横向。

　　(4) 设置完毕后,单击"确定"按钮。

2. 打印

　　(1) 选择"文件"→"打印"命令,打开图 5-64 所示的"打印"对话框。

　　(2) 在"打印机名称"列表框中选择打印机的名称、型号。

　　(3) 在"打印范围"区中选择打印范围、打印份数。

　　(4) 在"打印内容"下拉列表框中选择需打印的内容,如幻灯片、大纲、讲义及备注页等。

　　(5) 在"颜色/灰度"下拉列表框中有"颜色"、"灰度"、"纯黑白"3 个选项。

　　① 颜色:完全按照所设置的各项内容的颜色进行彩色打印。

　　② 灰度:使单色打印机以最佳状态打印彩色幻灯片。

　　③ 纯黑白:即使拥有彩色打印机也只能打印黑白演示文稿。

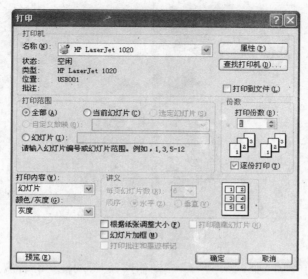

图 5-64 "打印"对话框

(6) 选择"打印"对话框底部相应的复选框。

① 根据纸张调整大小：选中此项，可缩小或放大幻灯片的图像，使它们适应打印页。

② 幻灯片加框：选中此项，可在打印幻灯片、讲义和备注页时，添加一个细的边框。

③ 打印批注和墨迹标记：选中此项，在打印时将把批注页和墨迹标记的内容一并进行打印。

④ 打印隐藏幻灯片：选中此项，使隐藏幻灯片和其他幻灯片一起打印出来。

(7) 设置完毕后，单击"确定"按钮，即可打印。

5.7 典 型 案 例

5.7.1 案例 1：制作新年贺卡

1. 案例介绍

制作一个如图 5-65 所示的新年贺卡，利用"自定义动画"制作贺卡中闪烁的星光，并使新年祝福语按照一定轨迹运动，同时插入欢快、喜庆的新年祝福歌声，增强其视听效果。

2. 技术支持

(1) "背景"设置中的双色填充功能应用。

(2) 利用"自选图形"中的"星与旗帜"画图；"自选图形"中的双色填充及其转动功能的应用。

图 5-65　新年贺卡案例

（3）"自定义动画"中"强调"、"进入"、"动作路径"等功能的综合应用及设置。

（4）图片、声音的插入。

3. 操作步骤

1）设置背景颜色

选择"格式"→"背景"命令，打开"背景"对话框；在"背景填充"下拉列表中选择"填充效果"选项，打开"填充效果"对话框；切换至"渐变"选项卡，在"颜色"选项区中选中"双色"单选按钮，"颜色1"设置为红色，"颜色2"设置为黄色；在"底纹样式"选项区中选中"水平"单选按钮；在"变形"选项区中选择由上下向中间从红色到黄色过渡的变形样式，得到如图 5-66 所示的图片。

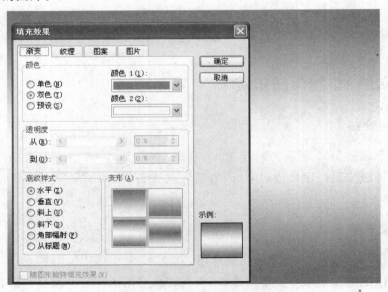

图 5-66　设置双色背景效果

————— 新编大学计算机基础教程

2）绘制星星

（1）单击"绘图"工具栏中"自选图形"→"星与旗帜"命令，在弹出的子菜单中选择"十字星"选项，画一个十字星的图形，如图5-67所示。双击该图形，打开"设置自选图形格式"对话框，在"颜色和线条"选项卡中设置填充颜色，打开颜色下拉列表，选择"填充效果"选项，在弹出的"填充效果"对话框的"渐变"选项卡中，选中"双色"单选按钮，两种颜色都取白色。"透明度"从0到100％，在"底纹样式"选项区中选中"中心辐射"单选按钮，在"变形"选项区中选取左边的变形样式；在"设置自选图形格式"对话框的"颜色和线条"选项卡中设置线条的颜色为"无颜色线条"，最后得到如图5-68所示的图片。

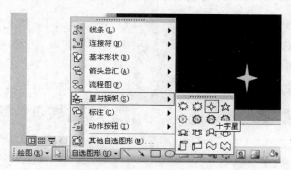

图 5-67　选择"十字星"图形

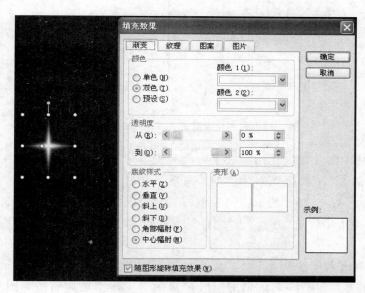

图 5-68　设置填充颜色

（2）复制这个图形，调整其大小，然后在其"设置自选图形格式"对话框的"尺寸"选项卡中设置旋转的角度为45°，与原来的较大图片组合在一起，如图5-69所示，星星就绘制完成了。

3）设置组合图片的动画

（1）打开"自定义动画"面板，选择"添加效果"→"强调"→"放大和缩小"命令。单击

图 5-69　绘制星星

注：为演示方便，绘制星星采用黑色背景。

表示"放大和缩小"动画的标志" 1 组合 1 　　　　 "的下拉列表框，选择"计时"选项，在弹出的"放大/缩小"对话框的"效果"选项卡中，设置"设置"选项区中的"尺寸"为"较大"和"两者"，在"计时"选项卡中设置"开始"为"之前"，"速度"为"非常慢（5 秒）"，"重复"为"直到幻灯片末尾"，然后单击"确定"按钮，如图 5-70 所示。

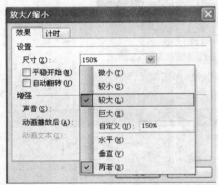
(a) "效果"选项卡

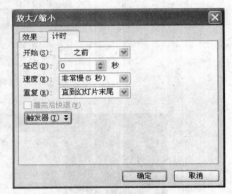
(b) "计时"选项卡

图 5-70　为图片设置放大或缩小的动画效果

（2）再次选中图片，选择"添加效果"→"强调"→"其他效果"命令，在弹出的"更改强调效果"对话框中选择"忽明忽暗"选项。单击表示"忽明忽暗"动画的标志" 1 组合 1 　　　　 "的下拉列表框，单击"计时"命令，在弹出的"忽明忽暗"对话框的"计时"选项卡中设置"开始"为"之前"，"速度"为"非常慢"，"重复"为"直到幻灯片末尾"。

（3）再复制出若干个图形，调整大小。每个图片的动画都是同时开始，还可以在图 5-72 所示的"放大/缩小"对话框的"计时"选项卡中适当地调整每个图片两个动画的"延迟"时间，这样就得到了很多闪烁星光的图片动画，如图 5-71 所示。

4）插入图片

将灯笼、爆竹、福娃、金元宝等图片插入到幻灯片中，适当地调整图片的大小，并移动到合适的位置，如图 5-72 所示。

5）设置运动的文字

让新春祝福语"恭喜发财！万事如意！"按照一定的轨迹运动起来，增加视觉效果。

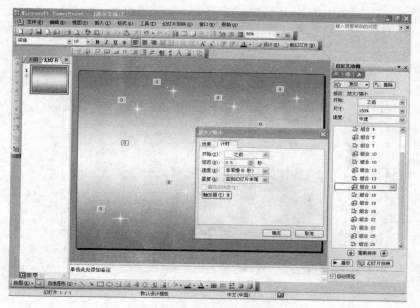

图 5-71　闪烁星光动画设置

图 5-72　插入图片后的效果

（1）插入文本框并输入"恭"字，为"恭"字设置字形、字号、大小、颜色等。

（2）选中"恭"所在的文本框，在"自定义动画"面板中选择"添加效果"→"动作路径"→"其他动作路径"命令，弹出"添加动作路径"对话框，选择"圆形扩展"选项，得到文字做圆周运动的动画效果，如图 5-73 所示。

（3）调整轨迹线。选中轨迹线，上下左右拖动轨迹线，以调整合适的轨迹路线，如图 5-74 所示。

（4）设置文字运动的效果。单击"自定义动画"下面表示圆轨动作图标"1　○ 形状 17：恭　"的下拉列表框，单击"计时"命令，在弹出的"圆形扩展"对话框

图 5-73 为文字设置动作路径

的"计时"选项卡中设置"开始"为"之前","速度"为 9 秒,"重复"为"直到幻灯片末尾"。则文字按圆形轨迹运动的动画就做成了,如图 5-75 所示。

图 5-74 调整轨迹线

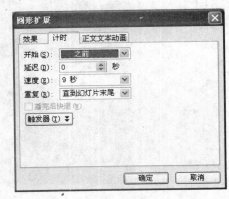

图 5-75 "圆形扩展"对话框

（5）再次选中"恭"字所在的文本框。在"自定义动画"面板中选择"添加效果"→"进入"→"出现"命令,同时面板下的"开始"下拉列表中选择"之前"选项。

（6）选中"恭"所在的文本框,进行复制,依次修改里面的文字为"喜"、"发"、"财"、"!"、"万"、"事"、"如"、"意"、"!",并修改每个文字文本框的动作路径的"计时"选项卡,输入延时时间,依次递增 0.3 秒,如"喜"字所在的文本框设置延时时间为 0.3 秒,最后一个"!"的延时时间为 2.7 秒。

（7）将所有的文本框及其轨道调整到同一位置,相互重叠。将"福娃"图片的叠放次序并设置为顶层。

6）插入背景音乐

　　选择"插入"→"影片和声音"→"文件中的声音"命令，为幻灯片添加背景音乐，添加时选择在幻灯片播放时自动播放声音；右击"声音"图标，在弹出的快捷菜单中选择"编辑声音对象"命令，弹出"声音选项"对话框，勾选"播放选项"选项区中的"循环播放，直到停止"复选框，勾选"显示选项"选项区中的"幻灯片放映时隐藏声音图标"复选框，如图 5-76 所示。单击"确定"按钮完成设置。

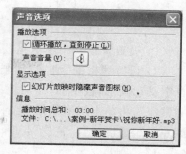

图 5-76　"声音选项"对话框

5.7.2　案例 2：制作电子相册

1．案例介绍

　　制作一个如图 5-77 所示的能左右翻动的电子相册。在右边单击一下鼠标，右边的照片消失，左边的照片打开；在左边单击一下鼠标，左边的照片消失，右边的照片打开。

图 5-77　电子相册

2．技术支持

（1）自选图形中绘图工具的应用及图片的填充。

（2）动画功能"消失"中"层叠"的应用及设置。

（3）动画功能"进入"中"伸展"的应用及设置。

（4）绘图中"叠放次序"、"对齐或分布"的应用。

3. 操作步骤

（1）设置背景。利用填充效果中的"图案"选项卡，设置一个背景效果。

（2）设置线框的"消失"动画和"进入"动画。画出一个矩形线框，选中该线框，单击"自定义动画"面板中的"添加效果"→"退出"→"层叠"命令，方向选择"到左侧"，速度为"非常快"，再单击矩形线框，选择面板中的"添加效果"→"进入"→"伸展"命令，方向选择"到左侧"，速度为"非常快"，如图5-78所示。为了方便说明，这里在该线框内添加文本，输入"1"。

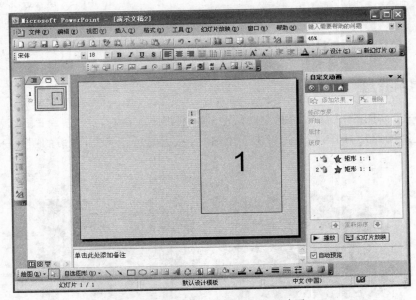

图 5-78   设置线框的消失、进入动画

（3）将制作好的线框复制一个，并将其中的文本改为"2"，修改动画设置。选中"自定义动画"下面表示第二个线框"退出"功能的图标"3 ➤ 矩形 2: 2 ⏷"，方向设置为"到右侧"，速度为"非常快"。在选中表示第二个线框"进入"功能的图标"4 ➤ 矩形 2: 2 ⏷"，方向设置为"到右侧"，速度为"非常快"，如图5-79所示。

（4）为演示方便，将文本框中的文字设置在上边。同时选中两个矩形，右击鼠标，在弹出的快捷菜单中选择"设置自选图形格式"命令，在弹出的"设置自选图形格式"对话框的"文本框"选项卡中，在"文本锁定点"下拉列表框中选择"顶部"选项，如图5-80所示。

（5）设置触发功能。使得在放映时单击线框一，线框一以"层叠"的方式"到左侧"消失，接着线框二以"伸展"的方式"自右侧"出现；再单击线框二，线框二以"层叠"的方式"到右侧"消失，接着线框一以"伸展"的方式"自右侧"出现，即完成左右翻页的动作。

选中"自定义动画"下面表示第一个矩形的"退出"图标"1 ➤ 矩形 1: 1 ⏷"和第二个矩形的"出现"图标"4 ➤ 矩形 2: 2 ⏷"，单击右边的下拉列表并选择"计

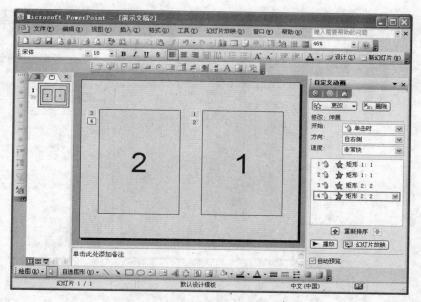

图 5-79　修改第二个线框的动画

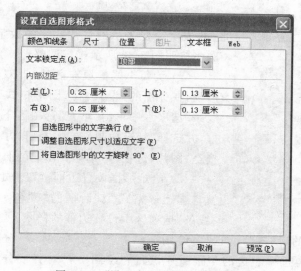

图 5-80　"设置自选图形格式"对话框

时"选项,在弹出的"效果选项"对话框的"计时"选项卡中,在"触发器"下面选中"单击下列对象是启动效果"选项,在下拉列表中选择"矩形 1:1"选项;选中表示第二个矩形的"退出"图标"3 ⭐ 矩形 2:2 　▼"和表示第一个矩形的"出现"图标"1 ⭐ 矩形 1:1 　▼",单击右边的下拉列表并选择"计时"选项,在弹出的"效果选项"对话框的"计时"选项卡中,在"触发器"下面选中"单击下列对象是启动效果"选项,在下拉列表中选择"矩形 2:2"选项;进入的动画都是在退出之后开始的,因此选中表示进入的两个矩形的"出现"的幻灯片,设置"开始"为出现,如图 5-81 所示。

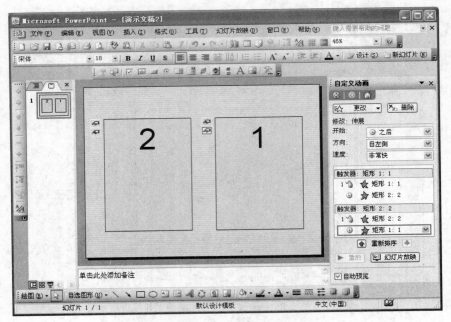

图 5-81　设置触发功能

（6）将线框一、二复制若干张，并依次改变表示幻灯片顺序的数字，将各线框的叠放次序按照图 5-82 所示进行调整。

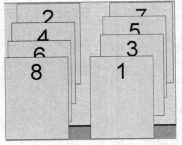

图 5-82　复制并叠放线框

（7）为每个线框填充照片，即双击要填充照片的矩形框，在弹出的"设置自选图形格式"对话框的"颜色和线条"选项卡中单击"填充"选项区下的"颜色"下拉列表框，并选择"填充效果"选项，打开"填充效果"对话框；切换至"图片"选项卡，选择要填充的照片。

（8）给矩形框设置边框。双击矩形框，在弹出的"设置自选图形格式"对话框的"颜色和线条"选项卡中的"线条"选项区中设置边框的样式。

（9）选中左边的 4 张照片，选择"绘图"→"对齐或分布"命令，分别选中"左对齐"和"顶端对齐"方式；再选中右边的 4 张照片，选择"绘图"→"对齐或分布"命令，分别选中"左对齐"和"顶端对齐"方式，再将整体移动到合适的位置。

（10）绘制相册的中轴。利用绘图工具分别画出椭圆、圆柱形、矩形，然后设置填充色，在圆柱形和矩形内的填充色可采用双色，再组合在一起即为左边的相册中轴，如图 5-83 所示。

（11）将相册的中轴移动到两组相片的中间，如图 5-77 所示。

（12）插入背景音乐。为幻灯片在播放时添加背景音乐。背景音乐在幻灯片放映时自动循环播放。

（13）在放映时显示右边一半，单击右边照片，将会自动翻页，如图 5-84 所示。

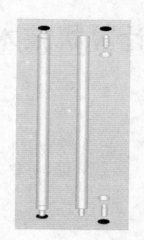

图 5-83 绘制相册的中轴

图 5-84 放映初始效果

第 **6** 章 艺术设计及其计算机技术

6.1 艺术设计教育

6.1.1 我国当代艺术设计教育

从 20 世纪后期开始,我国艺术设计教育进入了蓬勃发展的阶段,从这一时期开始,我国的艺术设计教育开始了从传统型向现代型转变。1980 年开始,我国几个主要的美术学院的艺术设计系开始引入现代艺术设计观念和课程,从此开始改变自新中国建国以来一直沿用的"绘画＋图案＋工艺美术创作"的教学模式,开始采用"绘画＋三大构成＋艺术设计专业课"的教学模式。如今,中国当代艺术设计教育已经走过了 30 年的历程,培养了许多从事艺术设计的专业学生,这些学生现在已经成为中国当代艺术设计及艺术设计教学领域的中坚力量。

近 30 年我国当代艺术设计教育的主要学科体系由基础课和专业课程组成,基础课程教学基本上是沿用前苏联的契思恰柯夫素描教学体系和色彩写生绘画教学模式,同时引进了源自 20 世纪初期德国包豪斯设计学校的构成教学方法,形成了具有中国特色的当代艺术设计教学的基础课程体系。专业课程借鉴了国外现代艺术设计教学体系,引进了工业设计和环境艺术设计的概念、课程体系和教学方法,并通过向国外学习,完善了服装设计和装潢设计艺术专业课的课程体系,形成了当代中国艺术设计教学的主要学科的课程体系,其影响波及全国各地。如今全国各地各艺术院校和艺术设计教育专业都基本上沿用了上述学科设置、教学体系和课程模式,涉及装潢艺术设计、环境艺术设计、服装设计、工业设计等多个学科。

进入 21 世纪,科学和技术迅速发展,艺术设计专业教育呈现出了新的局面,计算机辅助图形艺术设计的硬件和软件飞速发展,层出不穷的新技术带来了更多新的艺术创作手段和技法,传统的素描教学和色彩写生教学受到了前所未有的冲击,呈现出传统艺术设计专业的危机与计算机图形艺术设计的生机并存、跨界与融合的趋势。

随着数字化信息技术在各个领域的广泛应用,并以其快速、传播广、费用低、交互性强、更新信息便捷、环保等优点赢得了越来越多受众的青睐,同时也为传统的艺术设计提供了更为广阔的发展空间,它不仅是科技领域的一场革命,更重要的在于它影响了人类社会的生活方式,又是可以创造巨大价值的产业。伴随着产业的发展,数字出版(电子图书、数字报、数字音像、电子杂志、手机报)、网页设计、手机游戏、网络游戏、多媒体制作、视频游戏、影视动漫、3D动画、娱乐虚拟科学、医学、军事等诸多行业都出现大量的人才空缺。同时具备艺术修养、绘画才能和应用数字化技术能力的人正是计算机图形艺术设计专业的人才培养目标。

6.1.2　计算机技术推动艺术设计教育的发展

科学技术对于社会进步和发展的影响在艺术领域是巨大的。在近代历史上,科技提供的新技术和新材料,大大提高了设计的自由度,科技不仅改变了设计的过程,同时改变了设计的观念,每一次科学技术的进步都对艺术产生了巨大的冲击,产生出新的艺术门类。

1. 摄影技术的诞生

摄影技术特别是彩色摄影技术对于写实绘画艺术实践产生了重要的冲击,传统写实绘画是人们再现视觉的一种重要方式和手段,摄影技术的出现使得写实绘画艺术相形见绌,绘画的再现功能似乎变得毫无意义,但正因为如此,也解放了被束缚并希望改革传统绘画的画家们,他们开始探索绘画自身的本质,进而催生了新的现代绘画艺术及流派,诞生了抽象绘画艺术以及抽象形态为造型基础的构成教学体系和现代艺术设计专业。

2. 多媒体技术的诞生

以往的各种工具发明都是人类各种器官能力的扩大与延长,而电子计算机则是人类大脑智能的扩展和延伸,它使人类更聪明,更富于智慧,它不仅改变了人们的生产方式和生活方式,更改变了人们的思维方式和学习方式,计算机技术同时也给现代设计带来巨大的影响。

计算机技术的每一次进展,都立即影响到艺术设计学科,技术的发展导致设计理念、技术、审美的变化。从20世纪80年代初期开始,计算机图形艺术设计等数字艺术设计形式作为最尖端的视觉表现手段,开始大量地出现在电视、电影、平面设计、广告艺术、工业设计、展示艺术设计、建筑环境艺术设计和服装设计等大众传播媒介和视觉艺术设计领域中,随着计算机技术不断地发展和各类设计软件的产生,以及数位笔、扫描仪、数码相机等硬件设施的普及和运用,目前计算机已经能够完全胜任帮助设计师进行设计的工作,设计对象包括数字化消费产品、智能化家居、网页与网络广告、计算机(软件与硬件)界面、数字化展示、多媒体数字影视展示等,展示了一个新颖的视觉和艺术天地,以往人们用手工很难实现的视觉和艺术效果被计算机轻而易举地完成,甚至比预想的还好。同时多媒体计算机的诞生还催生了因特网媒体,产生了如网页设计、多媒体艺术设计、视频艺术设计、二维和三维电脑动画艺术设计、MIDI音乐创作、电脑与网络游戏等一批新的艺术设计形式和数字艺术作品。

6.2 计算机图形艺术设计

1. 利用计算机图形艺术设计开发人的智力

以往,利用传统的绘制方法进行图形设计时,常常受到多种制约而无法发展。当艺术设计者有一个很好的构思或创意时,由于表现能力和表现水平的高低不同,艺术作品的画面效果和设计水平也不尽相同。同时在表现速度上,也受到了极大的制约,一个好的构思往往在表现方法上有一定难度,这意味着需要较长的表现和绘制时间,时间决定着作品成型的周期,同时也无法将多个创意一一表现,进行视觉比较并择优选用,随着社会的发展和生活节奏的加快,传统的造型艺术表现手段和慢工出细活的表现速度,显然无法适应时代的需求,在很大程度上影响和制约了视觉艺术的表现形式和表现效果的创新与发展。而计算机软件技术的显示直观性、素材的多样性和操作的方便性,为艺术家解决了无数的难题。采用计算机技术进行图形艺术设计,可以为艺术设计家提供大量的设计素材、设计方式和新的资源,设计过程中的字体、图像、色彩的丰富变化,将设计思维迅速转换为视觉的展示,解放了许多手工的单调重复操作,由电脑和图形艺术软件取而代之,集中精力于大脑的艺术想象能力和再创造能力的深度开发,创作出更丰富的视觉艺术表现形式。

2. 虚拟现实设计与可视化设计

(1) 可视化设计是利用计算机图形学和图像处理技术,将数据转换成图形或图像在屏幕上显示出来。

在计算机图形技术出现之前,将不可见的事物视觉化,原本是绘画的基本功能之一,运用绘画既可以展示远古人类的生存方式,也可以描绘未来世界的光怪陆离;既可以描绘可见世界千变万幻,也可以表现不可见的世界的种种现象。但在照相技术诞生之后,绘画的这种再现现实的能力被摄影术取代。随后,在计算机图形艺术设计诞生之后,计算机图形艺术设计可以实现的这些艺术效果和速度以及这种虚拟过去和未来的能力,这是传统绘画所无法比拟的。这一优势体现在计算机图形艺术设计不仅具备绘画的上述功能,同时,它还可以通过数字计算、逻辑推理使不可见的科学视觉化,可以将除了数字公式之外,人类视觉难以捕捉到的物理、化学、医学和生理学等科学通过计算机图形艺术设计使之视觉化,用这种方法视觉化了的科学现象,使科学家们可以更为直接地进行研究并发现理论上不够完全的地方,同时也使科学与艺术的距离拉近了,也为以往被外行敬而远之的高新科技领域增加了新的魅力。

(2) 虚拟现实又称"虚拟实境",是用高科技手段构造出来的一种人工环境。

虚拟现实出现于 20 世纪 80 年代末,是当代高科技的产物,它具有模仿人的视觉、听觉、触觉等感知功能的能力,具有使人可以亲身体验沉浸在这种虚拟环境中并与之相互作用的能力。虚拟现实与可视化设计一样,都是需要借助计算机图形艺术设计出一个可视化的环境,而虚拟现实更突出的特点是可以与虚拟世界进行交互,成功的虚拟现实演示或作品可使观众、听众或游戏操作者产生一种脱离所处的现实世界,沉浸在另一种环境之下的感觉。这种感觉必须是由感觉器官独自产生的,而不是由心里的想象力产生,因此一个重要前提就是必须首先让人能够通过视觉产生一种"身临其境"的感觉。

虚拟现实已在娱乐、医疗、工程和建筑、教育和培训、军事模拟、科学和金融可视化等方面获得了应用。虚拟现实技术(见图 6-1)是以动态环境建模、实时三维图形生成、立体显示和传感、系统集成为关键技术,汇集了三维视觉、三维音响、人工智能、测控通信的成果,涉及到生理学、心理学、认知科学等理论,综合了计算机图形学、图像处理与模式识别、智能接口技术、人工智能、传感技术、语音处理,以及音响技术、网络技术和图形图像艺术设计等多门科学和艺术,对计算机科学和多媒体技术的发展具有重要的作用。

图 6-1　虚拟现实技术

虚拟现实的视觉效果的实现是科学与艺术的结合,创造了一种高度身临其境感、沉浸感、想象性和交互性的中介世界。对艺术来说,虚拟现实不仅推动着传统艺术观的变革,而且有可能在 21 世纪内根本改变艺术和艺术设计的视觉效果、形式、形态和业态。

3. 多媒体技术在艺术设计中的应用

计算机图形艺术设计也称为多媒体设计或多媒体艺术设计,是区别于装潢艺术设计、环境艺术设计、工业设计、服装设计等传统艺术设计的单一媒体或载体的设计。可以利用多媒体,以计算机为中心的多种媒体作为工具来设计作品,这些媒体包括文本、图形、动画、静态视频、动态视频和声音等,利用计算机对这些数字化的信息进行处理并将多种媒体信息进行同步组合,形成一个完整的多媒体信息,通过听觉、视觉和感觉同时启动大脑的思维,以最适合人类习惯的方式为人们所接受,多媒体技术可以使人类获取最佳效果的信息。当代艺术设计中很多艺术形式,如电视、电影、舞台表演,都可以体现集成性和实时性,能边看边听,但是上述艺术都无法做到交互,通过计算机图形艺术设计中的多媒体技术能使人们在接受这些媒体信息时具有一定的主动性、交互性,给人们带来更多感官的、综合的、新颖的印象和效果。

6.3　数字艺术设计

1. 数字艺术概要

数字艺术,广义的理解就是艺术的数字化,如平面设计、网络艺术,甚至手机铃声,只要以数字技术为载体,都可以归类到数字艺术中。

对于数字艺术狭义的理解,是指以数字科技的发展和全新的传媒技术为基础,把人类理性思维和艺术感觉巧妙融合到一体的艺术。数字艺术作品必须在实现过程中全面或者部分使用数字技术手段。主要包括互动装置艺术、虚拟现实设计(见图 6-2)、多媒体设计(见图 6-3)、游戏设计(见图 6-4)、动漫设计、信息设计、数字摄影、数字摄像以及数字音乐(见图 6-5)等形式。

图 6-2　虚拟现实设计

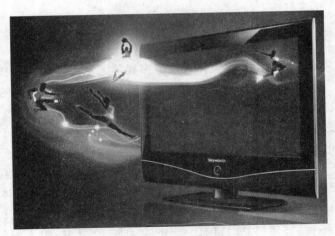

图 6-3　多媒体设计

图 6-4　游戏设计

图 6-5　数字音乐

　　数字艺术是一种真正的技术类艺术,是建立在技术的基础上并以技术为核心的新艺术,其特征有:

　　(1) 技术与艺术的融合,抑或是技术与艺术间边界的消失,技术的成分变得越来越重要;

　　(2) 图像变成了信息,成为了二进制的图码;

　　(3) 互动在数字艺术中扮演越来越重要的角色;

　　(4) 数码艺术作为一种生产方式出现,它会生产出一些新的东西,而不是一种简单的复制。

　　Amoda 把数字艺术定义为使用以下 3 种方式的数码技术的艺术:将它们变成作品,将它们变成过程,或者将它们变成物体。

　　数字艺术定义并不是希望区分它与其他艺术,而是为了尽可能地使它完善起来。我们期望扩大公众对于数字艺术定义的理解,也是为了获得数字技术对于艺术领域,整个世界和我们自身广泛而又深远的影响。

　　"数字艺术"的诞生和飞速发展是一件令世人瞩目的新鲜事,就其影响来说,随着数字艺术产品越来越多地出现在日常生活中,它那特有的品质给人们的生活方式、思维方式、价值观念和审美趣味等带来了深远的影响。

2. 数字艺术设计入门

数字艺术设计是科学与艺术以及计算机与艺术设计相结合的边缘学科。人类社会的早期,科学与艺术同时产生并统一为一体,许多艺术家同时也是科学家,这种统一在文艺复兴时期达到了顶峰,此后,随着科学和艺术的日趋复杂化,导致艺术与科学逐渐分化。

20世纪以来,随着科学的迅速发展,科学的视觉化和艺术的科学化也日趋重要,两者结合的一个主要困难,是表现手段的问题,计算机的诞生及其各类设计应用软件的普及和大量使用,为科学和艺术的结合架起了可以逾越的桥梁,发展和形成了数字艺术设计这门新兴学科,其展示世界、再现实物的能力是无可比拟的,随着社会需求的不断加大和科技飞速发展,相信数字艺术设计将会有更广阔的发展空间。

3. 数字艺术设计的应用

数字艺术设计所涉及的研究对象主要有如下几个方面:

1) 网页设计

互联网开始用于商业服务是在20世纪80年代,随着互联网络的迅速发展,基于网络上的商业应用也呈爆炸性的增长,网站是企业向用户和网民提供信息(包括产品和服务)的一种方式,是企业开展电子商务的基础设施和信息平台,离开网站(或者只是利用第三方网站)去谈电子商务是不可能的。企业的网址被称为"网络商标",也是企业无形资产的组成部分,而网站是Internet上宣传和反映企业形象和文化的重要窗口。目前,国际上掀起电子商务应用的浪潮,电子商务的发展趋势必加速网络更为广泛地走进社会经济生活的进程,受其推动,网络贸易、网络金融、网络营销、网络广告也随之盛行。

网络广告一般有以下形式:

(1) 网幅广告。网幅广告是最早的网络广告形式,一般以限定尺度,以GIF、JPGE等格式建立的图像文件,定位在网页中,大多用来表现广告内容,同时还可使用Java等语言使其产生交互性,用Shockwave等插件工具增强表现力。网幅广告分为静态、动态和交互式3类。最醒目的网幅广告是出现在网站主页的顶部(一般为右上方位置)的"旗帜广告"(见图6-6),也称为"页眉广告"或"头号标题",其形式很像报纸的报眼广告。一般每个网站主页上只有一个"旗帜广告",是网络广告中最重要,最有效的广告形式之一。

图6-6 旗帜广告

（2）电子邮件广告。电子邮件广告（见图6-7）具有针对性强、费用低廉的特点，且广告内容不受限制。由于广告活动时非常像直邮广告，它可以针对具体某一个人发送特定的广告，为其他网上广告方式所不及。

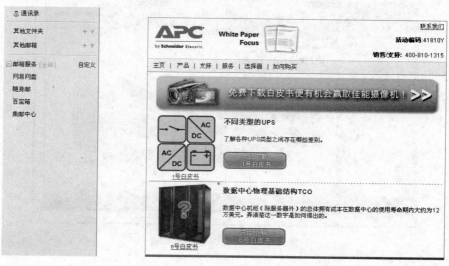

图6-7　电子邮件广告

另一种用电子邮件的网络广告形式是电子邮件列表，如图6-8所示。它是互联网上最早的社区形式之一，也是 Internet 上的一种重要工具，用于各种群体之间的信息交流和信息发布。

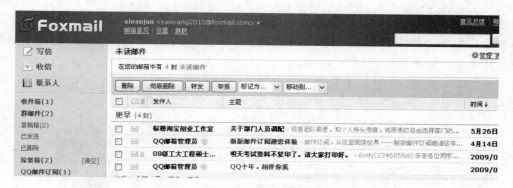

图6-8　电子邮件列表

网上还活跃着电子刊物的广告形式，电子刊物是以电子邮件为传送方式的互联网络信息服务。可以使用任何渠道吸纳自愿订阅用户，以有偿或无偿的形式用电子邮件载体向订户发送经过编辑的内容，它以固定的发送频率和分期的固定篇幅以及相对固定的内容特点和涵盖范围，并带有一定的可读性，长期向订户发送。

（3）网页广告。网页广告通过整个网页广告的设计传达广告内容。企业的网页广告一般做在自己的主页上，如图6-9所示。在其他网站媒体上，通过购买带链接的广告形式向客户传达。

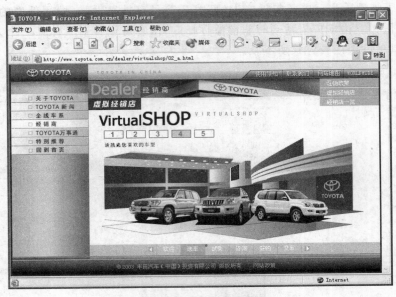

图 6-9　丰田公司的网页广告

（4）网上分类广告。网上分类广告利用超链接，可以使用详细的分层类目，构建庞大的数据库，提供最详尽的广告信息（也可以链接到广告主的网页上），可以利用强大的数据库检索功能让用户方便地获得需要的广告信息，同样也能方便地发布自己的广告。

（5）链接式广告。一般来说，链接式广告占用空间较少，在网页上的位置比较自由，它的主要功能是提供通向厂商指定的网页（站点）的链接服务，也称为商业服务链接广告。链接式广告形式多样，一般幅面很小，可以是一个小图片、小动画，也可以是一个提示性的标题或文本中的关键字，如图 6-10 所示。

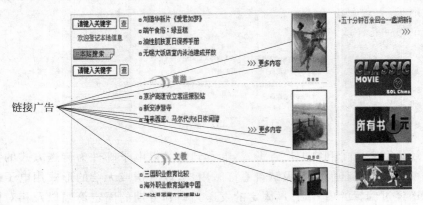

图 6-10　链接式广告

（6）网站栏目广告。网站栏目广告是指在网上结合某一特定专栏发布的广告。针对综合性网站和门户网站开设的专栏，提供新闻、娱乐、论坛等各方面的内容和活动。

（7）在线互动游戏广告。在线互动游戏广告预先设计在网上的互动游戏中，在一段页面游戏开始、中间、结束的时候，广告都可随时出现，并且可以根据广告主的产品要求定做互动游戏广告，如图6-11所示。

图 6-11　在线互动游戏广告

2）数字化展示设计

（1）概念设计。概念设计是利用设计概念并以其为主线贯穿全部设计过程的设计方法，着重于构想的产生和把握，是创造性思维的一种体现，常用于工业设计尤其是产品设计，在展示设计中同样适用。以传统方式事先绘制二维平面图，然后再做三维透视效果图，即平面到立体、二维到三维，所需时间和过程较长。但是通过概念设计，设计师可以在正式设计之前抓住瞬间的灵感，在电脑上运用如 3D Studio VIZ 软件快速制作出三维模型，从各个角度展示设计效果和思想并反复修改。在方案成熟后，再转入正式设计，运用如 AutoCAD 做出二维平面图，即从三维到二维，大大提高工作效率。

（2）动态展示设计。在数字化之前，设计师设计意图的传统表现为各种工程图以及效果图的形式，一般只能给人以静态的、单一角度的展示，是平面、静止的图像，而应用数码技术就可以产生丰富的展示效果，在电脑中完成模型的制作之后，设计师可以通过视图控制区域的按钮对模型进行任意角度的观察，同时 3D Studio VIZ（MAX）还提供了两种动态展示效果的方法，即漫游动画（Walkthrough Animation）和全景渲染（Panoramic Rendering）。

① 漫游动画需要建立一个漫游摄影机沿预先设置的路径运动，通过动画设计并进行渲染，最后将这些图形作为电影或电视来连续播放。这种动画模拟了人在场景内漫游时所看到的一切景物的视觉效果，如图 6-12 所示，以获得比静态的效果图更生动、更丰富的信息，使人有身临其境的感觉，是一种目前较为广泛应用的展示设计效果技术。

② 全景渲染通过在摄像机的位置处任意地转动镜头的方向来观察场景，因此全景渲染能进行交互式地、自主地控制和调整所观察的摄影机视图。

摄影机摇移动画是另一种展示方法，这种动画的制作只需将摄影机的变化（摇移）记录成动画，制作简便。

图 6-12　楼盘漫游动画

3) 虚拟现实设计

虚拟现实系统常用设备有三维鼠标(见图 6-13)、数据手套(见图 6-14)、头盔显示器(见图 6-15)、立体声耳机(见图 6-16)等。对虚拟现实系统的要求除了应具有高性能的计算机系统(包括软、硬件)外,还必须有下列关键技术提供强有力的支持。

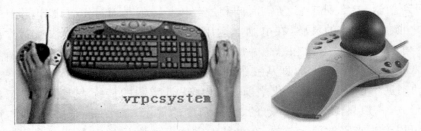

图 6-13　键盘和三维鼠标

图 6-14　数据手套

图 6-15　头盔显示器

图 6-16　立体声耳机

（1）能以实时的速度生成有三维全色彩的，有明暗、阴影、纹理的，逼真的图像。

（2）头盔显示器能产生高分辨率图像和较大的视角。

（3）能高精度地实时跟踪用户的头和手的动作。

（4）能对用户的动作产生力学反馈。

虚拟现实技术的主要特征包括以下几个方面。

（1）沉浸感：又称为存在感，是指用户感到作为主角存在虚拟环境中的真实程度，理想的虚拟环境应该达到使用户难以分辨真假的程度，甚至比真的还"真"，实现比现实更逼真的效果。

（2）实时交互性：是指用户对模拟环境内物体的可操作程度和环境得到反馈的自然程度。

（3）多感知性：即除了一般计算机所具有的视觉感知之外，还有听觉感知、运动感知，甚至包括味觉感知、嗅觉感知等，理想的虚拟现实技术具有一切人所具有的一切感知功能。

（4）自主性：是指虚拟环境中的物体依据物理定律运动的程度。

4）数码影视

数码影视技术的概念是：在传统的模拟电视信号中，在对模拟电视信号的编码、储存、传输和播放的全过程中都实现数码化。也就是在传统的电影电视制作中，特别是在其后期制作中，通过数字化设备将电影胶片图像或电视信号及电视录像带等媒介数码化，然后进行数码特殊效果处理，或者经过非线性编辑处理，最后再重新制成电影胶片或电视录像带的过程。在这个过程中，主要分为 3 个步骤，即数码化、数码影视合成和非线性编辑以及影视输出。

数码编辑合成技术（见图 6-17）应用范围广泛，它涉及到影视特效效果的创建、动画设计、交互式游戏、多媒体以及电影、视频、HDTV、网页创作和设计等诸多方面。可以在电影、电视的后期制作中使用计算机数码视音频处理技术来实现在传统电影、电视制作中不能完成的视觉效果，以及使用数码非线性编辑技术代替传统的编辑合成方法。

电影海报裁屏（一）　　　　　　　　电影海报裁屏（二）

图 6-17　数码编辑合成技术应用

5）人机界面设计

人机界面设计是指通过一定的方法对用户界面有目标、有计划的一种创作活动。人机界面（Human Computer Interface，HCI）通常也称为用户界面，计算机程序要接受用户的命令、反馈指令的执行情况，就必须通过人机界面来实现，使这个界面更简洁高效地完成任务，更直观通畅地实现人机交互，达到更美观的视觉效果，甚至个性鲜明的特色，给用户留下强烈的视觉冲击和深刻印象的工作，这就是人机界面的艺术设计。

界面是一个窗口，它将不同的元素进行编排，并使之成为一个相关联的整体，众多才艺、技能和感觉联合构成用户看到的实际内容。用户界面包括的元素主要分为两类，一类是控制元素，包括菜单、按钮、图标以及各种产生交互的热区和热键等，如图 6-18 所示。另一类是内容元素，它包括图片、声音、动画以及文字等。如图 6-19 所示，一个友好、美观

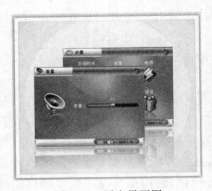 

图 6-18　用户界面图　　　　　　　　图 6-19　友好、美观的用户界面

的用户界面会给人带来舒适的视觉享受,拉近人与电脑的距离,为商家创造卖点。界面设计需要定位使用者、使用环境、使用方式并且为最终用户而设计,不是单纯的美术绘画,是科学性的艺术设计。界面设计要和用户研究紧密结合,是一个不断为最终用户设计满意视觉效果的过程。

6) 多媒体艺术设计

多媒体技术是集声音、视频、图像、动画等各种信息媒体于一体的信息处理技术,它可以接受外部图像、声音、录像及各种其他媒体信息,经过计算机加工处理后,以图片、文字、声音、动画等多种方式输出,实现输入输出方式的多元化。

多媒体技术具有信息载体的多样化、交互性和集成性的特点。多样化指计算机能处理的范围扩展和放大,不再局限于数值、文本或单一的图形和图像。交互性是指向用户提供更有效地控制和使用信息的手段,为应用开辟了广阔的前景。集成性是指各种成熟的技术集成出功能强大的信息系统,体现出系统的特性。

6.4　计算机艺术设计系统组成

针对计算机艺术设计的特点,相比普通家用电脑和办公电脑,计算机艺术设计系统对于计算机配置要求会相对较高,比如配置独立显卡、较高的 CPU 主频、较大内存和足够的硬盘空间的图形工作站。根据实际需要,还可以选择专业的苹果高端设计用机或图形工作站(见图 6-20),性能会更为优越。另外,计算机艺术设计系统还需要配置更多的用于数字艺术设计专用的输入输出设备和常用的数字艺术设计软件。

图 6-20　苹果图形工作站

6.4.1　数字艺术设计的图形工作站

"图形工作站"是一种专业从事图形、图像(静态)、图像(动态)与视频工作的高档次专用电脑的总称。从工作站的用途来看,无论是三维动画、数据可视化处理乃至 CAD、CAM 和 EDA,都要求系统具有很强的图形处理能力。下面介绍其性能的主要因素。

1. 图形加速卡

图形加速卡是决定一台图形工作站性能的主要因素。图形处理需要配置高性能的图形加速卡。近年来,为了满足动画和图像处理对纹理映射(Texture Mapping)和光照(Lighting)技术的要求,许多厂商的图形卡增加了专门的浮点硬件处理单元和纹理内存(Texture Memory)。

2. 系统 CPU

CPU 也是决定图形工作站性能的主要因素。UNIX 工作站的 CPU 采用 RICS 体系结构，具备更高的 3D 图形再现能力。Sun 公司的 Ultrasparc 上带有可视化指令集（Visual Instruction Set），大大提高了系统的图形处理性能。Intel 公司最推出的 Pentium Xeon 芯片增加了 AGP 处理单元，在一定程度上增强了芯片的图形处理能力。

3. 系统内存

系统内存的速度和容量是决定系统图形处理性能的重要因素，常见的 3D 图形应用通常都要占据大量的内存。

4. 系统 I/O

系统 I/O 作为各要素（CPU、内存、图形卡）间数据传递的通道，其带宽是决定系统性能的关键，过低的带宽通常会成为系统性能提高的瓶颈。

一些厂商都设计了特定的系统 I/O 体系结构，来提高 I/O 带宽，把图形加速卡插在专门的高速插槽上，是解决系统性能瓶颈的重要方法。

5. 操作系统

操作系统也是一个不容忽视的因素，操作系统对于图形操作的优化以及 3D 图形应用对于操作系统的优化，都是影响最终性能的重要因素。作为世界标准的 OpenGL 提供 2D 和 3D 图形函数，包括建模、变换、着色、光照、平滑阴影等。使用 64 位的 OpenGL 库，并利用操作系统的 64 位寻址能力，可以大幅度提高 OpenGL 应用的性能。

6. 高分辨率显示器

图形工作站显示器需要很高的分辨率，分辨率越高，图形显示就越清晰。因此图形工作站都需要配置支持高像素的图像，而且要有清楚的画面、大屏幕的显示器，如图 6-21 所示。

图 6-21　高分辨率的显示器

市场上图形工作站主要包括苹果、惠普、Dell、联想、Sun 等公司的产品。苹果高端设计用机价格高；惠普产品的特点是优质优价；Dell 产品的特点是薄利多销；基于 Windows

———————— 新编大学计算机基础教程

操作系统的工作站具有价格低廉，配置灵活，使用方便，维护/开发成本低等优势。

6.4.2　磁盘存储设备

　　用磁盘为介质来存储数据的设备称为磁盘存储器，分为硬磁盘、软磁盘和磁带。它是利用磁记录技术在涂有磁记录介质的旋转圆盘上进行数据存储的辅助存储器。具有存储容量大、数据传输率高、存储数据可长期保存等特点。在计算机系统中，常用于存放操作系统、程序和数据，是主存储器的扩充。发展趋势是提高存储容量，提高数据传输率，减少存取时间，并力求轻、薄、短、小和可移动性强。

6.4.3　数字艺术设计常用的输入输出设备及其使用

　　数字艺术设计用到的设备分为输入设备和输出设备以及存储设备，包括键盘、鼠标器、触摸屏、打印机、扫描仪、绘图仪、摄像头、移动硬盘、音响、数位板、读卡器、复印机、U 盘、MP3、MP4、PSP、耳机、麦克风等。

1.　常用的外围设备

　　(1) 打印机：计算机的主要输出设备，用于把计算机中的数据或图片等资料输出到纸张或照片上，如图 6-22 所示。

　　(2) 光盘驱动器：作为一个重要的输入输出设备，可分为可刻录光盘(CD-RW)驱动器和只读光盘(CD-ROM)驱动器，如图 6-23 所示，通常说的光驱是指 CD-ROM 驱动器。随着计算机技术的发展，已出现大量大容量、高清晰度的 DVD 光盘及 DVD 光盘驱动器。光盘作为外部存储器的使用已越来越广泛。其特点是容量大，抗干扰性强，存储的信息不易丢失。它除了可以读取音乐和数据之外还可以读取声音、图像和文本文件等交互式的多种信息，即多媒体信息，因此光盘驱动器是多媒体计算机的基本配置。

图 6-22　彩色图形打印机

图 6-23　CD-ROM 驱动器

　　(3) 音箱：输出设备，用于计算机声音信号的转换并输出。

　　(4) 摄像头：输入设备，向计算机输入视频信号。

　　(5) 移动硬盘、U 盘：既是外围设备，也可以看作是存储设备，用于存储计算机的常移动的文件,方便资料传递。

(6)数位板:又名绘图板、绘画板、手绘板等,通常是由一块板子和一支压感笔组成,结合专业图形图像软件,主要用作绘画创作方面,就像画家的画板和画笔一样。

2. 图形扫描仪

图形扫描仪是一种计算机外部仪器设备,通过捕获图像并将之转换成计算机可以显示、编辑、存储和输出的数字化输入设备。照片、文本页面、图纸、美术图画、照相底片、菲林软片,甚至纺织品、标牌面板、印制板样品等三维对象都可作为扫描对象,提取和将原始的线条、图形、文字、照片、平面实物转换成可以编辑及加入文件中的装置。是一种特殊的光电转换图文输入仪器,可以为计算机输入图形和可读文本。图形与图片经过一个光学扫描设备时,灰度或彩色等都被记录下来,并按阵列存放,一旦获得了图形的内部表示,就可以进行变换、旋转、定比例等操作或处理,来修改该图形的阵列表达,从而使图形适合于特定的屏幕区域。

扫描仪从色彩上还可分为黑白扫描仪和彩色扫描仪,按操作方式可分为滚筒式扫描仪(见图6-24)和平板式扫描仪(见图6-25)。近几年还出现了笔式扫描仪、便携式扫描仪、馈纸式扫描仪、胶片扫描仪、底片扫描仪、名片扫描仪等。从扫描功能上,可分为图形扫描仪和文本扫描仪。桌面滚筒扫描仪的扫描精度很高,接近于传统的电子分色机,不过价格也很贵。

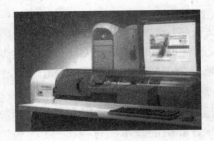

图6-24　滚筒扫描仪

图6-25　平板扫描仪

三维数字化扫描仪(见图6-26)主要用于三维动画、影视制作、游戏开发、模具设计、鞋样设计、产品开发、汽车制造、陶瓷工业、医学整形、考古技术、艺术重现、包装建筑等,是动画制作设计师、游戏开发师、建筑师、产品设计工程师、机械工程师和科研工作者理想的

(a)扫描仪(一)

(b)扫描仪(二)

图6-26　三维数字化扫描仪

新编大学计算机基础教程

工具。三维数字化扫描仪内置高精度的位置和方向传感器,以感知探头所处位置对三维实体进行动态、实时扫描,用声音或电磁传播测量位置,电磁传播发送器和接收器之间的耦合用来计算触笔在对象表面移动的位置。用于建立精细的三维电脑模型,并将其转换为计算机可以显示、编辑、存储的三维图形信息,应用专业的数字化软件对图形进行后期处理和加工。

图形扫描仪的工作原理与复印机工作方式十分相似。首先接通扫描仪电源,打开扫描仪上的盖板,将图稿的正面贴放在扫描仪的窗口上,然后在计算机上运行相应的扫描软件启动扫描仪进行扫描,扫描结束后将图形信息传送到计算机中,再用图形软件在计算机屏幕上对输入的图形进行加工与设计。

扫描仪最主要的技术指标是分辨率,它表示扫描仪对图像细节的表现能力,即决定了扫描仪所记录图像的细致度,其单位为 dpi,为每英寸长度上扫描图像所含有像素点的个数。一般的扫描仪的扫描分辨率为 300～9600dpi,数值越大,扫描的分辨率越高,扫描图像的品质越好,但这是有限度的。当分辨率大于某一特定值时,只会使图像文件增大而不易处理,并不能对图像质量产生显著的改善。

扫描仪扫描幅面表示扫描图稿尺寸的大小,常见的有 A4、A3、A0 幅面等。

图形扫描仪的图像扫描可分为线条图像、灰度图像和彩色图像 3 种类型。

线条图像是最简单的图像,线条图包含简单的黑白信息,每个像素只用一位来记录,例如钢笔、铅笔的素描,也可以包括机械蓝图等单一颜色的彩色图。灰度图像包含比单一的黑或白更多的信息,可以看到灰度层次,灰度图像的每个像素用多于一位来表示,能记录和显示更多的层次。8 位可以表示多达 256 级灰度,使黑白图片的层次更加丰富、准确。彩色图像包含的信息更加复杂。为了获取彩色图像,扫描仪使用基于 RGB(红、绿、蓝)三原色模型,因为所有的颜色可以用红、绿、蓝三原色以不同数量组合而成,根据扫描机型不同,可以记录 24 位或 36 位的 RGB 像素(计算机用一位或多位的数据记录每一个像素的密度和色彩。图像数据的位数越大,其存储的数据量也就越大)。

文本扫描仪可以将文字符号传送到计算机中,再通过 OCR 软件就可以将这些文本内容一对一地翻译成计算机可以理解的信息,所谓“一对一”是文本扫描仪和 OCR 软件结合的特点。无论是图形扫描仪还是文本扫描仪,扫入的文件在计算机屏幕上都是以图形的方式存在和显示的,运用 OCR 软件可以将以图形方式存在的文字分解成为与键盘输入的文字一样的单个字体形式,这样操作者就可以逐字处理扫入的文本文件。

扫描仪中还有用于扫描反射式稿件和扫描透射式稿件的扫描仪。所谓反射式稿件,一般指印刷品、相片等类型的稿件。这一类的稿件不透明,光线只能从其表面反射。而透射式稿件,指光线可以透射其中的一类稿件,如胶片、幻灯片等。扫描反射式稿件的扫描仪的外形与复印机相同,只是体积小得多,而扫描透射式稿件的扫描仪需要在稿件的后方加上一个称为适配器的后背光源才能进行透射式稿件的扫描,这样的扫描仪的价格比较贵,但是它的应用范围更广,更适合于印刷品、桌面出版系统或广告装潢的设计。

3. 数码相机和数码摄像机

数码相机又名数字式相机,如图 6-27 所示。它是一种利用电子传感器把光学影像转换成电子数据的照相机。光线通过镜头或者镜头组进入相机,通过成像元件转化为数字信号,数字信号通过影像运算芯片储存在存储设备中,再将图像传输到计算机中进行图像处理。按用途数码相机可分为单反相机、卡片相机、长焦相机和家用相机等。

数码摄像机(见图 6-28)是利用计算机的视频采集卡将采集的影像转换为数字视频信号,可将这些信号导入到计算机中进行视频节目的编辑和制作,形成 CVD 或 DVD 视频节目和作品。

图 6-27　数码相机

图 6-28　数码摄像机

4. 触摸屏

触摸屏又称为触控面板,如图 6-29 所示,是一个可接收触摸等输入信号的感应式液晶显示装置,当接触了屏幕上的图形按钮时,屏幕上的触觉反馈系统可根据预先编写的程式驱动各种连接装置。它可用以取代机械式的按钮面板,并借由液晶显示画面制造出生动的影音效果。用户只要用手指轻轻地碰计算机显示屏上的图符或文字就能实现对主机的操作,从而使人机交互更为直接。

5. 数位板

数位板又叫绘图板、绘画板、手绘板,如图 6-30 所示。通常是由一块板子和一支压感笔组成,是一款精密的电子产品,可结合 Painter、Photoshop 等绘图软件,模拟各种各样的画家的画笔,创作出各种风格的绘画作品,还可以利用电脑的优势,绘制出使用传统工具无法实现的效果。

图 6-29　触摸屏

图 6-30　数位板

数位板的主要参数有压力感应、坐标精度、读取速率、分辨率等。其中压力感应级数是关键参数，是指用笔轻重的感应灵敏度，此参数越高，细微程度越高，目前主要分为512、1024、2048 这 3 个等级。

6. 操纵杆

操纵杆(见图 6-31)由小的垂直杆安装在一个基地上构成，用来实现对屏幕指针的环绕操纵，基本原理是将塑料杆的运动转换成计算机能够处理的电子信息。不同操纵杆技术的差别主要体现在它们所传送的信息的多少，许多早期游戏控制台中的最简单的操纵杆只不过是一个特殊的电子开关，目前操纵杆已在各种机械设备上得到应用，包括 F-15 喷气式战斗机、挖掘机和轮椅等。

7. 数据手套

数据手套(见图 6-32)是虚拟仿真中最常用的交互工具，可用来抓住"虚拟"对象，它由一系列检测手和手指运动的传感器构成，发送天线和接收天线之间的电磁耦合可以提供关于手的位置和方向的信息，数据手套本身不提供与空间位置相关的信息，必须与位置跟踪设备连用。

图 6-31　操纵杆

图 6-32　数据手套

6.4.4　常用的数字艺术设计软件

1. 图像处理软件 Photoshop

Photoshop 软件简称 PS，是 Adobe 公司旗下最知名的图像处理软件之一。从功能上看，Photoshop 可分为图像编辑、图像合成、校色调色及特效制作部分。

（1）图像编辑是图像处理的基础，可以对图像做各种变换，如放大、缩小、旋转、倾斜、镜像、透视等具体操作，也可进行复制、去除斑点、修补、修饰图像的残损等特殊处理。这在婚纱摄影、人像处理制作中有非常大的用场，去除图像上不满意的部分，进行美化加工，得到让人满意的效果。

（2）图像合成则是将几幅图像通过图层操作、工具合成完整的，传达明确意义的图像，这是美术设计的必经之路。Photoshop 提供的绘图工具让外来图像与创意可以很好地融合，使图像的合成天衣无缝。

（3）校色调色是 Photoshop 中深具威力的功能之一，可方便快捷地对图像的颜色进行明暗、色编的调整和校正，也可在不同颜色进行切换以满足图像在不同领域，如网页设计、印刷、多媒体等方面应用。

（4）特效制作在 Photoshop 中主要由滤镜、通道及工具综合应用完成。包括图像的特效创意和特效字的制作，如油画、浮雕、石膏画、素描等常用的传统美术技巧都可由 Photoshop 特效完成。而各种特效字的制作更是很多美术设计师热衷于 Photoshop 研究的原因。

Photoshop 可以广泛应用于平面设计、修复照片、广告摄影、影像创意、艺术文字、网页制作、建筑效果图后期修饰、绘画、绘制或处理三维贴图、婚纱照片设计、视觉创意、图标制作、界面设计等方面。

2. 矢量图处理软件 CorelDraw

CorelDraw 是由 Corel 公司开发的一款绘图与排版的软件。它为设计者提供了一整套的绘图工具，包括圆形、矩形、多边形、方格、螺旋线，并配合塑形工具，对各种基本图形作出更多的变化，如圆角矩形、弧、扇形、星形等。同时也提供了特殊笔刷，如压力笔、书写笔、喷洒器等，以便充分利用计算机处理信息量大、控制能力强的特点。

同时 CorelDraw 也提供了一整套的图形精确定位和变形控制方案。这给商标、标志等需要准确尺寸的设计带来极大的便利。

CorelDraw 的实色填充提供了各种模式的调色方案以及专色的应用，渐变、位图、底纹的填充，颜色变化与操作方式更是别的软件都不能及的。CorelDraw 的颜色匹管理方案让显示、打印和印刷达到颜色的一致。

CorelDraw 的文字处理与图像的输出输入构成了排版功能。文字处理是迄今所有软件中最为优秀的。它支持了大部分图像格式的输入与输出。与其他软件几乎可畅通无阻地交换、共享文件。所以大部分用 PC 作美术设计的设计者都会直接在 CorelDraw 中排版，然后分色输出。

CorelDraw 可以应用于商标设计、标志制作、模型绘制、插图描画、排版及分色输出等诸多方面。

3. 3D 建模软件 3ds Max

3D Studio Max 常简称 3ds Max 或 MAX，是 Autodesk 公司开发的基于 PC 系统的三维动画渲染和制作软件。3ds Max 自 1996 年由 Kinetix 推出 3ds Max 1.0 版本以来，3ds Max 前进的步伐就没有停止过，在随后的 2.5 和 3.0 版本中 3ds Max 的功能被慢慢完善起来，包含了当时主流的技术，比如增加了称为工业标准的 Nurbs 建模方式。其中的 3.1 版以其稳定性的优势使得现在有许多人还在使用此版本。在随后的升级版本中，3ds Max 不断把优秀的插件整合进来，在 3ds Max 4.0 版中，已将以前单独出售的 Character Studio 并入；5.0 版中加入了功能强大的 Reactor 动力学模拟系统，全局光和光能传递渲染系统；在 6.0 版本中将电影级渲染器 Mental Ray 整合了进来。

在应用范围方面,拥有强大功能的 3ds Max 被广泛地应用于电视及娱乐业中,比如片头动画和视频游戏的制作,深深扎根于玩家心中的劳拉角色形象就是 3ds Max 的杰作。除此之外,在影视特效方面也有一定的应用。在国内发展的相对比较成熟的建筑效果图和建筑动画制作中,3ds Max 的使用更是占据了绝对的优势。根据不同行业的应用特点,人们对 3ds Max 的掌握程度也有不同的要求,建筑方面的应用相对来说要局限性大一些,它只要求单帧的渲染效果和环境效果,只涉及到比较简单的动画;片头动画和视频游戏应用中动画占的比例很大,特别是视频游戏对角色动画的要求要高一些;影视特效方面的应用则把 3ds Max 的功能发挥到了极致,而这也是众多的 3ds Max 迷想要达到的目标。

主要应用领域包括电影制作、游戏动画、建筑动画、三维建模等方面。

4. 动漫设计软件 Maya

Maya 是美国 Autodesk 公司出品的世界顶级的三维动画软件。

Maya 功能完善、工作灵活、易学易用,制作效率极高,渲染真实感极强,是电影级别的高端制作软件。其售价高昂,但声名显赫,是制作者梦寐以求的制作工具,掌握了 Maya 就可以极大地提高制作效率和品质,调节出仿真的角色动画,渲染出电影一般的真实效果,向世界顶级动画师迈进。

Maya 集成了 Alias/Wave front 最先进的动画及数字效果技术。它不仅包括一般三维和视觉效果制作的功能,还与最先进的建模、数字化布料模拟、毛发渲染、运动匹配技术相结合。Maya 可在 Windows NI 与 SGI IRIX 操作系统上运行。在目前市场上用来进行数字和三维制作的工具中,Maya 是首选解决方案。

Maya 主要应用在平面设计辅助、印刷出版、说明书、电影特技等方面。

5. 网页设计软件 Dreamweaver、Fireworks、Flash

Dreamweaver(网页制作)、Fireworks(矢量图像制作和图像处理)、Flash(动画制作)被称为网页设计软件的"三剑客"。它们都是由美国著名的软件开发商 Macromedia 公司(Macromedia 公司现已被 Adobe 公司收购)推出的网站开发产品。

Dreamweaver 是一个"所见即所得"的可视化网站开发工具;Fireworks 以处理网页图片为特长,并可以轻松创作 GIF 动画;Flash 是 Macromedia 公司网页"三剑客"之中的"闪电",以制作网上动画为特长,它做出的动画声音、动画效果都是其他软件无法比拟的。

Dreamweaver 功能强大,利用它可以轻松地创建出理想的网页。它的 Roundtrip HTML 技术让用户可以随意导入 HTML 文件而无须重新设置代码格式。用户还可以利用 Dreamweaver 清除或重新格式化 HTML 代码,实现页面和代码的转换、代码的优化。

利用 Dreamweaver 软件,可以方便地使用动态 HTML 功能,而不需要编写一行行的代码。利用它还可以检查作品在所有流行的平台和浏览器中可能发生的错误。

Macromedia Dreamweaver 是建立 Web 站点和应用程序的专业工具。它将可视布局工具、应用程序开发功能和代码编辑支持组合在一起，功能强大，使得各个层次的开发人员和设计人员都能够快速创建界面吸引人的、基于标准的网站和应用程序。从对基于 CSS 的设计的领先支持到手工编码功能，Dreamweaver 提供了专业人员在一个集成、高效的环境中所需的工具。开发人员可以使用 Dreamweaver 及所选择的服务器技术来创建功能强大的 Internet 应用程序，从而使用户能连接到数据库、Web 服务和旧式系统。

第 **7** 章 计算机网络及 Internet 的应用

7.1 计算机网络概述

人类跨入 21 世纪后,经济的迅猛发展以及计算机的广泛应用,预示着信息社会的来临。

当前计算机网络是世界上最热门的话题,是计算机技术与通信技术相互渗透、不断发展的产物,目前它已经成为获取信息最快的手段。

7.1.1 计算机网络的基本概念

计算机网络是将分散在不同地点且具有独立功能的多个计算机系统,包括微型计算机、笔记本电脑、小型机、中型机、大型机、服务器、工作站,系统间利用通信设备和通信线路相互连接起来,在网络协议和软件的支持下进行数据通信,实现数据通信和资源共享的计算机系统的集合,如图 7-1 所示。

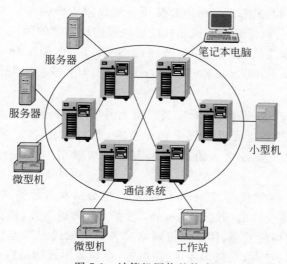

图 7-1 计算机网络的构成

计算机网络综合利用了几乎所有的现代信息处理技术、计算机技术、通信技术的研究成果,把分散在广泛领域中的许多信息处理系统连接在一起,组成规模更大、功能更强、可靠性更高的信息综合处理系统。

　　计算机网络涉及计算机和通信两个领域。一方面,通信网络为计算机之间数据的传输和交换提供了必要的手段;另一方面,数字信号技术的发展已渗透到通信技术中,又提高了通信网络的各项性能。

7.1.2　计算机网络的诞生与发展

　　计算机网络也像计算机一样,最早研发成功和应用来自军事方面。

　　1969 年,美国国防部高级研究计划管理局(Advanced Research Projects Agency, ARPA)开始建立一个命名为 ARPANet(阿帕网)的系统,把美国的几个军事及研究用计算机主机连接起来,形成军事指挥系统。

　　当初,ARPANet 只连接 4 台主机,从军事要求上是置于美国国防部高级机密的保护之下,从技术上它还不具备向外推广的条件。1983 年,已有 100 多台不同体系结构的计算机连接到 ARPANet 上。采用了试制成功的 TCP/IP 协议后,使得该协议得以在社会上流行起来,从而诞生了真正意义上的 Internet(因特网,又译为互联网),该词由“国际的”(international)和“网络”(network)两个单词组成。

　　1986 年,美国国家科学基金会(National Science Foundation,NSF)利用 ARPANet 发展出来的 TCP/IP 的标准通信协议,在 5 个科研教育服务超级电脑中心的基础上建立了 NSFNet 广域网。很多大学、政府资助的研究机构甚至私营的研究机构纷纷把自己的局域网并入 NSFNet 中。那时,ARPANet 的军用部分已脱离母网,并建立自己的网络——MILNet。ARPANet 逐步被 NSFNet 所替代,直到 1990 年,ARPANet 才退出历史舞台。如今,NSFNet 已成为 Internet 的重要骨干网之一。

　　在 20 世纪 90 年代以前,Internet 的使用一直仅限于研究与学术领域。商业性机构进入 Internet 的想法一直受到这样或那样的法规或传统问题的困扰。尽管有不少大公司推出了自己的网络体系结构,如 IBM 公司的 SNA(System Network Architecture)和 DEC 公司的 DNA(Digital Network Architecture)等,但并没有把 Internet 真正应用到商业活动中去。

　　因特网在历史上产生的真正飞跃应当归功于因特网的商业化。1991 年,商业机构一踏入 Internet 这个陌生的世界就发现了它在通信、资料检索、客户服务等方面的巨大潜力。世界各地无数的企业及个人纷纷涌入 Internet,带来 Internet 发展史上一个新的飞跃。

　　进入了 20 世纪 90 年代后,Internet 的建立,把分散在各地的网络连接起来,形成一个跨越国界范围、覆盖全球的网络。Internet 已成为人类最重要、最大的知识宝库。网络互联和高速计算机网络的发展,使计算机网络进入到第四代。网上传输的信息已不仅限于文字、数字等文本信息,越来越多的声音、图形、视频等多媒体信息可以在网上交流。目前,Internet 目前已经联系着几乎世界上所有国家和地区,成为世界上信息资源最丰富的计算机公共网络。

7.1.3　计算机网络的功能

计算机网络自诞生以来得到了广泛的应用和普及。计算机网络的功能主要包括以下几个方面。

1. 数据通信

数据通信是计算机网络最基本的功能。数据通信用来快速传送计算机与终端、计算机与计算机之间的各种信息，包括文字信件、新闻消息、咨询信息、图片资料、报纸版面等。计算机网络提供的通信服务包括传真、电子邮件、聊天工具、电子公告牌、远程登录和信息浏览等。

2. 资源共享

所谓资源是指计算机系统的软件、硬件和数据资源。所谓共享是指网内用户均能享受网络中各个计算机系统的全部或部分资源，如磁盘上的文件及打印机等，也可以在用户之间交换数据信息，如图 7-2 所示。典型应用如铁路、民航的售票系统等。

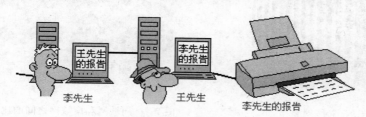

李先生　　　　王先生　　　　李先生的报告

图 7-2　计算机网络中文件和打印机共享

3. 分布式处理和负载均衡

对于大型的任务或当网络中某台计算机的任务负荷太重时，可将任务分散到网络中的各台计算机上运行，这样处理能均衡各计算机的负载。在解决复杂问题时，多台计算机联合使用并构成高性能的计算机体系，这种协同工作、并行处理的多机系统要比单独购置高性能的大型计算机节约成本。

4. 提高计算机的可靠性

网络中的各台计算机可以通过网络彼此互为后备机。一旦某台计算机出现故障，故障机的任务或资源就可由其他计算机代为处理，或通过不同的路由器从其他计算机来访问，避免了单机在无后备使用的情况下，计算机出现故障而导致系统瘫痪和资源崩溃的现象，从而大大提高了系统的可靠性。

7.1.4　计算机网络的分类

1.按照覆盖范围分类

计算机网络按照覆盖范围可以分为局域网、城域网、广域网。

1）局域网（Local Area Network，LAN）

局域网是指在较小的地理范围内将计算机、外设和通信设备互连在一起的网络系统，如一座大楼内的网络互联，如图 7-3 所示。

2）城域网（Metropolitan Area Network，MAN）

城域网常常是指覆盖数十千米的网络。

3）广域网（Wide Area Network，WAN）

广域网覆盖辽阔的地域，涉及的范围较大，通常达几十到几百千米，甚至更远，如图 7-4 所示。

图 7-3　局域网大楼

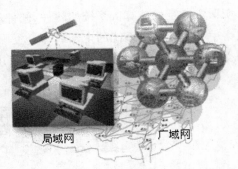

图 7-4　局域网和广域网之间的比较和联系

2.按照网络的拓扑结构分类

网络拓扑结构是指网络电缆构成的几何形状，它能表示出网络服务器、工作站的网络配置及互相之间的连接。计算机网络按照不同的网络拓扑结构，可分为总线型、环型、星型、树型和网状结构等。

1）总线型结构

总线型结构采用单根传输线（或称总线）作为公共的传输通道，所有的结点都通过相应的接口直接连接到总线上，并通过总线进行数据传输，如图 7-5 所示。

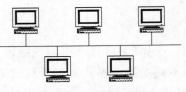

图 7-5　总线型结构

任何一个结点的信息都可以沿着总线向两个方向传输扩散，并且能被总线中的任何一个结点所接收。总线有一定的负载能力，因此总线长度有一定限制。一条总线也只能连接一定数量的结点。

总线布局的特点是结构简单灵活，非常便于扩充；可靠性高，网络响应速度快；设备数量少，价格低，安装使用方便；共享资源能力强，极便于广播式工作，即一个结点发送信息所有结点都可接收。

2）环型结构

环型拓扑结构为一封闭的环状，如图 7-6 所示。各结点之间无主从关系。环路上任何结点均可以请求发送信息，请求一旦被批准，便可以向环路发送信息，环型网中的数据可以是单向也可是双向传输。

环型拓扑结构的特点是结构比较简单，安装方便，传输率较高；当网络确定时，其延时固定，实时性强；但单环结构的可靠性较差，当某一结点出现故障时，会引起整个网络的通信中断，并且系统不易扩充。

3）星型结构

星型拓扑结构以一台计算机为中心结点，通过集线器（Hub）或交换机连接若干结点（客户机）而成，一个工作站要传输数据到另一个工作站都要通过中心结点，如图 7-7 所示。

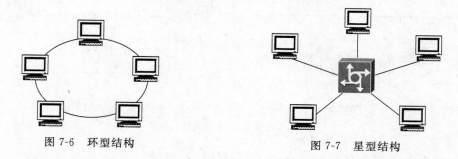

图 7-6　环型结构　　　　　　　　　图 7-7　星型结构

星型结构的特点是网络结构简单，便于集中管理控制，增加新站点容易，数据的安全性和优先级易于控制；但中心结点出现故障时会造成全网瘫痪，通信线路利用率不高。

4）树型结构

树型结构是总线型结构的扩展。它是在总线型网上加上分支形成的，但不形成闭合回路。树型网是一种分层网，其结构可以对称，联系固定；具有一定容错能力，一般一个分支结点的故障不会影响另一分支结点的工作；任何一个结点送出的信息都可以传遍整个传输介质，也是广播式网络。一般树型网上的链路相对来说具有一定的专用性，无须对原网做任何改动就可以扩充工作站，如图 7-8 所示。

5）网状结构

网状结构是指将各网络结点与通信线路互联成不规则的形状，每个结点至少与其他两个结点相连，如图 7-9 所示。

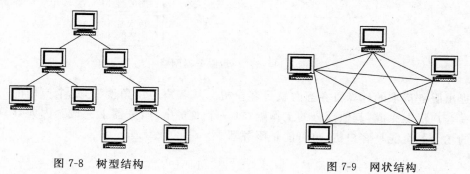

图 7-8　树型结构　　　　　　　　　图 7-9　网状结构

3. 按照组网方式分类

计算机网络按照组网方式可以分为对等网络和客户机/服务器（Client/Server）网络。

1）对等网络

对等网络（Peer to Peer，P2P）也称为对等连接，是一种新的通信模式，相连的机器之间彼此处于同等地位，没有主从之分，如图 7-10(a) 和图 7-10(b) 所示。

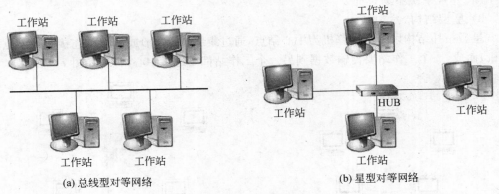

(a) 总线型对等网络　　　　　　　　　　　(b) 星型对等网络

图 7-10　对等网络

2）客户机/服务器（Client/Server，C/S）网络

图 7-11 是一种基于客户机/服务器的网络。能为应用提供服务（如文件服务，打印服务、图像服务，通信管理服务等）的计算机，当被请求服务时就成为服务器。服务器是用来控制、管理网络运行的，一台计算机可能提供多种服务，一个服务也可能要由多台计算机组合完成。

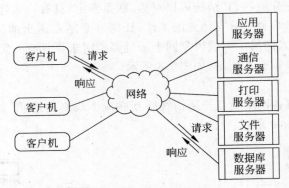

图 7-11　客户机/服务器网络

提出服务请求的计算机在当时就是客户机。从客户应用角度看，这个应用的一部分工作在客户机上完成，其他部分的工作则在（一个或多个）服务器上完成。因此计算机在不同的场合既可能是客户机，也可能是服务器。

　　　　　　　　　新编大学计算机基础教程

4. 按通信媒体划分

1）有线网

有线网是采用双绞线（见图 7-12 和图 7-13）、同轴电缆（见图 7-14）、光纤等物理媒体来传输数据的网络。

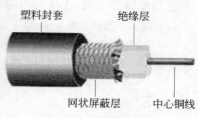

塑料封套　　绝缘层

网状屏蔽层　　中心铜线

图 7-12　非屏蔽双绞线　　　　图 7-13　屏蔽双绞线　　　　图 7-14　同轴电缆

2）无线网

无线网是采用微波、卫星等形式来传输数据的网络。

7.1.5　网络传输介质

网络传输介质是网络中发送方与接收方之间的物理通路，它对网络的数据通信具有一定的影响。常用的传输介质有双绞线、同轴电缆、光纤和无线传输媒介。无线传输媒介包括无线电波、微波、红外线等。

1. 双绞线

双绞线简称 TP，将一对以上的双绞线封装在一个绝缘外套中，为了降低信号的干扰，电缆中的每一对双绞线一般是由两根绝缘铜导线相互缠绕而成，也因此把它称为双绞线。

双绞线分为非屏蔽双绞线（UTP）和屏蔽双绞线（STP）。

（1）非屏蔽双绞线（见图 7-12）价格便宜，传输速度偏低，抗干扰能力较差。目前市面上出售的 UTP 分为 3 类、4 类、5 类和超 5 类 4 种。

① 3 类：传输速率支持 10Mbps，外层保护胶皮较薄，胶皮上注有"cat3"。

② 4 类：网络中不常用。

③ 5 类：传输速率支持 100Mbps 或 10Mbps，外层保护胶皮较厚，胶皮上注有"cat5"。

④ 超 5 类：在传送信号时比普通 5 类双绞线的衰减更小，抗干扰能力更强，在 100Mbps 网络中，受干扰程度只有普通 5 类线的 1/4，目前较少应用。

（2）屏蔽双绞线（见图 7-13）抗干扰能力较好，具有更高的传输速度。STP 分为 3 类和 5 类两种，STP 的内部与 UTP 相同，外包铝箔，抗干扰能力强，传输速率高，但价格昂贵。

2. 同轴电缆

同轴电缆（见图 7-14）是由绕在同一轴线上的两个导体组成。具有抗干扰能力强，连接简单等特点，信息传输速度可达几百 Mbps，是中、高档局域网的首选传输介质。

同轴电缆按直径的不同，可分为粗缆和细缆两种。

（1）粗缆（直径 10mm）：传输距离长，性能好但成本高，网络安装，维护困难，一般用于大型局域网的干线，连接时两端需要终结器。

（2）细缆（直径 5mm）：用 T 型连接器、BNC 接头与网卡相连。细缆网络每段干线最长为 185m，每段干线最多可接入 30 个用户。细缆安装较容易，造价较低，但日常维护不方便，一旦一个用户出故障，便会影响其他用户的正常工作。

3. 光纤

光纤又称为光缆或光导纤维，由光导纤维纤芯、玻璃网层和能吸收光线的外壳组成，如图 7-15 所示。它的工作原理是：由光发送机产生光束，将电信号变为光信号，再把光信号导入光纤，在另一端由光接收机接收光纤上传来的光信号，并把它变为电信号，经解码后再处理。

与其他传输介质比较，光纤的电磁绝缘性能好，信号衰减小，频带宽，传输速度快，传输距离大。具有不受外界电磁场的影响，不限制带宽等特点，可以实现几十 Mbps 的数据传送，尺寸小，重量轻，数据可传送几百千米，但价格昂贵。主要用于要求传输距离较长、布线条件特殊的主干网连接。

光纤分为单模光纤和多模光纤。

（1）单模光纤：由激光作光源，仅有一条光通路，传输距离长，在 2km 以上。

（2）多模光纤：由二极管发光，传输距离短，在 2km 以内。

（3）光纤需用 ST 型头连接器连接。

4. 无线电波

无线电波是指在自由空间（包括空气和真空）传播的射频频段的电磁波，如图 7-16 所示。无线电技术是通过无线电波传播声音或其他信号的技术。

图 7-15　光纤

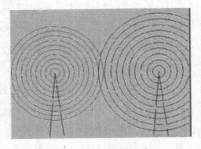

图 7-16　无线电波

新编大学计算机基础教程

5. 红外线

红外线可以作为移动互联网及其设备（如无线红外鼠标和键盘等）的传输媒界。红外线的波长大于可见光线，波长为 $0.75\sim1000\mu m$。红外线可分为 3 部分，即近红外线，波长为 $0.75\sim1.50\mu m$；中红外线，波长为 $1.50\sim6.0\mu m$；远红外线，波长为 $6.0\sim1000\mu m$，如图 7-17 所示。

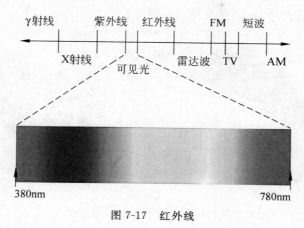

图 7-17　红外线

6. 微波

微波通信（Microwave Communication）是使用波长在 $0.1mm\sim1m$ 的电磁波——微波进行的通信。微波通信不需要固体介质，当两点间直线距离内无障碍时就可以使用微波传送。

微波通信由于其频带宽、容量大，可以用于各种电信业务的传送，如电话、电报、数据、传真以及彩色电视等均可通过微波电路传输。微波通信具有良好的抗灾性能，一般不受水灾、风灾以及地震等自然灾害的影响。

7.1.6　网络连接设备

常用的组建网络的连接设备有以下几种。

1. 网络接口卡

网络接口卡（Network Interface Card，NIC）即网络适配器，也称网卡，是用于连接计算机与电缆，并通过电缆线在计算机与局域网交换设备之间高速传输数据。每台联网的计算机（也称网络工作站）都必须安装一块网卡。一般安装在计算机的扩展槽中，是使计算机具有网络服务功能的基本条件之一。网卡的种类很多，通常与传输速度和传输介质有关。

网卡按总线类型划分有 ISA 卡、PCI 卡（见图 7-18）及专门用于笔记本电脑的 PCMCIA 网卡。按带宽划分有 10Mbps、100Mbps、10/100Mbps 自适应网卡和 10/100/

1000Mbps 自适应网卡等。

2. 中继器

中继器(Repeater,见图 7-19)又称为转发器,主要作用是对信号进行放大、整形,使衰减的信号得以再生,并沿着原来的方向继续传播,在实际使用中主要用于延伸网络长度和连接不同的网络。根据所连接的传输介质的不同,中继器可以分为粗缆中继器、细缆中继器、双绞线中继器、光纤中继器、混合型中继器等。

图 7-18　PCI 网卡

图 7-19　中继器

3. 集线器

集线器(Hub,见图 7-20)是网络的中心设备,又称集中器。集线器是多口的中继器,可作为传输介质的中央结点,将不同网段传输介质连接起来,优点是某一网段出现故障时,不会影响其他网段结点的正常工作。依据带宽进行分类,可将集线器分为 10Mbps、100Mbps、10/100Mbps 自适应型双速集线器和 1000Mbps 集线器等;按照管理方式可分为哑集线器和智能集线器;按配置形式可分为独立集线器、模块化集线器和可堆叠式集线器等。

4. 交换机

交换机(Switch,见图 7-21)又称为网络开关,是专门设计的、使计算机能够相互高速通信的独享带宽的网络设备。它属于集线器这一类,但是和普通的集线器在功能上有很大的区别。普通的集线器仅能起到数据接收和发送的作用,而交换机则可以智能地分析数据包,有选择地将数据包发送出去。从广义上讲,交换机分为广域网交换机和局域网

图 7-20　集线器

图 7-21　交换机

交换机。从传输介质和传输速度上可以分为以太网交换机、快速以太网交换机、千兆以太网交换机、FDDI 交换机、ATM 交换机和令牌环交换机等。按照最广泛的普通分类方法，局域网交换机可以分为工作级交换机、部门级交换机和企业级交换机 3 类。

5．网桥

网桥(Bridge)能对不同类型的局域网实行桥接，实现互相通信，又能有效地阻止各自网内的通信不会流到别的网络。网桥有时也用在同一网络内，可以隔离不同的网段，把不需要越出网段的通信限制在段内，避免网络传输的负担，如图 7-22 所示。

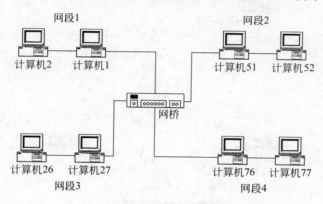

图 7-22　网桥隔离网段

6．路由器

路由器(Router，见图 7-23)主要用于连接相同或不同类型的网络设备，可将不同传输介质的网络段连起来。路由器相当于大型网络中的不同网段的中继设备，如图 7-24 所示。通过路由器可选择最佳的数据转发路径，解决网络拥塞的问题。按照协议来分，路由器可以分为单协议路由器和多协议路由器；按照使用场所来分，路由器可以分为本地路由器和远端路由器。

图 7-23　路由器

7．网关

网关(Gateway，见图 7-25)又称为信关，它是工作在互联网中 OSI 传输层上的设施，它不一定是一台设备，有可能是在一台主机中实现网关功能的一个软件，是位于互联网和计算机之间的一个信息转换系统，如图 7-26 所示。网关的作用是使处于通信网上采用不同高层协议的主机仍然可以互相合作，从而完成各种分布式应用。常见的网关有电子邮件网关、因特网网关、局域网网关、IP 电话网关、电子商务的支付网关等。网关比路由器有更大的灵活性，它能使各种完全不同体系结构的网络相互连接。

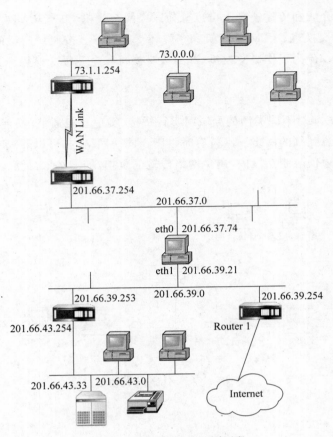

图 7-24　路由器连接不同网段

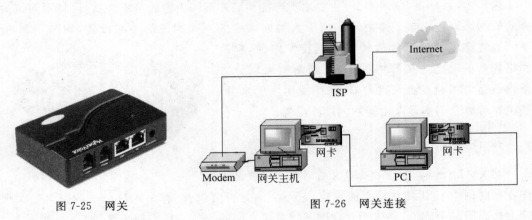

图 7-25　网关

图 7-26　网关连接

7.1.7　网络协议简介

　　网络上的计算机之间又是如何交换信息的呢？正如人们说话用某种语言一样，在网络上的各台计算机之间也有一种语言，也就是为网络中的数据交换而制定的规则、标准或约定,这就是网络协议。协议对速率、传输代码、代码结构、传输控制步骤、出错控制等作出规定,制定标准。

1. OSI 参考模型

为了实现计算机网络的标准化,国际标准化组织（International Standards Organization,ISO)在 1977 年提出了开放系统互联(Open System Interconnect,OSI)模型,这是一个定义在异种机互联的体系结构,包括从高层的应用层到低层的物理层的七层结构,如图 7-27 所示。

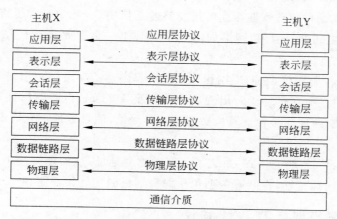

图 7-27　OSI 参考模型

第一层是物理层,实现物理上互联系统的信息传输。它将信息按位逐一从一个系统经物理通道送往另一系统,主要对通信的物理参数作出规定,如通信介质、调制解调器、传送速率等有关局域网的电气和机械特性都在该层说明。

第二层是数据链路层,负责信息从源传送到目的的字符编码、信件格式、接收和发送过程等,检测和校正在物理层上传输可能发生的错误,其网络产品有网卡、网桥等。

第三层是网络层,负责网络中任何两设备间数据的交换,为信息所走的路径提供最佳方案,并进行信息的拥挤控制。其网络产品有路由器、网关等。网络层协议的例子有 IP、X.25 等。

第四层是传输层,接收高层数据,分成较小的信息单位(即分割成较小的包)传送到网络层,以保证数据无差错地传送。这一层协议的例子有 TCP(传输控制协议)、UDP(用户数据报文协议),并由输入输出驱动程序来完成。

第五层是会话层,为不同系统中的两个用户进程间建立会话连接,并管理对方会话,使它们之间按顺序正确地完成数据交换,是用户连接到网络的接口。会话层按照在应用进程之间的一定的原则,建立、监视计算机之间的会话连接。

第六层是表示层,对传送的信息进行格式转换,提供标准的应用接口到需要的表示形式。它提供的服务有加密、压缩和转换格式。

第七层是应用层,是用户访问网络的接口层,为用户提供在 OSI 环境下的服务,如文件传输、电子邮件、仿真终端等,它使用了表示层提供的服务。应用层的协议例子有 FTP、Telnet、SMTP(简单文件传输协议)、HTTP(超文本传输协议)。

在该参考模型中,第一层至第三层直接与通信子网相连,称为低层;相应地,第四层至第七层称为高层。

2. TCP/IP 协议

TCP/IP 是一个协议集合,它包括 TCP(Transport Control Protocol,传输控制协议)、IP(Internet Protocol,因特网协议),通常用 TCP/IP 来表示这两种协议。

TCP/IP 协议是目前被普遍接受的最完整的通信协议,其中包含了许多通信标准,用来规范各计算机之间如何通信、网络如何连接等操作。TCP 是属于传输层的协议,IP 则是属于网络层的协议。

TCP 是传输控制协议,它向应用程序提供可靠的通信连接。TCP 能够自动适应网上的各种变化,即使在 Internet 暂时出现堵塞的情况下,TCP 也能够保证通信的可靠。接入 Internet 网络中的任何一台计算机必须有一个地址,而且地址不允许重复,用以区分网上的各台计算机。

IP 主要定义了 IP 地址格式、封装了底层的物理地址,从而能够使不同应用类型的数据在互联网上通畅地传输,控制着数据包从源头到目的地的传输路径。

3. OSI 参考模型与 TCP/IP 协议

OSI 参考模型与 TCP/IP 协议的区别如下:

(1) OSI 采用的七层模型,TCP/IP 是四层模型;

(2) OSI 对应 TCP/IP 的没有定义的网络接口层分了两层,较复杂;

(3) OSI 的网络层对应 TCP/IP 的互联层,都提供无连接网络服务;

(4) 传输中只提供面向连接的服务,TCP/IP 既提供无连接服务,也提供面向连接的服务;

(5) OSI 会话层和表示层显得多余。

OSI 参考模型和 TCP/IP 参考模型有很多相似之处。它们都是基于独立的协议栈的概念。而且层的功能也大体相似。TCP/IP 把 OSI 的会话层、表示层、应用层合并为应用层,如图 7-28 所示。

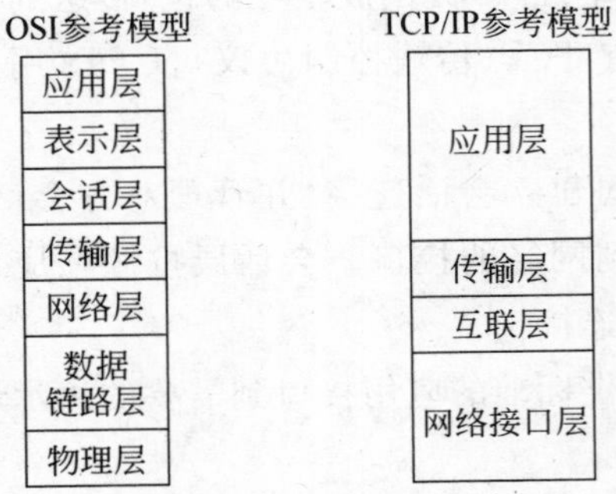

OSI 参考模型产生在协议发明之前,更多考虑的是理论的标准,主要用于教学或研究,因此没有考虑互联网。当人们开始用 OSI 模型和现存的协议组建真正的网络时,才发现它们不符合要求的服务规范,因此做了补充和修改。而 TCP/IP 却正好相反,首先出现的是协议,模型实际上是对已有协议的描述,因此不会出现协议不能匹配模型的情

OSI参考模型	TCP/IP参考模型
应用层	应用层
表示层	
会话层	
传输层	传输层
网络层	互联层
数据链路层	网络接口层
物理层	

图 7-28 OSI 与 TCP/TP 的比较

新编大学计算机基础教程

况,它们配合得相当好,TCP/IP协议是实际中的标准。TCP/IP的不足是在服务、接口、协议上不清楚。

OSI和TCP/IP的另一个差别是,OSI模型在网络层支持无连接和面向连接的通信,但在传输层仅有面向连接的通信;TCP/IP模型在网络层仅有一种通信模式(无连接),但在传输层支持两种模式,这就给了用户选择的机会,这对选择简单的请求——应答协议是十分重要的。

7.1.8 Internet 地址

与Internet相连的任何一台计算机,不管是大型机、小型机,还是微型机,都称为主机。这些主机既可以是为成千上万的用户提供服务的大型机或巨型机,也可以是小型工作站或单用户PC等。为了能够快速方便地找到或访问这些主机,就如同通过邮局寄信,信封上必须有收件人的地址,包括国家、城市、街道、门牌号等能区分收件人的标识一样,Internet的域名系统DNS(Domain Name System)也正是通过每台计算机上的Internet的地址或域名系统来访问它们的。

1. IP 地址

IP地址又习惯称为Internet地址,Internet上的每台主机、路由器和其他设备等使用唯一的IP地址进行"标识"。

1) IP 地址的标识

由于计算机及网络设备识别的是二进制数字信号,因此IP地址采用字长为32位的二进制 x.x.x.x 的格式来表示,如 11001001.01100010.01100000.01001111,即每个 x 为8位二进制数,它们之间用圆点"."隔开。为了书写和识别容易和方便,通常用一串4组由圆点分割的十进制数字组成的格式来表示,如上面的也可以写成 201.98.96.143,其中每一组数字都取值在 0~255 之间。

2) IP 地址的分类

IP地址分为 A、B、C、D、E 5类。IP地址中前5位用于标识IP地址的类别:

A类地址的第一位为"0",B类地址的前2位为"10",C类地址的前3位为"110",D类地址的前4位为"1110",E类地址的前5位为"11110"。

每台机器上的IP地址均由两部分组成,即网络号和主机号。网络号是用来标识一个网络的,而主机号则用来标识该网络上的一个主机,如图7-29所示。

A类、B类与C类地址为基本的IP地址,是一般网络地址,目前大量应用,后两种(D和E)为特殊网络地址,留做特殊用途。

(1) A类地址:首位为0,由7位表示网络地址,其余24位均用来表示主机号,主要用于具有大量主机的网络。这样,一个Internet共可有126个(0号和127号被保留了)A类网络,而每个网络允许有约 16 777 214 个主机,一般用于大规模的网络。

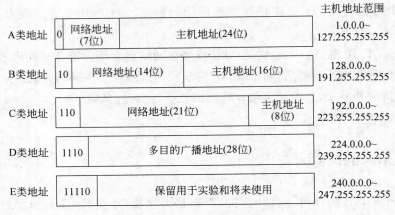

图 7-29　IP 地址的分类

（2）B 类地址：前 2 位是 10，接着的 14 位表示网络号，其余 16 位表示主机号。这样，可以有 16 382 个 B 类网络，而每个 B 类网络可以有 65 534 个结点，一般用于较大规模的网络。

（3）C 类地址：前 3 位是 110，相邻的 21 位是网络号，剩下的 8 位为网内的主机号。Internet 允许包含大约 2 097 150 个 C 类网络，且每个 C 类网络最多可以有 254 个结点，一般用于中小规模的网络。

2．域名地址

单纯的数字是比较抽象的，不容易记忆，所以通常更多的是采用 Internet 中的主机域名来管理 IP 地址。每台计算机上的域名是采用比较容易记住，较有规律的，反映某种特性的名字，如中央电视台的域名 www．cctv．com 、中文新浪网站的域名 www．sina．com．cn 等。

网络依照统一的 DNS 命名规则对本网的计算机进行命名，并负责完成通信时域名与 IP 地址的转换。如下列域名所对应的 IP 地址：www．cctv．com 为 202．108．249．206，mail．sina．com 为 202．108．43．230。

域名和 IP 地址之间是一对一或多对一的关系，域名相当于企业在互联网上的商标，对人们来说，是比较容易记住的名字。

域名是 DNS 提供的一种逻辑方法来产生名字，按一定的意义将其分组。它是一串有意义的字符串，一个名字由若干个标号组成，用"．"隔开，标号的长度不超过 63 个字符，以字母开头，以字母或数字结束，中间只能由字母、数字或短划线组成。

域名由若干部分组成，每部分由至少两个字母或数字组成，各部分之间用圆点"．"隔开，最右边的是一级域名，往左依次是二级域名、三级域名，如图 7-30 所示。

图 7-30　域名结构

域名反映了 Internet 上的一组织级别，依照统一的 DNS 命名规则对本网的计算机进行命名。域名最右边的标号是整个域名的最高级别，分为两大类：一类由 3 个字母组成（按组织、机构类型建立），如表 7-1 所示；另一类是由两个字母组成（按地理位置或国家建立），如表 7-2 所示。

表 7-1　3 个字母组成的机构名

域名	含义	域名	含义
com	商业机构	mil	军事网点
edu	教育机构	net	网络机构
gov	政府部门	org	非盈利性机构
int	国际机构	info	信息机构

表 7-2　一部分两字符国家或地区名称代码

域名	国家或地区	域名	国家或地区	域名	国家或地区	域名	国家或地区
au	澳大利亚	nl	荷兰	ca	加拿大	no	挪威
be	比利时	ru	俄罗斯	dk	丹麦	se	瑞典
fl	芬兰	es	西班牙	fr	法国	cn	中国
de	德国	ch	瑞士	in	印度	us	美国
ie	爱尔兰	gb	英国	il	以色列		
it	意大利	at	奥地利	jp	日本		

7.2　Internet 的主要应用

7.2.1　在万维网上浏览信息

World Wide Web 简称 WWW 或 Web，也称万维网。它不是普通意义上的物理网络，是 Internet 上的一个非常重要的信息资源。是建立在 Internet 上的，全球性、交互性、动态、多平台的图形信息网络服务系统。最早由 CERN（European Laboratory for Particle Physics，欧洲粒子物理研究所）提出，现在 WWW 已发展到包括数不清的文本和声音、图像、动画等多媒体信息，供连接到 Internet 上的计算机共享，如图 7-31 所示。

WWW 采用客户机/服务器工作方式。客户机是连接到 Internet 上的无数计算机。客户机上访问各种信息所使用的程序称为 Web 浏览器，如个人计算机上常见的网页浏览器包括微软的 IE（Internet Explorer）、Mozilla 的 Firefox、谷歌的 Chrome、腾讯

图 7-31　WWW 提供多人在同一时间共享资源

TT、搜狗浏览器等。浏览器是最经常使用的客户端程序,用于在 Web 上查看、搜索和下载各种信息。

为了能使客户程序找到位于全 Internet 范围内的某种信息资源,WWW 系统使用统一资源定位器(Uniform Resource Locator,URL)来定义地址的标准地址(该地址以"http://"开始)。客户程序就是通过 URL 找到相应的服务器并与之建立联系和获得信息的。

Web 服务器使用的超文本传输协议(HyperText Transfer Protocol,HTTP)是因特网上应用最为广泛的一种网络传输协定,如图 7-32 所示。所有 WWW 文件都必须遵守这个标准。

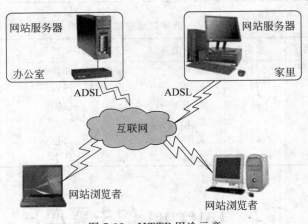

图 7-32 HTTP 用途示意

浏览器中所看到的画面叫做网页,也称为 Web 页。其中第一个页面,又称为主页(home page),引导用户访问本地或其他 WWW 网址上的页面。主页文件名一般为 index.htm,有时也用 default.htm 来表示。

多个相关的 Web 页结合在一起便组成一个 Web 站点,放置 Web 站点的计算机称为 Web 服务器。可以将 WWW 看作 Internet 的一个大型的图书馆,Web 站点就像图书馆中的一本本书,而 Web 页则是书中的某一页。

Web 页采用超文本的格式。它除了包含有文本、图像、声音、视频等信息外,还含有指向其他 Web 页或网页本身某特定位置的超链接。

7.2.2 电子邮件服务

电子邮件(Electronic Mail,E-mail)是建立在计算机网络上的一种通信形式,是一种通过 Internet 与其他用户进行联系的快速、简便、价廉的现代化通信手段,也是目前 Internet 用户使用最频繁的一种服务功能。据统计,现在每天大约有数千万人次在世界各地发送电子邮件。

电子邮箱是通过网络为网络客户提供的网络交流电子信息空间,具有存储和收发电子信息的功能,是因特网中最重要的信息交流工具。电子邮箱具有单独的网络域名,其电子邮局地址在"@"后标注。

新编大学计算机基础教程

多数 Internet 用户对 Internet 的了解,都是从收发电子邮件开始的。电子邮件之所以受到广大用户的喜爱,是因为它是最常用的 Internet 资源之一。电子邮件可以实现非文本邮件的数字化信息传送,不管是声音还是图像,即使是电影和电视节目,都可以数字化后用 电子邮件传送。常用的电子邮箱网址有:

- 网易 163 邮箱:mail.163.com。
- 网易 126 邮箱:126.com。
- 网易 188 邮箱:188.com。
- 网易 Yeah 邮箱:yeah.net。
- 新浪邮箱:mail.sina.com.cn。
- QQ 邮箱:mail.qq.com。
- TOM 邮箱:mail.tom.com。
- 搜狐闪电邮:mail.sohu.com。
- 雅虎邮箱:mail.yahoo.com.cn。

7.2.3 搜索信息

人们通过 Internet 检索信息一般是通过浏览器和搜索引擎进行的。浏览器是人们进入某一网址搜索信息的工具,如微软公司的 IE 和谷歌浏览器等。而搜索引擎是将大量信息收集、汇总和分类后提供给用户的一个页面,类似一本书的目录。

一般在浏览器中输入搜索引擎的网址后,进入搜索引擎,在指定地方输入相关的关键词就可查找到与此相关的网站地址。现在常用的搜索引擎有百度、谷歌、雅虎、搜狐、北大天网等。

由于有很多人不停地向网上上传各种资料,建立自己的博客,特别是美国等许多国家的著名数据库和信息系统、商业信息纷纷上网,Internet 已成为目前世界上资料最多、门类最全、规模最大的资料库,可以供人们自由地、不受限制地在网上检索所需资料。

目前,Internet 已成为世界许多研究、商业和情报机构以及政府、学校、城市等的重要信息来源。

7.2.4 文件传输

FTP(File Transfer Protocol,文件传输协议)是 TCP/IP 协议中的协议之一,可用来在计算机之间传输各种格式的计算机文件。简单地说,就是在两台计算机之间实现文件的复制,从服务器或远程计算机复制文件至自己的计算机上,称为"下载"(Download);如果将文件从自己的计算机中复制到服务器或远程计算机上,则称为"上载"(或称为上传,Upload),如图 7-33 所示。

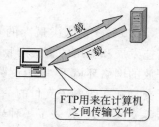

图 7-33 在不同计算机之间的文件传输

7.2.5 远程登录

远程登录是一台计算机连接到远程的另一台计算机上并运行该系统的程序，也就是说，用户通过 Telnet 命令使自己的计算机暂时成为远地计算机的终端，直接调用远地计算机的资源和服务。利用远程登录，用户可以实时使用远地计算机上对外开放的全部资源，可以查询数据库、检索资料，或利用远程计算。Internet 的许多服务都是通过 Telnet 访问来实现的。

很多软件公司研发了远程共享和远程控制软件来实现远程登录，比如国外的 MSN、Mikogo、Teamviewer、Netviewer，以及国内的 QQ、网神等。

远程登录越来越被人们所认识，广泛地应用于学习、工作和生活中，更多、更方便的远程登录方式也会不断丰富市场，满足各种不同阶层、不同目的的用户需求。

7.2.6 电子公告板

BBS(Bulletin Board System,电子公告板)是较早应用于 Internet 的一种方式，最早是用来公布股市价格等类信息的。到了今天，BBS 的用户已经扩展到各行各业，除原先的计算机爱好者外，商用 BBS 操作者、环境组织及其他利益团体也加入了这个行列。只要浏览一下世界各地的 BBS 系统，就可以发现它几乎就像地方电视台一样，花样非常多。

伴随着 Web 2.0 时代的到来，BBS 将朝着即时性和图形化两个方向发展。

7.2.7 电子娱乐

网络社会之后将是娱乐社会，Internet 带动了游戏、新闻、音乐、视频、动画等多媒体的应用产业的发展，更多的娱乐节目通过 Internet 来传播和收视，如网路电视的视频点播，通过 Internet 让更多的观众能有机会参与大型音乐会、文艺演出、体育盛会等活动，不受时间、地点限制收看节目和参与评论已将成为主流。

7.2.8 电子商务

Internet 对人类最大的贡献莫过于电子商务(Electronic Commerce)，这是 Internet 高速发展和应用的直接产物，是网络技术应用的全新发展方向。电子商务是在 Internet 开放的网络环境下，基于浏览器/服务器应用方式，实现消费者的网上购物、商户之间的网上交易和在线电子支付的一种新型的商业运营模式，彻底改变了传统的面对面交易及面谈等交易方式，代表了一种崭新的、极其有效的商业模式。

电子商务可提供网上交易和管理等全过程的服务，因此它具有广告宣传、咨询洽谈、网上订购、网上支付、电子账户、服务传递、意见征询、交易管理等各项功能。参与电子商

新编大学计算机基础教程

务的实体有 4 类,分别是顾客(个人消费者或企业集团)、商户(包括销售商、制造商、储运商)、银行(包括发卡行、收单行)及认证机构(CA),如图 7-34 所示。

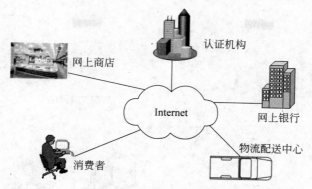

图 7-34 参与电子商务的实体

随着媒体形式的发展,电子商务也表现出了极大的融合性,延展出许多创新形式。与其说电子商务是一个新兴的行业,不如说是一个创业的商业模式。这几年随着阿里巴巴、淘宝网、拍拍网、友商网、爱比网等各种电子商务模式与电子商务服务的兴起,对国内传统企业起了很大的冲击。在电子商务服务商越来越完善的服务、电子商务平台越发成熟的情况下,电子商务的创新性与时代趋势亦成为必然。

7.3 Internet 的接入方式

要接入 Internet 需向 ISP 提出申请,ISP 是提供接入通道和相关技术支持的专门机构。目前,常用的接入方式有电话线路接入、有线电视接入、光纤接入、无线接入等。

7.3.1 电话线路接入

电话线路接入方式适用于普通用户,又分为拨号接入、ADSL 接入等。

1. 拨号接入

拨号接入特别适合于网络通信量小的家庭使用,只需一个调制解调器、一条电话线、一台计算机就可接入 Internet,如图 7-35 所示。上网时使用公用账号和口令(例如账号为16300,口令为 16300),不需要单独向 ISP 提出申请。

2. ADSL

ADSL(Asymmetric Digital Subscriber Line,非对称数字用户环路)是一种新的数据传输方式。采用频分复用技术把普通的电话线分成了电话、上行和下行 3 个相对独立的信道,从而避免了各种应用的相互之间的干扰。可以边打电话边上网,通常 ADSL 在不影响正常电话通信的情况下可以提供最高 3.5Mbps 的上行速度和最高 24Mbps 的下行速度。安装简单,只需要在电话线上安装 ADSL Modem,在计算机上安装一个网卡,如图 7-36 所示。

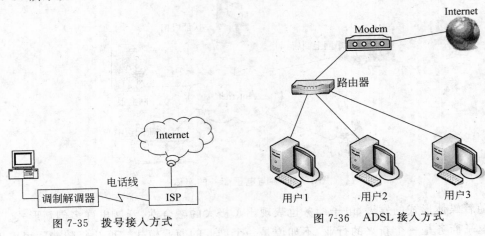

图 7-35　拨号接入方式　　　　　图 7-36　ADSL 接入方式

7.3.2　"三网合一"的接入方式

"三网合一"是指现有的电信网络、计算机网络以及广播电视网络相互融合,逐渐形成一个统一的网络系统,由一个全数字化的网络设施来支持包括数据、话音和视像在内的所有业务的通信,通过一个 HFC(混合光纤同轴电缆)网接入,同时向用户提供电话、数据和视频图像等综合业务。在"三网合一"中,Internet 的用户之间的连接可以是一对一的,也可以是一对多的。用户之间的通信在某种情况下可以认为是实时的,而在大多数情况下都是非实时的,采用的是存储转发的方式,通信方式可以是双向交互式的,也可以是单向的。

7.3.3　专线接入

专线接入是以专用线路为基础(见图 7-37),需要专用设备,连接费用昂贵,适用企业和团体。在专线接入的内部个人,也可通过内部的局域网,以较高的带宽接入 Internet,享受网路的信息资源和服务。

7.3.4　移动无线接入

移动无线接入技术是利用移动无线技术向用户提供宽带接入服务,如图 7-38 所示。用户通过高频天线和 ISP 连接,由于受地理位置和距离的限制,适合距离 ISP 不远的用户。移动无线接入网包括蜂窝移动电话网、无线寻呼网、集群电话网、卫星全球移动通信网等。无线接入方式的最大特点是覆盖面大。

无线接入技术与有线接入技术的一个重要区别在于可以向用户提供移动接入业务。

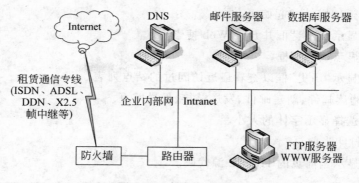

图 7-37 专线接入方式

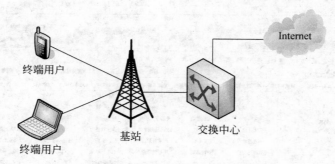

图 7-38 移动无线接入方式

7.4 IE 浏览器的使用

浏览器是一种专门用于定位和访问 Web 信息,获取希望得到的资源的导航工具,它是一种交互式的应用程序。目前的 WWW 浏览器主要有微软的 IE(Internet Explorer)、Mozilla 的 Firefox、谷歌的 Chrome、腾讯 TT、搜狗浏览器等。下面将通过介绍 Internet Explorer 来讲解浏览器的使用。

双击桌面上的 Internet Explorer 图标 ,启动 IE 浏览器,如图 7-39 所示,就可以开始使用 IE 浏览器了。

7.4.1 IE 浏览器的基本控件

IE 浏览器工具栏中的基本控件如下。

后退:返回到前一显示页,通常是最近的那一页。

前进:转到下一显示页。

停止:停止浏览器对某一链接的访问。

刷新:重新加载当前页。

主页：返回默认的起始页。

搜索：显示"搜索"框并开始 Web 搜索。

收藏：显示"收藏"框。

历史：显示"历史"框以查看最近访问过的站点列表。

邮件：阅读邮件、新建邮件、发送链接、发送网页。

字体：选择显示字体的大小。

打印：打印当前页。

编码：显示当前页的 HTML 源代码。

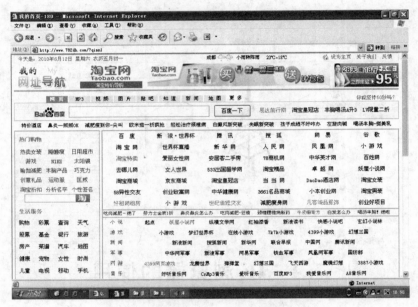

图 7-39　启动 IE 浏览器

7.4.2　用 IE 浏览网页

在上面窗口的"地址"栏输入网站的地址,如中国教育和科研网的网址是 http://www.edu.cn,输入后按 Enter 键,信息传送时,可看到窗口右下方的地球图标在转动。若连接成功,即可进入该网站的主页,如图 7-40 所示。

为了提高浏览效率,IE 设置了多种进入 Web 页面的方法。

1. 输入 Web 页地址

直接在 IE 的主窗口的"地址"栏中输入某一个网址,然后按 Enter 键即可。

2. 利用"地址"栏

IE 会自动对最近用户访问的 Web 结点地址进行记录。当用户单击"地址"栏右侧的

图 7-40　中国教育科研网主页

下三角按钮时,会弹出部分 Web 页地址的下拉列表,单击其中一个可实现对该结点的访问。

3. 利用历史记录

IE 5 能够记录用户每一次曾经访问过的 Web 网址,并在"历史"文件夹中存放进入该网址的快捷键。可利用这些快捷键浏览以前曾访问过的 Web 站点。操作步骤如下:

（1）在 IE 主窗口中单击"历史"按钮;

（2）在弹出的"历史记录"面板中单击需要再次访问的那一天所在的文件夹,该文件夹的内容（那一天所访问过的站点）就会显示出来;

（3）单击某一站点的链接,就会打开该站点所在的页面;

（4）再次单击"历史"按钮,关闭"历史记录"面板。

4. 使用 Web 页中的链接

在多数 Web 站点的网页面上都含有一些链接,可以通过这些链接来转向其他的 Web 页面。当鼠标移至链接上时,鼠标原来的指针形状就变成了手状,且窗口底部的状态条中也会显示该链接页的 Web 地址,单击鼠标,可实现该 Web 页的浏览。

5. 利用工具栏快速浏览

单击工具栏中的"前进"或"后退"图标可在最近查看过的 Web 页面之间进行快速切换。

6. 多窗口浏览

可以打开两个或两个以上的窗口,同时浏览多个页面。其操作步骤是:在进入另一个页面时,选择"文件"→"新建窗口"命令,就会打开一个新的页面。

7．脱机浏览

通过脱机浏览,不必连接到 Internet 就可以查看 Web 页。方法是选择"文件"→"脱机工作"命令。进入脱机浏览以后,可浏览"收藏"文件夹、"历史"文件夹。

7.4.3 搜索引擎的使用

在 WWW 上的 3 亿多个 Web 网页中寻找所需要的信息是耗费时间且成功率很低的事,但可以在搜索引擎的帮助下,快速而准确地搜索信息。搜索引擎是提供信息"检索"服务的网站,它使用某些程序把 Internet 网上的所有信息归类,以帮助人们在茫茫"网"海中搜索所需的信息。

经常使用的部分中文搜索引擎有:谷歌(www. google. cn)、百度(www. baidu. com)、搜狗(www. sogou. com)、中文雅虎(cn. yahoo. com)、搜狐(www. sohu. com)、悠游中文(www. goyoyo. com)、万能搜索(www. wnsoo. com)。

各个搜索引擎都提供一些方法来帮助用户精确地查询内容,使之符合用户的要求,提供的查找功能和实现的方法虽各有不同,但一些常用的方法是差不多的。下面以万能搜索引擎为例进行介绍。

【例 7-1】 查找有关"世界杯西班牙夺冠"的相关资料。下面根据"关键词"进行查找。

(1) 启动 IE,在"地址"栏中输入 www. wnsoo. com 后,按 Enter 键。

(2) 在查找框中输入"世界杯"后,用鼠标单击 Search 按钮,屏幕显示如图 7-41 所示。

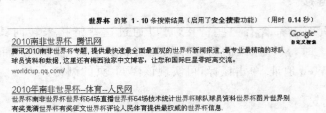

图 7-41　万能搜索引擎

(3) 再单击"2010 南非世界杯 腾讯网"超链接,进入如图 7-42 所示的界面。

网上搜索技巧有以下几种:

（1）模糊查找：这是最常用的方法。当输入一个关键词时，搜索引擎就把包括关键词的网址和与关键词意义相近的网址一起反馈出来。例如，查找"计算机硬件"方面的信息，模糊查找就会把计算机硬件以及计算机硬件行情等内容都反馈回来。

（2）精确查找：模糊查找往往会反馈回大量不需要的信息，如果想精确地查找某一个关键词，则可以使用精确查找功能。精确查找一般是在输入关键词时，加上一个英文格式的双引号。例如，精确查找"计算机硬件"，输入"计算机硬件"，则只反馈回有"计算机硬件"这几个字的网址，而忽略包含"计算机硬件行情"这方面的网站。

（3）逻辑查找：这一功能允许输入多个关键词。如，要查找的内容必须包括"电脑"、"游戏"两个关键词时，就可在输入框中输入"电脑＋游戏"来表示；如要查找的内容是"电脑"、"游戏"二者之一均可时，则输入"电脑，游戏"；如要查找"电脑"，但必须没有"游戏"，则可输入"电脑-游戏"。

图 7-42　进入的新闻界面

7.5　FTP 的下载与上传

实现 FTP 文件传输，必须在相连的两端都安装有支持 FTP 协议的软件，装在服务器端的部分称为 FTP 服务器端软件，装在用户机上的部分称为 FTP 客户端软件。用户需要在服务器上注册并获得授权，登录时输入用户名和口令，才能实现与服务器的文件传送。

7.5.1　FTP 登录

在 IE 浏览器可以通过 FTP 协议访问 FTP 服务器。如在 IE"地址"栏内输入 ftp：//ftp. wzu. edu. cn，这里的第一个"ftp"指协议名，第二个"ftp"指主机名。连接成功后，浏览器窗口显示出需要输入用户名和密码的"登录身份"对话框，如图 7-43 所示。

输入用户名和密码后，浏览器窗口显示出该服务器根目录下的文件和文件夹列表。

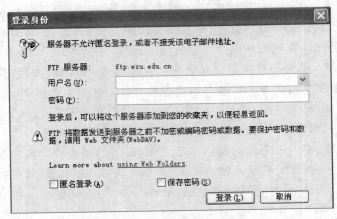

图 7-43 "登录身份"对话框

7.5.2 FTP 下载的方法

如果要从该站点下载文件,首先要找到所需要的文件,右击该文件,在弹出的快捷菜单中选择"复制到文件夹"命令,并选择本地磁盘存放该文件的路径后,即开始下载,如图 7-44 所示。

图 7-44 选择"复制到文件夹"快捷命令

7.5.3 文件上传

若要往该站点上传文件,必须要有相应的权限,只有经过服务器管理员的许可才可以上传。服务器管理员为用户分配一个用户名和密码,并授予该账号一定的权限。在没有用户名的情况下,许多 FTP 服务器允许匿名登录,即以 anonymous 为用户名,以电子邮件地址为密码登录。然后将要上传的文件拖动到或复制到 FTP 下指定的文件夹中。如果要上传的是一文件夹,需要先将文件夹压缩后再上传。

7.6 收发电子邮件

7.6.1 免费电子信箱的申请与使用

  每一个用户一般都有一个或多个属于自己的邮箱,其格式是固定并且在全球范围内是唯一的。每个网络服务提供商(Internet Service Provider,ISP)都设有邮件服务器,在服务器上为每个注册用户提供一个电子信箱,当有其他人发来电子邮件时就在邮箱里保存,直到用户把它取走。如果用户发出去的电子邮件地址写错或其他原因就会被退回,退回的电子邮件,也会保存到用户邮箱里。电子邮箱有收费的,也有免费的。下面以 126 网易免费邮网站(www.126.com)的免费邮箱为例,说明邮箱的申请和使用方法。

1. 申请免费邮箱

  (1) 在 IE 浏览器的"地址"栏输入地址 www.126.com,进入主页,单击主页上的"立即注册"按钮,显示如图 7-45 所示页面。

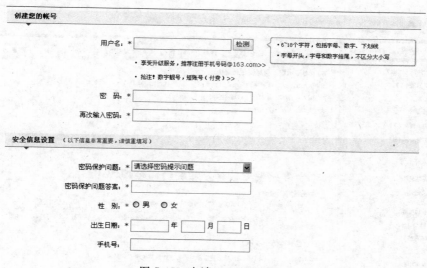

图 7-45 申请 126 电子邮箱

  (2) 在图 7-45 所示的页面中填写个人资料,并且记住自己的用户名和密码,填写完毕后,单击"完成"按钮。申请成功后,就得到一个免费邮箱,地址为:用户名@126.com(这里设置的用户名为 anjunxie)。在免费电子邮箱申请成功后,就可以用上面注册的用户名和密码登录邮箱,收发邮件。

2. 使用免费邮箱

首先在图 7-45 所示的页面中填写用户名和密码,单击"登录"按钮,即可登录到 126 电子邮箱,如图 7-46 所示。

图 7-46　进入 126 电子邮箱

(1) 阅读信件。单击"收信"按钮,出现接收邮件窗口,列出信箱中的邮件。单击一个邮件的主题,就会显示该信的内容。如单击图 7-46 中 51job 这一栏,显示该信件的内容,如图 7-47 所示。

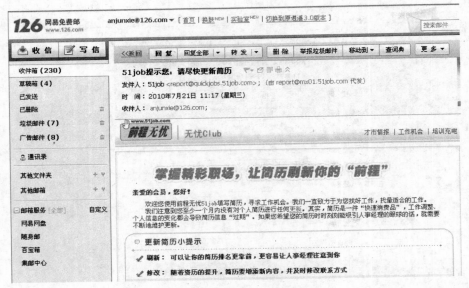

图 7-47　显示电子邮件信件内容

(2) 发送信件。在图 7-47 所示的窗口中单击"写信"按钮,出现写信窗口,如图 7-48 所示。填入收件人的电子邮箱地址、主题,写好信的内容,若还有附件,可单击"添加多个附件"按钮,添加上要一起发送的文件,然后单击"发送"按钮。

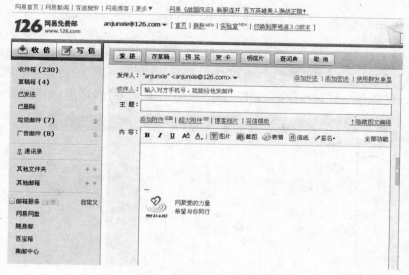

图 7-48　写电子邮件窗口

7.6.2　Outlook Express 的使用

Outlook Express 是微软公司集成在 Windows 中的一个收发电子邮件的管理软件。随着 IE 的流行，Outlook Express 已经成为使用最广泛的电子邮件管理软件。下面介绍以 Outlook Express 为工具收发电子邮件的过程。

1. 启动 Outlook Express

与启动 Windows 系统中的其他应用程序相同。启动后进入主窗口，如图 7-49 所示。

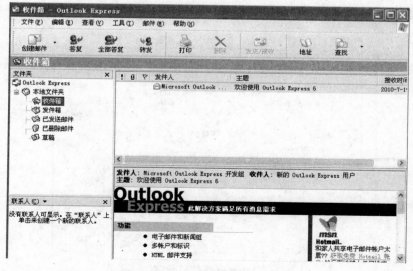

图 7-49　Outlook Express 主窗口

2. 设置用户账户

首次使用 Outlook Express,需要设置收件服务器和发件服务器及账号。具体步骤如下:

(1) 选择"工具"→"账户"命令,弹出"Internet 账户"对话框,切换至"邮件"选项卡。

(2) 选择"添加"→"邮件"命令,弹出"Internet 连接向导"对话框,如图 7-50 所示。

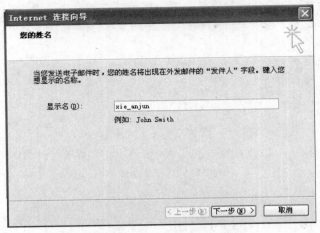

图 7-50　"Internet 连接向导"对话框(一)

(3) 在"显示名"文本框中输入名字,以后在发送邮件时,这个名字出现在"发件人"文本框中。

(4) 单击"下一步"按钮,在"电子邮件地址"文本框中填写用户已经申请到的 E-mail 地址(这里为 anjunxie@126.com)。

(5) 单击"下一步"按钮,弹出如图 7-51 所示对话框,在"我的邮件接收服务器是"下拉列表框中选择 POP3 类型,在"接收邮件服务器"文本框中输入 pop3.126.com,在"发送邮件服务器"文本框中输入 smtp.126.com。

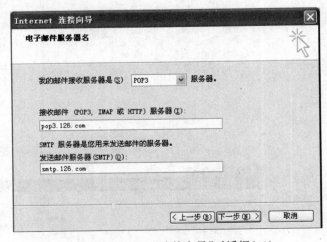

图 7-51　"Internet 连接向导"对话框(二)

新编大学计算机基础教程

（6）单击"下一步"按钮，按提示输入用户的账号和密码，与步骤（4）设置一致。

（7）单击"下一步"按钮，弹出"祝贺您"对话框，单击"完成"按钮。至此，账号设置完毕，同时在"Internet 账户"对话框可以看到新添加的账号（这里为 pop3.126.com），如图 7-52 所示。以后，用户就可以直接使用 Outlook Express 收发电子邮件了。

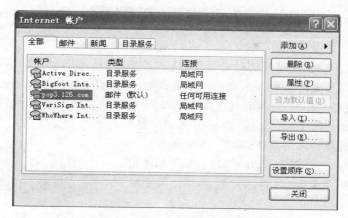

图 7-52 "Internet 账户"对话框

3. 使用 Outlook Express 收发电子邮件

在图 7-49 所示的主窗口中，单击工具栏上的"创建邮件"按钮，可进入写邮件窗口，如图 7-53 所示。在"收件人"文本框中填入收信人的 E-mail 地址，在"抄送"文本框中填入其他收信人的地址（多个邮件地址之间用逗号或分号分隔），可将邮件同时发给这些人；在"主题"文本框中输入邮件的主题内容或标题，在信件文本编辑区输入信件内容；单击工具栏上的"附件"按钮，还可以将一些文件作为附件一起发送。邮件编辑完毕后，单击"发送"按钮，信件将存入发件箱，当计算机与 Internet 连接时，邮件被发送。

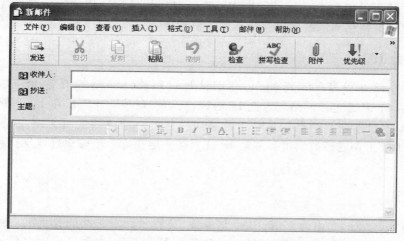

图 7-53 用 Outlook Express 写电子邮件窗口

如果要接收邮件，单击"发送/接收"按钮，就会从前面设置的收邮件服务器（如pop3.126.com）上把自己的信接收到用户计算机的"收件箱"文件夹里。打开收件箱，就可以选择信件阅读了。

7.7 移动互联网

移动互联网是一个全国性的以宽带 IP 为技术核心的，可同时提供话音、传真、数据、图像、多媒体等高品质电信服务的新一代开放的电信基础网络。简单地说，能让用户在移动中通过移动设备（如手机、笔记本电脑、iPod 等移动终端）随时随地访问 Internet，获取所需要的信息，获得商务、娱乐等各种网络服务，如图 7-54 所示。

移动互联网是将移动通信和互联网这两大技术融合而产生的，目前在日、韩等国得到了充分的发展与实施。

图 7-54　移动互联网

7.7.1　移动互联网实现技术

移动互联网实现技术主要包括如下内容。

1．无线应用协议

无线应用协议（Wireless Application Protocol，WAP）是一种通信协议，它的提出和发展是根据在移动中接入 Internet 的需要。WAP 提供了一套开放、统一的技术平台，用户使用移动设备很容易访问和获取以统一的内容格式表示的 Internet 或企业内部网信息和各种服务。它定义了一套软、硬件的接口，可以使人们像使用 PC 一样使用移动电话收发电子邮件以及浏览 Internet。同时，WAP 可以支持目前使用的绝大多数无线设备以及目前出现的各种移动网络和第三代移动通信系统。

2．移动 IP

随着移动终端设备的广泛使用，移动计算机和移动终端等设备也开始需要接入 Internet。移动 IP 通过在网络层改变 IP 协议，从而实现移动计算机在 Internet 中的无缝漫游。移动 IP 技术使得结点在从一条链路切换到另一条链路上时无须改变它的 IP 地址，也不必中断正在进行的通信。移动 IP 技术在一定程度上能够很好地支持移动电子商务的应用。

3．蓝牙

蓝牙（Bluetooth）是由爱立信、IBM、诺基亚、英特尔和东芝共同推出的一项短程无线连接标准，旨在取代有线连接，实现数字设备间的无线互联，以便确保大多数常见的计算机和通信设备之间可方便地进行通信。"蓝牙"作为一种低成本、低功率、小范围的无线通

新编大学计算机基础教程

信技术,可以使移动电话、个人计算机、个人数字助理(PDA)、便携式电脑、打印机及其他计算机设备在短距离内不需要线缆即可进行通信。

4. 移动定位系统

移动电子商务的主要应用领域之一就是基于位置的业务,如它能够向旅游者和外出办公的公司员工提供当地新闻、天气及旅馆等信息。这项技术将会为本地旅游业、零售业和餐馆业的发展带来巨大商机。

5. 第三代移动通信系统

第三代移动通信系统(3th Generation,3G)移动通信系统为人们提供速率高达2Mbps的宽带多媒体业务,支持高质量的话音、分组数据、多媒体业务和多用户速率通信,这将彻底改变人们的通信和生活方式。3G作为宽带移动通信,将手机变为集语音、图像、数据传输等诸多应用于一体的未来通信终端。这将进一步促进全方位的移动电子商务得以实现和广泛地开展,如实时视频播放。3G移动通信系统的兴起,大力推动了移动互联网和手机业的快速发展。

7.7.2　移动互联网的发展现状

移动通信和互联网成为当今世界发展最快,市场潜力最大,前景最诱人的两大业务。它们的增长速度都是任何预测家未曾预料到的。迄今,全球移动用户已超过15亿,中国移动通信用户总数超过3.6亿。由此反映了随着时代与技术的进步,人类对移动性和信息的需求急剧上升。

目前,越来越多的人希望在移动的过程中高速地接入互联网,获取急需的信息,完成想做的事情,推动移动互联网急剧发展,手机上网网民也在不断增长,现在已经达到了上亿。由于电信运营商逐步下调手机上网资费,并在产业链中大力推动手机报纸、手机支付、手机游戏、手机视频和手机上网购物等应用,大大激发了用户需求,如图7-55所示。

图 7-55　用手机上网

移动与互联网相结合的趋势是历史的必然。当前移动互联网正逐渐渗透到人们生活、工作的各个领域，短信、铃图音乐、手机游戏、视频应用、商城服务、位置服务等移动互联网应用迅猛发展，正在深刻改变信息时代的社会生活。

　　随着发展，用户需求呈现出多样化和快速化的发展趋势，手机已经不仅仅能满足沟通和交流，人们希望能够通过手机或者移动终端来实现移动办公、移动娱乐、移动社区社交、移动消费、移动交易等新功能。随时随地与网络互通，是移动互联网发展的产业生命线，随着具有操作系统的智能手机的问世，手机跟互联网越来越趋向于融合。再加上整个移动通信网络逐步向 IP 不断演进，这跟现有的互联网结构也越来越呈现出一种融合趋势。目前互联网的大部分应用在手机上都可以得以实现，同时手机又进一步促进了互联网新业务形式的诞生，如用手机钱包完成移动支付，如图 7-56 所示。

图 7-56　用手机钱包完成移动支付

7.7.3　移动互联网的应用前景

　　移动通信技术和其他相关技术的结合，将催生出很多新的业务。如移动通信和短距离通信技术的结合，和 RYD 技术的结合，就催生了手机支付业务；和数字广播技术的结合，可以催生出手机电视和手机 FM 业务。还有很多其他的信息技术，比如面部识别、信息压缩技术，也正在和移动通信技术相结合，从而催生出非常新颖的业务。

　　在不久的将来，6 亿多手机用户都将成为移动互联网用户，越来越多的互联网企业以及运营商也都会参与到移动互联网这个新媒体中。据预测，移动互联网应用将产生以下新业务。

1. 移动社交将成为客户数字化生存的平台

　　在移动网络虚拟交流空间中，服务社区化将成为焦点。社区可以延伸出不同的用户体验，带宽的增加促使移动互联网的服务创新，用户的许多需求将在手机上得到满足。而手机具有随时随地沟通的特点，以个人空间（相册／日记）、多元化沟通平台、群组及关系为核心的移动 SNS 手机社交将迅猛发展。

2．移动广告将是移动互联网的主要盈利来源

在 Mobile Web 2.0 浪潮的推动下，互联网业务正在向移动互联网过渡，而作为互联网繁荣的根本盈利模式，广告无疑将掀起移动互联网商业模式的全新变革，带领移动互联网业务走向繁荣。

3．手机游戏将成为娱乐化先锋

信息社会之后将是娱乐社会。PC 游戏带动个人计算机的热买，网络游戏可以说拯救了中国的互联网产业，手机游戏将引爆下一场移动互联网的商战。

随着产业技术的进步，移动设备终端上会发生一些革命性的质变，带来用户体验的跳跃：加强游戏触觉反馈技术，通过操纵杆真实地感受到屏幕上爆炸、冲撞和射击等场面，把游戏中的微妙信息传递给用户。可以预见，手机游戏作为移动互联网的杀手级盈利模式，无疑将掀起移动互联网商业模式的全新变革。

4．手机电视将成为时尚人士新宠

手持电视用户主要集中在积极尝试新事物、个性化需求较高的年轻群体，这样的群体在未来将逐渐扩大。随着手机电视业务进一步规模化，广告主也将积极参与到其中。市场的进一步细分将刺激和满足不同年龄层次的用户需求，有效促进手机电视产业的发展。带宽的增加增强用户体验，手机电视的视频点播、观众参与、随时随地收看的优势将逐渐凸显。

5．移动电子阅读填补狭缝时间

因为手机功能扩展，屏幕更大更清晰，容量的增加，用户身份在移动中易于确认，即时付款方便等诸多优势，移动电子阅读正在成为一种流行因素迅速传播开来。

内容数字化使电子阅读内容丰富，结合手机多媒体的互动优势，不但增加了音乐、动画、视频等新的阅读感受，还可将这种感受随时带在身边，移动电子阅读的普及是显而易见的。

6．移动定位服务提供个性化信息

随着随身电子产品日益普及，人们的移动性在日益增强，对位置信息的需求也日益高涨，市场对移动定位服务需求将快速增加。

随着社会网络渗入到现实世界，未来移动定位功能将更加注重个性化信息服务。手机可提醒用户附近有哪些朋友，来自亲朋好友甚至陌生人的消息会与物理位置联系起来。父母能够利用相同的技术找到走散的孩子。

随着移动定位市场认知、内容开发、终端支持、产业合作、隐私保护等方面的加强，移动定位业务存在着巨大的商机，只要把握住市场的方向，将会获得很高的回报。

7．手机搜索信息将成为移动互联网发展的助推器

手机搜索引擎整合搜索、智能搜索、语义互联网等概念，综合了多种搜索方法，可以提供范围更宽广的垂直和水平搜索体验，提升用户的使用体验。

8．手机内容共享服务

手机图片、音频、视频共享被认为是未来 3G 手机业务的重要应用。在未来，网上需要数字化内容进行存储、加工等，允许用户对图片、音频、视频剪辑与朋友分享的服务将快速增长。随着终端、内容、网络等 3 个方面制约因素的解决，手机共享服务将快速发展，用户利用这种新服务可以上传图片、视频至博客空间，还可以用它备份文件，与好友共享文件，或者公开发布。开发共享服务，可以把移动互联网的互动性发挥到极致，内容是聚揽人气，吸引客户的基础。

9．移动支付蕴藏巨大商机

支付手段的电子化和移动化是不可避免的必然趋势，移动支付业务发展预示着移动行业与金融行业融合的深入。在不久的将来，消费者可用具有支付、认证功能的手机来购买车票和电影票、打开大门、借书、充当会员卡，可以实现移动通信与金融服务的结合以及有线通信和无线通信的结合，让消费者能够享受到方便安全的金融生活服务。

支付工具的创新将带来新的商业模式和渠道创新，如图 7-57 所示。移动支付业务具有垄断竞争性质，先入者能够获得明显的先发优势，筑起较高的竞争壁垒，从而确保长期获益。

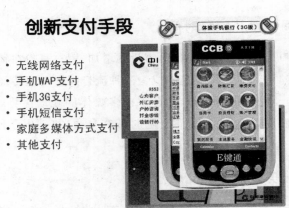

图 7-57　支付工具的创新

10．移动商务方兴未艾

移动电子商务就是利用手机、PDA 及掌上电脑等无线终端进行的 B2B、B2C 或 C2C 的电子商务。它将因特网、移动通信技术、短距离通信技术及其他信息处理技术完美的结合，使人们可以在任何时间、任何地点进行各种营销、商贸活动，实现随时随地、线上线下

的购物与交易、在线电子支付,以及各种交易活动、商务活动、金融活动和相关的综合服务活动等。

移动电子商务是在无线传输技术高度发达的情况下产生的,WIFI 和 WAPI 技术也是移动电子商务常用的技术。

11．移动中的电子服务

电子商务的未来是电子服务。移动中的电子商务可以为用户随时随地提供所需的服务、应用、信息和娱乐,利用手机终端可以方便地选择及购买商品和服务。移动电子商务处在信息、个性化与商务的交汇点,是传统商务信息化的结果,承载于信息服务又为信息服务提供了商务动力。

未来,移动电子商务与手机搜索的融合,跨平台、跨业务的服务商之间的合作,电子商务企业规模的扩大,企业自建的电子商务平台爆发式增长将带动移动电子商务迅速发展成熟。

7.8 物 联 网

7.8.1 物联网的基本概念

物联网(the Internet of Things)是在计算机互联网的基础上,射频识别技术(RFID)、红外感应器、全球定位系统、激光扫描器等信息传感设备与互联网连接起来,组成一个巨大的网络,然后将生活中的所有物品都纳入这个网络,实现智能化识别和管理。

互联网的终端是人,而"物联网"的终端是物品,每一件物品都有 CPU、网络地址和传感器,物品与物品之间也可以传递信息、发送指令。物联网即"物与物相连的互联网"。这有两层意思:第一,物联网的核心和基础仍然是互联网,是在互联网基础上的延伸和扩展的网络;第二,其用户端延伸和扩展到了任何物品与物品之间,进行信息交换和通信,以实现智能化识别、定位、跟踪、监控和管理的网络,如图 7-58 所示。

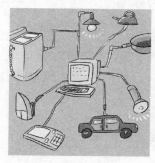
(a) 连接示意

(b) 键盘操作

图 7-58 物联网系统流程示意

物联网的概念最初是美国麻省理工学院(MIT)1999年建立的自动识别中心(Auto-ID Labs)提出的,由网络系统、射频识别技术(RFID技术)和编码系统(产品电子代码EPC)3部分组成。

以前在中国,物联网称为传感网。中科院早在1999年就启动了传感网的研究,并已取得了一些科研成果,建立了一些适用的传感网。

国际电信联盟2005年一份报告曾描绘"物联网"时代的图景:当司机出现操作失误时汽车会自动报警,公文包会提醒主人忘带了什么东西,衣服会"告诉"洗衣机对颜色和水温的要求,燃气泄露时自动报警等,如图7-59所示。

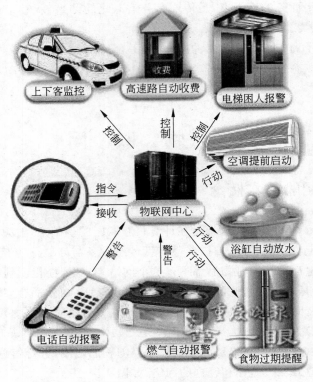

图 7-59　物联网时代的图景

"物联网"被认为是继计算机、互联网之后,世界信息产业的第三次浪潮。业内专家认为,物联网一方面可以提高经济效益,大大节约成本;另一方面可以为全球经济的复苏提供技术动力。毫无疑问,如果"物联网"时代来临,人们的日常生活将发生翻天覆地的变化。

7.8.2　物联网的应用领域

物联网用途广泛,遍及智能交通、环境保护、政府工作、公共安全、平安家居、智能消防、工业监测、老人护理、个人健康、花卉栽培、水系监测、食品溯源、敌情侦查和情报搜集

————————新编大学计算机基础教程

等多个领域。例如，一家物流公司应用了物联网系统的货车，当装载超重时，汽车会自动报告超载了和超载多少；如果空间还有剩余，则报告轻重货怎样搭配；当搬运人员卸货时，一只货物包装可能会大叫"你扔疼我了"，或者说"亲爱的，请你不要太野蛮，可以吗？"；当司机在和别人扯闲话，货车会装作老板的声音怒吼："笨蛋，该发车了！"

物联网把新一代 IT 技术充分运用在各行各业之中，具体地说，就是把感应器嵌入和装备到电网、铁路、桥梁、隧道、公路、建筑、供水系统、大坝、油气管道等各种物体中，然后将"物联网"与现有的互联网整合起来，实现人类社会与物理系统的整合，在这个整合的网络当中，存在能力超级强大的中心计算机群，能够对整合网络内的人员、机器、设备和基础设施实施实时的管理和控制，在此基础上，人类可以用更加精细和动态的方式管理生产和生活，达到"智慧"状态，提高资源利用率和生产力水平，改善人与自然间的关系。

在 2010 年 5 月上海世博会期间，基于物联网的"车务通"全面运用于上海公共交通系统，以最先进的技术保障世博园区周边大流量交通的顺畅；面向物流企业运输管理的"E 物流"，将为用户提供实时准确的货况信息、车辆跟踪定位、运输路径选择、物流网络设计与优化等服务，大大提升物流企业综合竞争能力。

物联网的出现，将极大地改变人们的生产和生活方式。它不仅使人们的生活更舒适、更便捷、更环保、更安全，还把现实世界和虚拟世界更和谐、更有效地联系起来，利用现有的并仍在不断发展的信息处理工具，物联网将影响和改变现实世界，将认识自然的工具应用到改变自然的实践之中。

7.8.3 物联网发展前景

随着互联网技术的不断发展，人类社会存储、分析、处理信息的能力大幅度地提高，在人类生活中出现了真实的物质世界和虚拟的信息世界这样"两个世界"，这是对如此庞大的信息处理能力的浪费，而物联网技术的发展，正是将在这两个世界之间建立起一座桥梁。

物联网将构成一个日益整合的，由无数应用系统构成的全球性系统——包含几十亿人、几万亿个设备及其相互之间每天几百万亿次的交互。这样一个庞大的系统给人们的生活带来的变化是不言而喻的，人们将不仅与信息相连，更将通过信息与远处的实物相连。

自从 1965 年首个集成电路计算机诞生以来，大约每隔 15 年，信息技术领域就会给世界带来一次信息产业革命。1980 年个人计算机的问世，1995 年以"信息高速公路"为代表的互联网革命。而如今，以"智慧的地球"为代表的新一代物联网革命也已经呈现在我们的面前。

从信息处理到信息传播再到信息传感，信息发展越来越进入物质领域。物联网应用到生产环节，能够实现更加智能化、针对性的生产管理，使得整个人类社会的生产活动更加环保、智能、安全。物联网的影响正在逐渐渗透到人类社会的各个产业环节中。为人类的生产活动带来巨大的变革，即"生产活动实现环保和智能化"。通过物联网，对产品的生产过程进行全程监控，及时的反馈，将极大地提高成品率，更加有针对性地利用能源。

2008年,物联网技术已经为全球的各类企业节约能源开支数十亿美元。随着物联网技术的不断发展并更多地深入到生产活动,这一数字将不断扩大,一种依托物联网技术的新型节能、环保、智能化的生产方式将逐渐形成。这种新型的生产方式将降低人类的生产活动对能源的依赖,为解决全球范围内的环境污染问题和能源危机开辟一条新路。

通过物联网对生产环境进行实时监测,能够提前预知和及时解决生产过程中的危险,极大程度地保障工作人员的人身安全,真正做到"以人为本"。如目前国内部分矿业企业已经开始使用物联网技术进行井下环境监测,有效地避免了矿难事故的发生,大幅提高了井下作业的安全系数,有效规避了企业的安全风险。

在物联网不断发展完善并最终与互联网紧密结合之后,每时每刻全球各类商品的生产和消费状况将都能够从互联网上得知,各个企业将能够更方便,更准确地了解产品的供需和市场状况,据此调整生产计划,避免过量生产造成产能浪费和各种经济问题。

随着物联网技术不断应用到各行各业的生产活动中,人们获取信息的手段将更加的丰富和可靠,人们将能够更方便、更准确地了解自己周围的生活环境。比如,人们将方便地知道自己所购买的商品的生产、加工、运输等一系列过程,从而对商品质量进行评定;应用物联网技术的城市交通基础设施可以将整个城市内的车辆和道路信息实时收集起来,并通过超级计算中心动态地计算出最优的交通指挥方案和车行路线;人们还可以随时监测自己的健康状况,并采取相应的应对措施等。这一切都将深刻地影响每个人的日常生活。信息化的生活方式,将极大地改变人们对自身和周围世界的认识,给予人类更大的自由和更广阔的选择空间。

在"物联网"普及以后,用于动物、植物和机器、物品的传感器与电子标签及配套的接口装置的数量将大大超过手机的数量。物联网的推广会成为推进经济发展的又一个驱动器,为产业开拓又一个潜力无穷的发展机会。按照目前对物联网的需求,在近年内就需要按亿计的传感器和电子标签,这将大大推进信息技术元件的生产,同时增加大量的就业机会。

据美国权威咨询机构 Forester 预测,到 2020 年,世界上物与物互联的业务,跟人与人通信的业务相比,将达到 30∶1 的比例,因此,"物联网"被称为是下一个万亿级的通信业务。

第 8 章 网页制作工具 FrontPage 2003

FrontPage 2003 是美国 Microsoft 公司推出的 Microsoft Office 2003 中的一个重要组成部分,它继承了 Microsoft Office 产品系列的良好的易用性,是一款非常适合初学者的网页制作工具。FrontPage 2003 采用"所见即所得"的模式对网页进行编辑,它结合了设计、代码和预览 3 种模式于一体,提供了强大的布局、模板和主题,使您能够快速拥有自己的设计的网站,而无须掌握太多的 HTML 知识。

8.1 FrontPage 2003 基础知识

8.1.1 启动和退出

1. 启动

通过选择"开始"菜单→"程序"→Microsoft Office→Microsoft Office FrontPage 2003 命令启动打开 FrontPage 2003。

2. 退出

选择"文件"→"退出"命令或单击 FrontPage 2003 窗口右上角的"关闭"按钮。

8.1.2 FrontPage 2003 主界面

FrontPage 2003 主界面包括标题栏、菜单栏、工具栏、网页文件名选项卡、编辑区、工作模式、任务窗格和状态栏等几部分内容,界面如图 8-1 所示。

1. 标题栏

用来显示文件名称和窗口放大缩小等操作。

2. 菜单栏

FrontPage 2003 所有功能的菜单,选择功能名称后面可以弹出该功能的菜单。

3. 工具栏

以工具按钮的形式列出了最常用的操作命令。

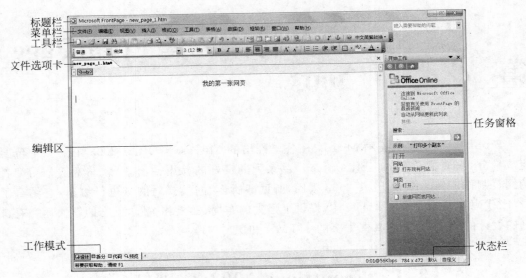

图 8-1 FrontPage 2003 主界面

4. 文件选项卡

同时打开多个网页进行编辑，从相应的文件选项卡中可以快速切换工作文件。

5. 编辑区

编辑网页内容的地方。

6. 工作模式

切换不同的网页工作模式：

（1）设计：默认显示方式，一般用户采用这种方式进行网页设计，可直接插入网页元素。

（2）拆分：能同时显示"设计"模式和"代码"模式。

（3）代码：提供一个文本编辑器，能够自动给出"设计"模式下见到的网页的 HTML代码，适合高级用户使用。

（4）预览：可以使用用户预览正在编辑的网页。

7. 任务窗格

随时汇集与目前编辑工作相关的各项功能列表。

8. 状态栏

显示编辑状态及网页下载所需的时间等。

8.1.3 FrontPage 2003 网页的新建、打开与保存

1. 网页的新建

创建一个新的文档通常有以下两种方法：

（1）单击工具栏中的"新建普通网页"按钮▢，可创建一个新的空白网页。

（2）选择"文件"→"新建"命令，在任务窗格中出现"新建"对话框，在"新建网页"选项卡中，任选一个选项，可创建一个相应的新文档，如图 8-2 所示。

新建的第一个网页文件默认名称为 new_page_1.htm。新建多个网页文件时，文件名按序号递增，即 new_page_1.htm、new_page_2.htm、new_page_3.htm 等，用户可以在保存文档时重新指定自己所需的文件名。

图 8-2　新建网页任务

新建网页后可以在 FrontPage 2003 主界面中的文件选项卡中看到，如图 8-3 所示。该图中共新建了 3 张网页，分别是 new_page_2.htm、new_page_3.htm 和 new_page_4.htm。点击不同的网页文件名可以切换到相应的网页文件进行编辑。

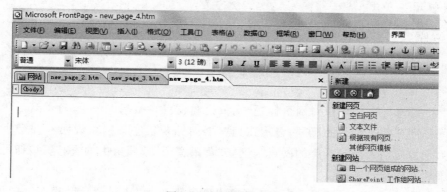

图 8-3　网页文件切换

2. 网页打开

打开一个已经存在的网页文件可以通过以下两种方式：

（1）单击工具栏中的"打开"按钮☞，从弹出的对话框中选择文件。

（2）选择"文件"→"打开"命令，从弹出的对话框中选择文件。

3. 网页保存

保存一个网页文件可以通过以下两种方式：

（1）单击工具栏中的"保存"按钮▤，弹出"保存"对话框进行保存。

（2）选择"文件"→"保存"命令，弹出"保存"对话框进行保存。

保存文件时要求输入文件名,可以按照默认的名称进行保存,也可以由用户指定一个名称。输入文件名时建议使用英文字母或者数字作为文件名称,中文文件名称在有些浏览器解析时容易出现问题。

8.1.4　网页属性

在刚建立的空白网页 new_page_1.htm 中选择"文件"→"属性"命令,弹出如图 8-4 所示的对话框。该对话框主要对网页的一些常用属性进行设置。

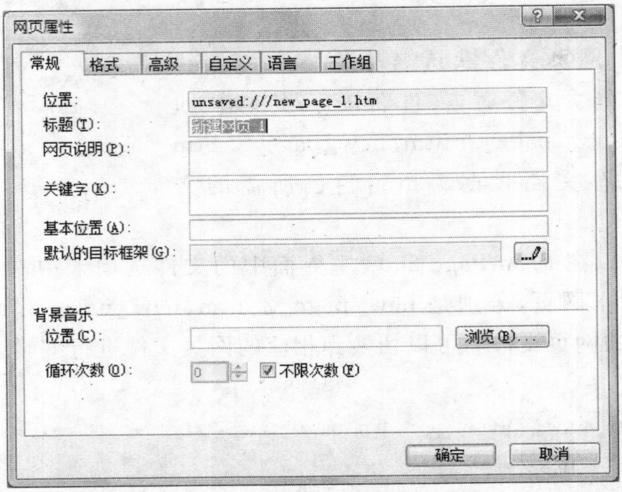

图 8-4　"网页属性"对话框中的"常规"选项卡

在"常规"选项卡中可以对网页标题、网页说明、关键字、基本位置、背景音乐等进行设置。每一张网页都有自己的标题,显示在浏览器的标题栏中。网页说明和关键字等设置主要是为了方便别人搜索到您的网页。选择"背景音乐"选项组中的"浏览"按钮可以给您的网页添加一段背景音乐。

选择"格式"选项卡,如图 8-5 所示。可以给网页添加"背景图片"、设置"背景"颜色、"文本"的颜色、"超链接"颜色、"已访问超链接"颜色、"当前超链接"颜色。设置了背景图后无法看到背景颜色的改变效果,如果您要使用背景颜色,必须把背景图片清空。文本的颜色就是网页中文字的颜色。这里有 3 种不同的超链接颜色设置,其中第一项"超链接"颜色主要是设置网页在初始状态下的颜色;第二项"已访问超链接"颜色是指用户在浏览页面的时候点击"超链接"后所显示的颜色;第三项"当前超链接"颜色是指当用户鼠标点击该超链接的时候所显示的颜色。通过这个选项卡的设置,用户可以设置自己个性化的网页色彩。

在"高级"选项卡中,用户可以对网页的上下左右的边距进行设置,也可以对该网页设置一个统一的样式。

新编大学计算机基础教程

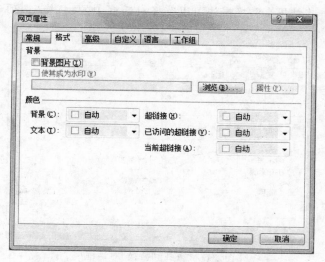

图 8-5　"网页属性"对话框中的"格式"选项卡

8.2　网页中文本编辑

文本是网页的基本元素之一。在网页中插入文本有两种方式,用户可以直接输入或者通过复制其他的文字粘贴到编辑区。在 FrontPage 2003 中可以插入普通文本、特殊字符、换行符和水平线等内容。

8.2.1　文本编辑

1. 格式编辑

网页中输入文字后可以通过工具栏(见图 8-6)对文本进行编辑,该编辑方式同 Word 2003 基本一致。

图 8-6　工具栏中格式工具栏

2. 文本删除

将光标放在要删除的文本位置,使用键盘上的 Delete 键或 Backspace 键,就可以删除文本。

3. 查找替换

选择"编辑"→"查找"命令,弹出的对话框如图 8-7 所示。在"查找内容"文本框中输入需要查找的内容,选择查找范围和其他选项(可以用默认),单击下面的"在网站中查找"

按钮就可以显示查找结果。替换操作可以选择对话框中的"替换"选项卡,具体操作步骤与查找类似。

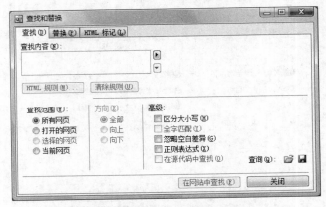

图 8-7 "查找和替换"对话框

如果要设置的查找条件比较烦琐,而且经常要用到该条件查询,用户可以在设置好所有查询条件之后单击对话框中右下角位置的"保存"按钮,将该查询条件以文件的形式保存起来。下次如果要使用可以通过单击对话框右下角的"打开"按钮打开。

8.2.2 插入特殊字符

在网页中经常要用到一些特殊字符,如版权信息中常用的"©"符号等。这些特殊符号在 FrontPage 2003 中可以通过以下步骤进行插入:

(1) 将光标移到网页中需要插入符号的具体位置。

(2) 选择"插入"→"符号"命令。

(3) 弹出如图 8-8 所示的对话框,在该对话框中选择相应的字符,单击"插入"按钮就可以插入该字符。

图 8-8 插入特殊符号对话框

新编大学计算机基础教程

8.2.3 插入换行符号

在网页中输入完一行文本,需要换行时直接按 Enter 键后,系统会自动将该行作为一个段落显示出来。如果需要上一行文本和下一行文本作为同一个段落,可以在上一行的末尾换行时插入换行符号。

插入换行符号有两种方式:

(1) 通过 Shift＋Enter 键插入。

(2) 选择"插入"→"换行符"命令,弹出如图 8-9 所示的对话框。选择普通换行符,单击"确定"按钮。

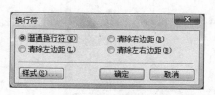

图 8-9 "换行符"对话框

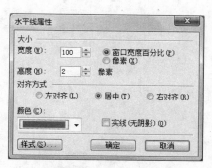

图 8-10 "水平线属性"对话框

8.2.4 插入水平线

在普通文本文件中经常使用水平线来分隔内容。在网页中,同样可以插入水平线来取得更好的效果。

选择"插入"→"水平线"命令就可以在网页中插入一条水平线。选中插入的水平线单击鼠标右键,在弹出的菜单中选择"水平线属性"命令,调出"水平线属性"对话框,如图 8-10 所示,在该对话框中可以对水平线的宽度、高度和颜色等参数进行设置。

8.3 插 入 图 片

除了文本,网页中的图片是另外一个重要的组成元素。由于涉及网络浏览速度的关系,因此网页中的图片在保证质量的前提下,文件大小越小越好。网页中的图片主要有 3 种格式,分别是 GIF、JPG(或 JPEG)和 PNG 格式。GIF 格式图片只支持 8 位的 256色,显示的图片质量不够清晰,优点是图片所占空间较小,并且支持动画格式。JPG 格式图片采用特殊的压缩算法,主要处理高分辨的图片。采用 JPG 图片是要求图片大小相对较小但图片质量较高的一种比较好的选择。PNG 格式是 W3C 组织(万维网联盟)大力推荐的一种图片格式。它支持真彩色,不仅能够实现部分 GIF 格式图片的特效,而且还能够控制压缩比例,是网页中应用较多的一种图片格式。

8.3.1 插入图片

在网页中插入图片的具体步骤如下:

(1) 把光标定位在要插入图片的位置。

(2) 选择"插入"→"图片"→"来自文件"命令。

(3) 在弹出的对话框中选择要插入的图片,最后单击"插入"按钮,如图 8-11 所示。

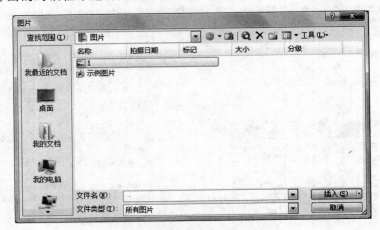

图 8-11 "图片"对话框

当然,除了通过选择"来自文件"命令插入图片,也可以根据实际需要选择"剪贴画"、"新建图片库"等其他命令来实现图片的插入。

8.3.2 图片属性设置

在网页中插入图片之后,也许图片大小、对齐方式等不符合排版要求,这就需要对图片的属性进行设置。

选中插入的图片,单击鼠标右键,在弹出的菜单中选择"图片属性"命令,会弹出如图 8-12 所示的对话框。在该对话框中可以重新指定图片的大小、间距、设置图片环绕样式和对齐方式等。

在 FrontPage 2003 中,图片的环绕样式属于对齐方式中的一部分。环绕样式中的"左"、"右"就是对齐方式中的"左对齐"和"右对齐"。

8.3.3 图片编辑

在 FrontPage 2003 中提供了一些实用的图片工具,如图片选择、剪裁、热区设置等。这些工具都存放在图片工具栏中。选择图片单击鼠标右键,在弹出的菜单中选择"显示图片工具栏"命令,调出图片工具栏,如图 8-13 所示。利用该工具栏可以对选择的图片进行编辑。

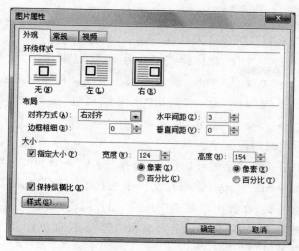

图 8-12 "图片属性"对话框

图 8-13 "图片"工具栏

【例 8-1】 制作一张网页效果，如图 8-14 所示。

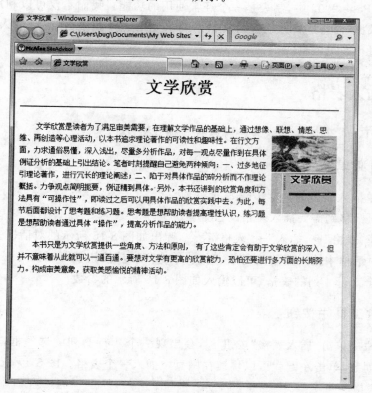

图 8-14 文学欣赏网页

该网页包括文字、水平线和图片等元素,具体操作步骤如下:

(1) 选择"文件"→"新建"命令来新建一张空白网页。

(2) 输入"文学欣赏"4 个字,字体样式设置为"标题 1"并选择"水平居中"。

(3) 选择"插入"→"水平线"命令,插入一根水平线。用鼠标右键单击水平线,在弹出的菜单中选择"水平线属性"命令,调出"水平线属性"对话框,将水平线颜色改为"绿色"。

(4) 输入图中所示的两段文字。

(5) 用鼠标点中第一段文字的开始位置,选择"插入"→"图片"→"来自文件"命令,在弹出的对话框中选择 wenxue.jpg(该图片文件事先已经制作好)并单击"插入"按钮。选择插入图片单击鼠标右键,在弹出的菜单中选择"图片属性"命令调出"图片属性"对话框,在该对话框中选择环绕方式为"右",指定大小和勾选[保持横纵比]复选框,图片大小的宽度改为"125"像素,其他设置为默认。

(6) 选择"文件"→"保存"命令,将网页命名为 wenxue.htm 并保存。

8.4 表格与表单

在 FrontPage 2003 中,制表是一个经常使用的功能。我们不仅可以利用表格显示一些有规律的数据,而且还可以通过对表格中的单元格进行调整,在其中放入文本和图形,达到对网页进行布局的目的。

8.4.1 插入表格

在 FrontPage 2003 中插入表格可以有 3 种方法。

1. 通过菜单插入

通过菜单插入表格的具体步骤如下:

(1) 将鼠标移到需要插入表格的位置。

(2) 选择"表格"→"插入"→"表格"命令,弹出如图 8-15 所示的对话框。

(3) 在对话框中输入需要的行数、列数,单击"确定"按钮就可以插入一个表格。如果我们需要一个 5 行 4 列的表格,可以输入如图 8-16 所示的参数。

2. 通过工具栏按钮

在工具栏中单击"插入表格"按钮 ,会出现一个 4 行 5 列的选择框,将鼠标移到需要的行数和列数,单击左键就可以快速在网页中插入一个表格。图 8-17 所示选择了一个 3 行 4 列的表格。

——————— 新编大学计算机基础教程

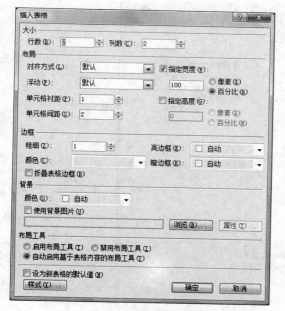

图 8-15 "插入表格"对话框

图 8-16 表格的行数列数设置

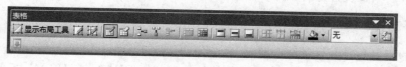

3 乘 4 表格

图 8-17 快速插入表格

3. 手工绘制

FrontPage 2003 除了提供自动插入表格外,还可以手工绘制表格。具体步骤如下:

(1)选择"表格"→"绘制表格"命令,弹出如图 8-18 所示的"表格"工具栏。

图 8-18 "表格"工具栏

(2)单击"绘制表格"按钮 来绘制表格,此时鼠标变成铅笔形状。

(3)按住鼠标左键,在网页中拖出一个长方形的外框,然后再根据需要在该长方形的框中画出单元格。线条画错了可以单击表格工具栏中的"擦除"按钮 删除线条。

8.4.2 表格属性

表格是由外框线、行和列组成。行和列叠加在一起形成了单元格。行列的数量决定了单元格的数量。表格有其自身的属性,我们选中一个表格并单击鼠标右键,在弹出的菜单中选择"表格属性"命令。"表格属性"对话框如图 8-19 所示。该对话框与插入表格时的对话框是一样的。这些设置可以在开始插入表格时一起进行设置,也可以在插入表格重新进行调整。

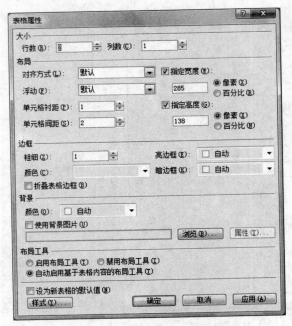

图 8-19 "表格属性"对话框

1. 对齐方式

对齐方式属性中包括"左对齐"、"右对齐"和"居中对齐"3 种方式。该设置针对整个表格的位置。默认设置为"左对齐"方式。

2. 浮动

浮动的设置与对齐方式有点类似,包括"左对齐"和"右对齐"两种方式。浮动的设置比对齐方式设置范围更广,是对存放表格标签的上一级 DIV 标签(HTML 标签)的设置。一般设置为"默认"方式,然后通过改变对齐方式来控制表格的位置。

3. 单元格衬距

单元格衬距主要是设置单元格里面的内容与边框之间的距离,效果如图 8-20 所示。

图 8-20 单元格衬距设置效果

4. 单元格间距

单元格间距也叫单元格边距,主要设置表格中两个单元格之间的距离,效果如图 8-21 所示。

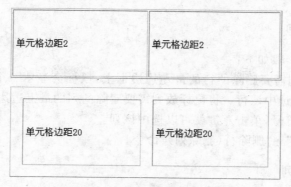

图 8-21　单元格边距设置效果

5．大小

在"表格属性"对话框中通过指定宽度，指定高度可以重新设置表格的大小。参数的单位有"像素"和"百分比"两个选项。"像素"代表输入的数字是一个固定的值。"百分比"代表输入的参数是一个相对值，范围是 1～100，根据上一级容器（存放表格的元素）的大小来确定表格所占的比例。

6．边框

"边框"分组框中可以设置边框粗细和边框的颜色。如果表格的边框粗细设置为 0，我们在网页设计时就看到的边框全部变成虚线，在正式浏览该网页时就不会再显示边框。合理设置亮边框和暗边框的颜色可以调出立体边框的效果。

7．背景

"背景"分组框中包括背景颜色和背景图片。和网页属性中的背景颜色和背景图片一样，设置背景图片，会覆盖背景颜色的设置效果。表格中的背景设置影响整个表格，表格背景设置好之后可以覆盖网页中的背景设置。

8.4.3　表格操作

1．增加行和列

我们经常会碰到表格的单元格数量不够，这就需要增加行或者列。插入行或者列的具体步骤如下：

（1）在表格中单击要添加行或者列的附近位置一个单元格中。

（2）选择"表格"→"插入"→"行或列"命令，弹出如图 8-22 所示的对话框。

（3）在对话框中选择需要的行（列）数量和位置，单击"确定"按钮就可以插入行或列。

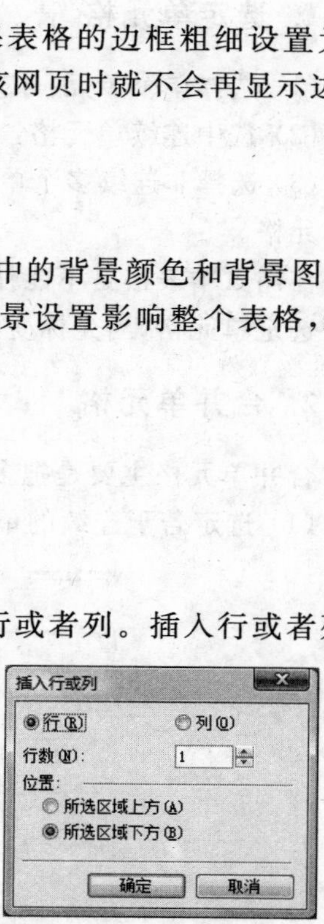

图 8-22　"插入行或列"对话框

2. 删除行和列

删除行或列的步骤如下：

（1）将鼠标放到需要删除的行的最左边边框上，鼠标会显示一个加粗的箭头"→"符号，单击左键就可以选中该行。将鼠标放到需要删除的列的最上边边框上，鼠标会显示一个加粗的箭头"↓"符号，单击左键就可以选中该列。

（2）选择"表格"→"删除行（删除列）"命令。

3. 调整行或列

调整一行的高度可以直接用鼠标左键选中该行的下边框，拖拉到需要的位置松开鼠标左键。同样，调整一列的宽度，用鼠标左键选中该列的右边框，拖拉到需要的位置松开鼠标即可。

8.4.4 单元格操作

通过插入表格生成的是一个标准的表格，但有时候我们需要调整单元格，用单元格的拆分和合并生成一些复杂的表格形式。

1. 选定单元格

（1）选择单个单元：按住 Alt 键用鼠标左键点击单元格。

（2）选中连续单元格：按住鼠标左键，一直拖到需要选定的位置。

（3）选择非连续多个单元格：按住键盘上的 Shift＋Alt 键，用鼠标左键点击需要选择的单元格。

在网页中表格是不能任意移动的，可是表格中的单元格却不受此限制，它可以自由移动。选定单元格，当光标变成"移动"标志 后，按住鼠标左键拖动。

2. 合并单元格

合并单元格主要是把多个连续的单元格合并为一个单元格，具体操作步骤如下：
（1）选定若干连续的单元格，如图 8-23 所示。

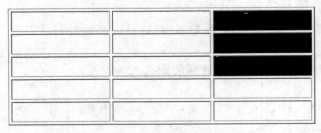

图 8-23　选取合并单元格

（2）选择"表格"→"合并单元格"命令，显示如图 8-24 所示的结果。

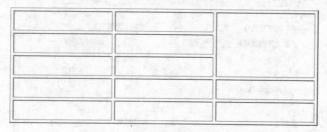

图 8-24　合并单元格结果

3. 拆分单元格

拆分单元格的原理正好与合并单元格相反，是将一个单元格分成若干个单元格，操作步骤如下：

（1）选定如图 8-24 所示表格中合并的单元格。

（2）选择"表格"→"拆分单元格"命令，弹出如图 8-25 所示的对话框。

（3）在对话框中选择拆分成行或者列，并输入单元格数量。选择"拆分成列"选项，并输入列数"2"，显示结果如图 8-26 所示。

图 8-25　"拆分单元格"对话框

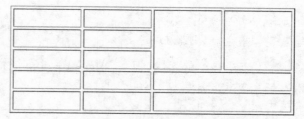

图 8-26　单元格拆分结果

4. 单元格属性

每个表格有表格的属性，每个单元格也有自己的属性。用鼠标选中需要调整属性的单元格并单击鼠标右键，在弹出的菜单中选择"单元格属性"命令，调出"单元格属性"对话框，如图 8-27 所示。

在"单元格属性"对话框中可以设置单元格中内容的对齐方式、高度、宽度、边框颜色和背景等。在对齐方式中分水平对齐方式和垂直对齐方式两种，不同的对齐方式效果如图 8-28 所示。

8.4.5　布局

网页布局是网页设计的一项重要内容。通过网页布局我们可以控制导航栏位置、文字位置、图片位置等。在 FrontPage 2003 中布局与表格比较相似。

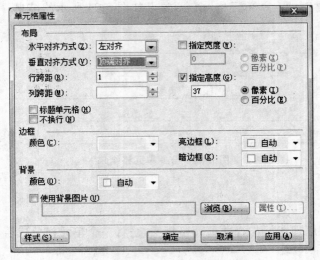

图 8-27 "单元格属性"对话框

水平左对齐	水平居中	水平右对齐
顶端对齐	相对垂直居中	相对底边对齐

图 8-28 对齐方式

FrontPage 2003 提供快速建立网页布局的方式。用户在操作中可以先建立一种快速布局模式,然后以该模式为基础进行调整。新建一张空白的网页,选择"表格"→"布局表格和单元格"命令,在任务窗格中会调出"布局表格和单元格"的任务窗格,如图 8-29 所示。在该窗格最下面的"表格布局"中提供了 11 种布局。点击里面的任意一种布局便可快速在网页中插入布局。

【例 8-2】 制作一张个人首页,效果如图 8-30 所示。

该网页整体布局主要由上、中、下三部分组成。最上面部分称为头部,细分成上下两部分,上面是一张图片,下面是导航的内容。中间部分为主要内容,可以再细分为左右两个部分,左边也是一个导航,右边是一篇文章。最下面是网页底部,这部分比较简单,只有一行版权信息内容。具体制作步骤如下:

(1)选择"文件"→"新建"命令新建一张空白网页。

(2)选择"表格"→"布局表格和单元格"命令,调出"布局表格和单元格"任务窗格,在该窗格中选择快速布局中第三排第三列的 布局方式。

图 8-29 "布局表格和单元格"
对话框

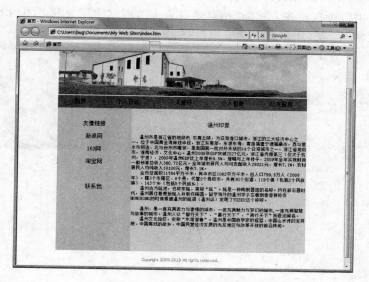

图 8-30 例 8-2 首页效果图

（3）在网页中出现的网页布局中任意位置单击鼠标右键，在弹出的菜单中选择"表格属性"命令调出"表格属性"对话框。在"表格属性"对话框中修改表格宽度为 704 像素，高度为 500 像素，单击"确定"按钮。

（4）将最上面的单元格拆分成 2 行，结果如图 8-31 所示。

图 8-31 单元格拆分成 2 行

（5）在拆分的上面一个单元格中插入一张 menu.jpg（事先准备好图片）图片。

（6）将拆分的第二行单元格再次拆分成 5 列，效果如图 8-32 所示。选中该 5 个单元格，单击鼠标右键，在弹出的菜单中选择"单元格属性"命令。设置水平对齐方式为"居中"，垂直对齐方式为"相对垂直居中"，指定宽度为"20"百分比，背景颜色为"青色"，结果如图 8-33 所示，单击"确定"按钮。

图 8-32　单元格拆分成 5 列

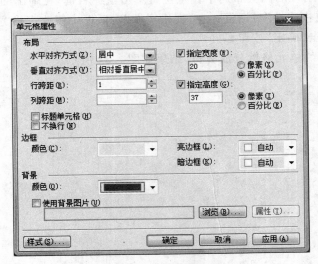

图 8-33　"单元格属性"设置

（7）在每个单元格中输入导航内容"首页"、"个人简介"、"个人爱好"、"个人相册"、"好友留言"，完成网页的最上面部分内容的制作，效果如图 8-34 所示。

（8）选择中间部分的左边一个单元格，单击鼠标右键，在弹出的菜单中选择"单元格属性"命令调出"单元格属性"对话框，设置单元格背景色为银白色。并输入图 8-30 所示的导航内容。

（9）选中中间部分右边两个单元格，并合并成为一个单元格。对合并单元格单击鼠

　　新编大学计算机基础教程

图 8-34　网页头部结果

标右键,在弹出的菜单中选择"单元格属性"命令调出"单元格属性"对话框,设置单元格背景颜色为 Hex＝{FF,CC,FF},效果如图 8-35 所示。

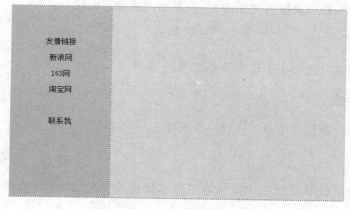

图 8-35　网页中间部分制作

(10) 在合并的单元格中输入图 8-30 所示的文本,完成中间内容部分。

(11) 在最下面的单元格中输入版权信息内容完成底部内容制作。

(12) 选择"文件"→"保存"命令,将网页命名为 index.htm。

8.5　表　　单

　　表单是网页中用来与用户进行交互元素。使用表单可以从访问者那里收集信息。通常,网站访问者在表单中输入信息,并通过提交按钮发送给服务器。服务器将这些信息存储在某个位置,以便网站所有者提取这些信息。

8.5.1　表单对象

　　表单中有多种类型,这些类型被称为表单对象。常用表单对象有表单、文本框、文本区、复选框、选择按钮、下拉框、文件上载和按钮等内容。

1. 表单

这里的表单是指一个空白的表单框,所有的表单对象都要放在表单框里面,共同组成一个表单。

2. 文本框

文本框是指表单中提供文本输入的地方,但只能输入单行文本。文本框可以直接显示输入的文本,也可以设置成密码域,将输入文本显示为"＊"号。

3. 文本区

文本区是以多行形式输入文本内容,但不能设置成密码域。

4. 复选框

复选框允许在一组选项中选中多个选项。

5. 单选按钮

单选按钮是一组选项中只能选择一个选项。

6. 下拉框

下拉框是以下拉菜单的形式提供给用户选择选项,可以设置成单选,也可以设置成多选。

7. 文件上载

文件上载,也叫文件上传,是让用户选择自己硬盘上的文件,并将文件作为表单数据上传到服务器上的一个对象。

8. 按钮

按钮主要是提供给用户点击时执行相应任务,如表单提交或表单重置。

9. 图片

表单中的图片有别于前面提到的在网页中插入图片。表单中图片对象常被用来替代按钮功能,通过图片对象制作出各种具有个性化的提交按钮。

8.5.2 创建表单

在网页中插入表单对象比较简单,选择"插入"→"表单"命令,就可以看到这些表单对象,如图 8-36 所示。单击需要的内容就可以把该表单对象插入到网页中。下面通过一个例子来掌握如何创建一张表单。

【例 8-3】 制作一张留言网页,效果如图 8-37 所示。

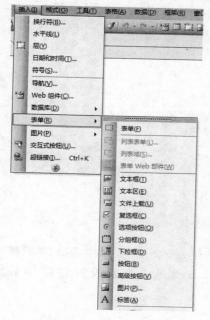

图 8-36 表单对象

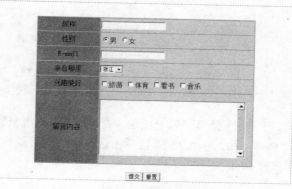

图 8-37 好友留言网页效果图

该网页包括常用的一些表单对象,用表格固定位置。具体操作步骤如下:

(1) 选择"文件"→"新建"命令新建一张空白网页。

(2) 输入标题"好友留言",文字样式设置为"标题 1",水平居中。

(3) 换行,选择"插入"→"表单"→"表单"命令插入一个空白表单,结果如图 8-38 所示。在空白表单中自动会添加"提交"和"重置"按钮。

(4) 将鼠标点在"重置"按钮后面,选择文字"居中" ≡ ,重新将鼠标定位到提交按钮前面,换行两次,结果如图 8-39 所示。

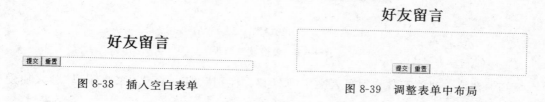

图 8-38 插入空白表单　　　　　　　　　图 8-39 调整表单中布局

(5) 在表格(见图 8-39 中的虚线框)中第一行位置插入一个 6 行 2 列的表格。表格宽度设置为 500 像素,高度设置为 350 像素,对齐方式设置为"居中"。单元格衬距设置为 0,单元格间距设置为 0,边框粗细设置为 0。插入结果如图 8-40 所示。

(6) 选择表格中的第一列,单击鼠标右键,从弹出的菜单中选择"单元格属性"命令,在"单元格属性"对话框中设置表格宽度为 150 像素,水平对齐方式为"水平对齐",垂直对齐方式为"相对垂直居中",背景颜色设置为"青色"。选择第二列,单击鼠标右键,从弹出的菜单中选择"单元格属性"命令,在"单元格属性"对话框中设置背景颜色为 Hex={CC,

好友留言

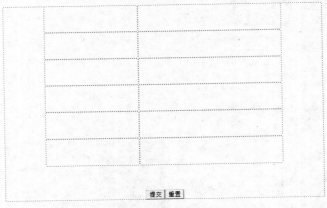

图 8-40　插入表格结果

CC,FF}。选择第一列上面的 4 个单元格,单击鼠标右键,从弹出的菜单中选择"单元格属性"命令,在"单元格属性"对话框中设置高度为 35 像素。全部设置好后结果如图 8-41 所示。

好友留言

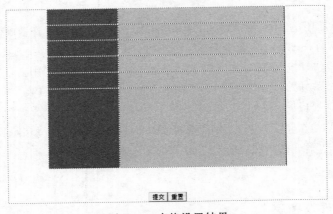

图 8-41　表格设置结果

　　(7) 在第一列单元格分别写入文字"昵称"、"性别"、"E-mail"、"来自哪里"、"兴趣爱好"、"留言内容"。

　　(8) 在第一行第二列单元格中选择"插入"→"表单"→"文本框"命令,插入一个文本框。

　　(9) 在第二行第二列单元格中选择"插入"→"表单"→"选择按钮"命令,插入一个选择按钮,并在该选择按钮后面输入文字"男"。输入完文字后再插入一个选择按钮,并在按钮后面输入文字"女"。

　　(10) 在第三行第二列单元格中选择"插入"→"表单"→"文本框"命令,插入一个文本框。

（11）在第四行第二列单元格中选择"插入"→"表单"→"下拉框"命令，插入一个"下拉框"。用鼠标双击下拉框会弹出一个"下拉框属性"对话框，在该对话框中单击左边的"添加"按钮，依次添加"浙江"、"四川"和"上海"等内容，如图 8-42 所示。在允许多次选项后面选择"否"，并单击"确定"按钮完成下拉框设置。

（12）在第五行第二列单元格中选择"插入"→"表单"→"复选框"命令，插入一个复选框，并在该复选框后面输入文字"旅游"。重复刚才操作，依次完成后面的"体育"、"看书"、"音乐"选项。

（13）在第六行第二列单元格中选择"插入"→"表单"→"文本区"命令，插入一个文本区。用鼠标双击文本区，在弹出的"文本区属性"对话框中设置宽度为 45，行数为 10，如图 8-43 所示。

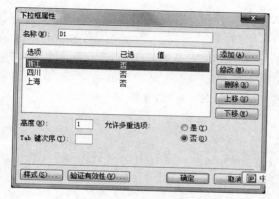

图 8-42　"下拉框属性"对话框

图 8-43　"文本区属性"对话框

（14）选择"文件"→"保存"命令，将网页命名为 liuyan.htm。

通过例 8-3 完成的表单网页仅仅是为用户提供一个提交内容的界面，真正要将用户提交的内容保存起来，达到交互的目的，还需要有网页代码的配合。当然代码部分不是本章节所要探讨的问题，所以我们这里不做进一步阐述。

8.6　超　链　接

制作好的每张网页都是独立的，通过超链接，就可以在网页之间建立联系。超链接也正是 Internet 的魅力所在，通过它可以把 Internet 上众多的网站和网页联系起来，做到真正的"互联"。

8.6.1　超链接分类

超链接根据目标端点的类型进行划分，可以分为内部链接、外部链接、书签链接、E-mail 链接。

（1）内部链接：目标端点是同一个站点的其他文件的链接。

（2）外部链接：目标端点是不同站点的其他文件的链接。

（3）书签链接：目标端点是指向本网页中的书签部分。

（4）E-mail 链接：打开填写电子邮件表格的链接。

8.6.2 创建超链接

在 FrontPage 2003 中可以用文本、图像等对象来创建超链接。创建超链接的方法比较简单，直接选择需要建立链接的对象并单击鼠标右键，在弹出的菜单中选择"超链接"命令，弹出一个"插入超链接"对话框。

"插入超链接"对话框左边的"链接到"分组框中有如下 4 个选项：

（1）原有文件或网页：指已经存在的网页，包括自己站点或者其他站点。

（2）在文档中的位置：将超链接指向本网页中定义的书签。

（3）新建文档：直接建立一张空白网页进行链接。

（4）电子邮件地址：选择该项可以切换到到建立 E-mail 链接窗口。

1. 创建内部链接

采用例 8-2 制作的 index.htm 和例 8-3 建立的 liuyan.htm 两个网页为基础，展示如何创建内部链接。具体方法如下：

（1）打开 index.htm 网页。

（2）选择 index.htm 文件最上面部分的"好友留言"4 个字并单击鼠标右键，在弹出的菜单中选择"超链接"命令，如图 8-44 所示。

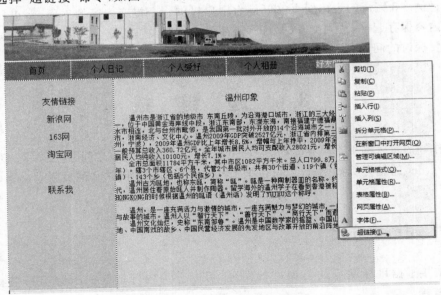

图 8-44　选择好友留言建立超链接

（3）在弹出的对话框中选择 liuyan. htm 文件，如图 8-45 所示，单击"确定"按钮完成内部链接的创建。

图 8-45　建立内部链接对话框

2. 创建外部链接

继续使用刚才的 index. htm 文件，在该网页中建立一个外部链接。具体方法如下：

（1）打开 index. htm 文件。

（2）在 index. htm 网页中间部分的左侧文字中选择"新浪网"3 个字并单击鼠标右键，在弹出的菜单中选择"超链接"命令，如图 8-46 所示。

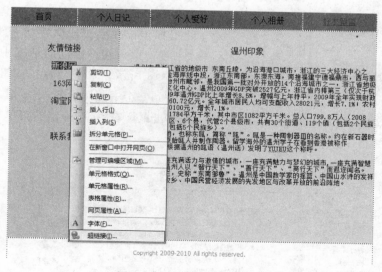

图 8-46　创建外部链接（一）

（3）在弹出的"插入超链接"对话框中的"地址"后面文本框中输入新浪网的网址 http://www. sina. com. cn，如图 8-47 所示，单击"确定"按钮完成外部链接的创建。

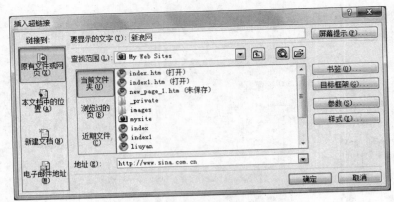

图 8-47　插入外部链接对话框

3．创建书签链接

书签是加以标识和命名的位置或选择的文本，以便以后引用。书签一般存在于内容较多的网页。使用书签链接，网页访问者就无须在网页中上下滚动来定位文本。书签链

图 8-48　插入书签

接要先新建一个书签或者找到一个已经存在的书签，然后在将书签链接指向该书签。利用例 8-1 创建的 wenxue.htm 网页，先在 wenxue.htm 网页中创建一个书签，然后再在 index.htm 网页中创建一个书签链接。具体步骤如下：

（1）打开 wenxue.htm 网页。

（2）将鼠标定位在第二段文字的开头位置，选择"插入"→"书签"命令，在弹出的对话框中输入书签名称 sql，如图 8-48 所示。单击"确定"按钮可以在第二段开头位置看到一个书签图标▲。

（3）选择第一段的开头的"文学"两个字并单击鼠标右键，在弹出的菜单中选择"超链接"命令，如图 8-49 所示。

文学欣赏

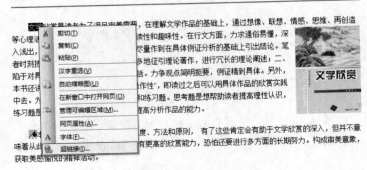

图 8-49　插入书签链接

（4）在弹出的"插入超链接"对话框中，先选择左边"链接到"分组框中的"在本文档中的位置"，再在对话框中选择 sq1，如图 8-50 所示。单击"确定"按钮完成创建书签链接。

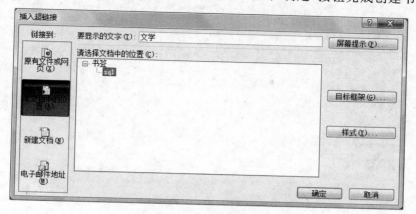

图 8-50　插入书签链接对话框

4.　创建 E-mail 链接

继续使用 index. htm 文件，在该网页中建立一个 E-mail 链接。具体方法如下：

（1）打开 index. htm 文件。

（2）在 index. htm 网页中间部分的左侧文字中选择"联系我"3 个字并单击鼠标右键，在弹出的菜单中选择"超链接"命令，如图 8-51 所示。

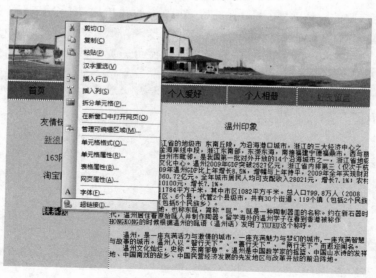

图 8-51　创建外部链接（二）

（3）在弹出的"插入超链接"对话框中，先选择左边"链接到"分组框中的"电子邮件地址"，再在对话框中电子邮件地址下面的文本框中输入个人联系的电子邮件地址（比如 xxx@wzu. edu. cn），如图 8-52 所示。输入电子邮件地址时，FrontPage 2003 会自动在该邮件地址前面加上"mailto:"。单击"确定"按钮完成 E-mail 链接的创建。

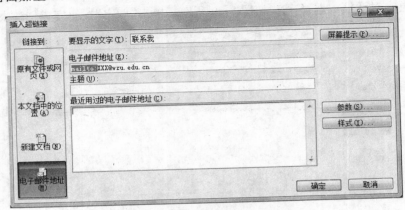

图 8-52　插入 E-mail 链接对话框

8.6.3　编辑超链接

创建好超链接后有时候由于文档的移动、修改和删除等原因,需要修改或者删除相应的链接。

1. 修改超链接

选中需要修改的超链接,单击鼠标右键,在弹出的菜单中选择"编辑超链接"命令,调出"编辑超链接"对话框,如图 8-53 所示。该对话框和"插入超链接"对话框完全一致,操作也一样。修改需要变动的部分单击"确定"按钮便可完成修改超链接。

图 8-53　"编辑超链接"对话框

2. 删除超链接

选中需要修改的超链接,单击鼠标右键,在弹出的菜单中选择"编辑超链接"命令,调

　新编大学计算机基础教程

出"编辑超链接"对话框,如图 8-53 所示。单击对话框中地址文本框后面的"删除链接"按钮可删除该超链接。

8.7　使用框架

框架在网页中的应用比较广泛,大家熟悉的电子邮箱里面的布局基本上都是采用框架结构。使用框架可以将网页分成不同的区域,分别在这些区域中显示不同的网页,每个区域中的网页文件都相互独立。

8.7.1　新建框架网页

新建框架网页,跟新建普通网页一样也是选择"文件"→"新建"命令。选择"文件"→"新建"命令,在如图 8-54 所示的"新建"面板中,单击"新建网页"下面的"其他网页模板",弹出"网页模板"对话框。我们选择"网页模板"对话框中的"框架网页"选项卡,如图 8-55 所示。在该选项卡中提供多种模板,单击里面的任意一个模板,在对话框的右下角部分就可以预览该模板显示的布局。如果需要一个上、左、右布局结构的框架网页,选择里面的"横幅和目录"模板后单击"确定"按钮,弹出一个分割窗口,如图 8-56 所示。在该窗口中看到的只是一个框架结构,没有具体的内容网页,需要在每个部分建立不同的内容网页。

图 8-54　"新建"面板

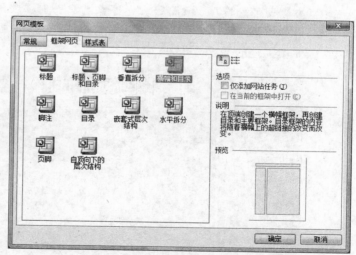

图 8-55　"网页模板"对话框

单击如图 8-56 所示的分割窗口中最上面的"新建网页"按钮,在该区域会自动新建一张空白的网页。在空白的网页中输入"我的心情日记",设置字体样式为"标题 1",对齐方式为"水平居中"。单击鼠标右键,在弹出的菜单中选择"网页属性"命令,在"网页属性"对

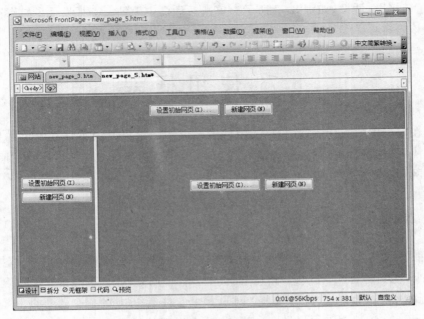

图 8-56　分割窗口

话框中的"格式"选项卡中设置该网页的背景图片为 menu.jpg(该图片在例 8-2 中使用过),结果如图 8-57 所示。

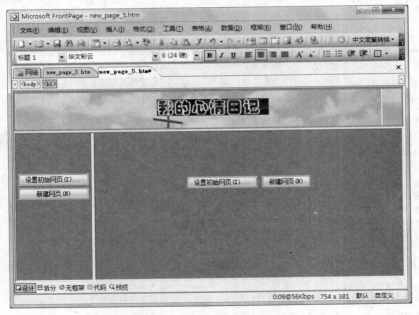

图 8-57　新建框架网页(一)

　　继续单击分割窗口中左边部分的"新建网页"按钮,在空白的网页中输入如图 8-58 所示左边部分内容并设置网页背景颜色为"青色"。同样单击右边部分的"新建网页"按钮,在空白的网页中输入如图8-58所示右边部分的内容。3个区域内容网页新建好之后我们的框架网页也就建好了。

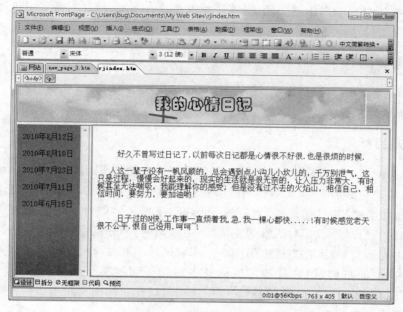

图 8-58　新建框架网页(二)

内容网页可以在事先单独制作。如果已经有制作好的网页准备放在框架网页中的某个区域,可以新建框架网页后通过单击该区域内的"设置初始网页"按钮来指向该网页。

8.7.2　设置框架属性

用鼠标在框架网页中某个区域单击,在菜单栏中选择"框架"→"框架属性"命令,弹出"框架属性"对话框,如图8-59所示。在该对话框中可设置该区域内容网页的名称、选择初始网页文件、设置初始网页标题、调整框架大小以及设置滚动条等。

8.7.3　框架基本操作

在建立好的框架网页中用户可以对框架进行调整,通过"框架拆分","框架删除"等命令改变框架结构。

1. 框架拆分

框架拆分与单元格拆分比较相似。将

图 8-59　"框架属性"对话框

鼠标定位到需要拆分框架的区域,选择"框架"→"拆分框架"命令,弹出如图 8-60 所示的"拆分框架"对话框,在该对话框中根据需要选择拆分成行或者列,单击"确定"按钮实现框架拆分。框架拆分后会多出一个区域,该区域内是没有网页内容的,需要用户再新建或者指定一张网页。

2. 框架删除

框架删除操作相对比较简单。将鼠标定位在需要删除的区域,选择"框架"→"删除框架"命令删除该框架。

3. 设定目标框架

由于框架网页一般有多个区域,所以在框架网页中设置超链接,需要为该超链接设定一个目标区域。在如图 8-44 所示的"新建超链接"对话框中,可以看到一个"目标框架"按钮,单击该按钮会弹出"目标框架"对话框,如图 8-61 所示。该对话框就是用来设置超链接目标区域的。"目标框架"对话框的左边"当前框架网页"分组框是设定超链接目标网页(超链接指向的网页)显示在当前框架网页中哪块区域的。在该分组框中可以直观地看到是当前框架网页的布局,用户只需用鼠标点击布局里面的某个区域,就可以选定目标。"目标框架"对话框右边的"公用的目标区"中选项可以让目标网页跳出当前框架网页的束缚,实现普通超链接的功能。

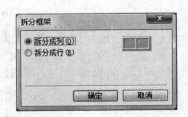

图 8-60　"拆分框架"对话框　　　　图 8-61　"目标框架"对话框

8.7.4　保存框架网页

框架网页是一个多网页的集合,所以在保存框架网页时,会依次弹出多个网页保存对话框。每个框架区域对应一个保存对话框,在该对话框中会显示该区域在整个框架布局中的位置(蓝色高亮显示),如图 8-62 所示。最后一个保存对话框是对整个网页的保存。如果下次要重新打开框架网页,直接打开用户最后保存的那一个网页文件即可。

　　　　新编大学计算机基础教程

图 8-62　保存框架网页

8.8　使用多媒体对象

为了使网页看起来更加漂亮,会在网页中加入各式各样的多媒体对象,比如声音、视频、Flash 动画、字幕、计数器等。

8.8.1　插入声音文件

声音文件在计算机中存放的格式有很多种,FrontPage 2003 可以支持声音格式文件有 WAV、MID、RAM、RA、AIF、AU 等,目前不支持 MP3 格式。考虑网络速度问题,一般在质量要求不高的情况下,使用 MID 音乐文件。

在 FrontPage 2003 中声音文件可以作为网页的背景音乐插入到网页中,具体操作步骤如下:

(1) 从网络上下载一个 MID 类型的音乐文件,保存成 1. mid 文件。

(2) 打开例 8-2 中制作的网页文件 index. htm。

(3) 选择"文件"→"属性"命令,弹出"网页属性"对话框。

(4) 单击"背景音乐"栏右边的"浏览"按钮,弹出如图 8-63 所示的"背景音乐"对话框。

(5) 找到背景音乐文件 1. mid,单击"打开"按钮返回到"网页属性"对话框,如图 8-64所示。

(6) 单击"确定"按钮,则在网页中加入了背景音乐。

在网页中加入背景音乐后,就可以在预览网页时听到动听的音乐了。

图 8-63　选择背景音乐文件

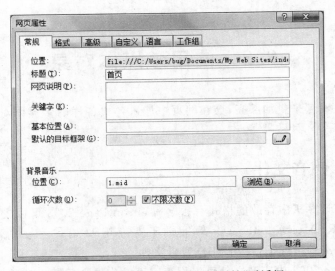

图 8-64　插入背景音乐的"网页属性"对话框

8.8.2　插入视频

在网页中使用视频,可以让访问者更直观地获取有关信息。视频信息的特点是直观生动,易于被访问者接受。但是由于视频数据量非常大,除非有特别的要求,否则应控制视频信息的使用。FrontPage可以支持多种视频剪辑格式文件,如AVI、ASF、RAM、RA等。AVI是较常见的一种视频剪辑格式文件。在网页中插入视频具体步骤如下:

(1) 从网络上下载一个AVI视频文件,保存成1.avi文件。

(2) 新建一张网页文件。

(3) 选择"插入"→"图片"→"视频"命令,弹出"视频"对话框。

（4）选择 1.avi 文件，单击"打开"按钮，便可在网页中插入一个视频剪辑。

8.8.3　插入 Flash 动画

Flash 动画是现在网络中比较流行的一种网页动画格式。在 FrontPage 2003 中可以轻松地插入 Flash 动画。先定位插入点，然后选择"插入"→"图片"→"Flash 影片"命令，在弹出的对话框中选择一个 Flash 动画，单击"插入"按钮完成插入。

8.8.4　插入 Web 组件

Web 组件有时称为 WebBot，是网页上的一种动态对象。在 Web 浏览器中保存网页时（在某些情况下，是打开网页时），将对此类组件求值或执行此类组件。使用 FrontPage 2003 中的 Web 组件可以向网站中添加多种功能，字幕、记录网页访问者数量的计数器等都是 Web 组件的示例。

1. 字幕

字幕就是经常在网页中看到的一些移动的文字。在 FrontPage 2003 中，可以快速插入一个水平滚动的字幕。在网页中插入字幕具体方法如下：

（1）用鼠标点击网页中要插入字幕的位置。

（2）选择"插入"→"Web 组件"命令，弹出如图 8-65 所示的对话框。

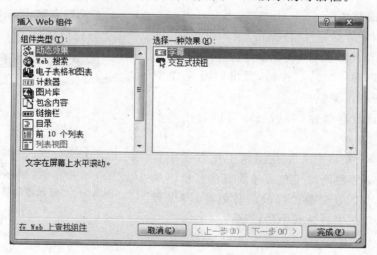

图 8-65　"插入 Web 组件"对话框

（3）在该对话框中"组件类型"列表框选择"动态效果"，在"选择一种效果"列表框中选择"字幕"，单击"完成"按钮后弹出如图 8-66 所示的"字幕属性"对话框。

（4）在"字幕属性"对话框中输入需要移动的文字，并设置方向、速度和表现方式等属性后单击"确定"按钮便可以插入一个字幕。

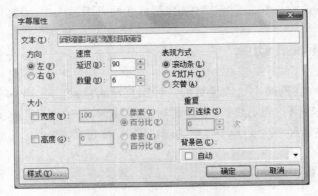

图 8-66 "字幕属性"对话框

字幕插入完成后如果需要修改,可以直接双击该字幕,调出"字幕属性"对话框,调整需要修改的部分后单击"确定"按钮。

2. 计数器

网页中计数器是用来统计网页被浏览的次数的工具。通过计数器,网页访问者可以立即知道该网页或者网站的人气指数。插入计数器的方法与插入字幕类似,具体操作步骤如下:

(1) 鼠标点击网页中要插入计数器的位置。

(2) 选择"插入"→"Web 组件"命令,弹出如图 8-65 所示的对话框。

(3) 在该对话框中"组件类型"列表框选择"计数器",在"选择计数器样式"列表框中选择一种自己喜欢的样式,单击"完成"按钮,弹出如图 8-67 所示的"计数器属性"对话框。

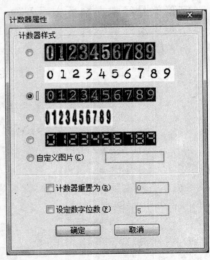

图 8-67 "计数器属性"对话框

(4) 在"计数器属性"对话框中可以直接单击"确定"按钮完成插入。

计数器插入完成后无法在浏览工作方式中直接看到效果,必须在网站发布后才能正常显示。如果需要修改,也是双击需要修改的计数器,调出属性对话框,然后在该对话框中进行修改。

8.9 站点与发布

前面介绍的都是单张网页的制作和编辑,如果将网页组合在一起就可以形成一个网站。网站可以是空白的,什么网页也没有的站点(当然这样没有任何意义),也可以是只有一张网页的站点,或者是多张网页组合在一起的站点。在打开 FrontPage 2003 新建网页时,系统会自动为我们建立一个站点,当然我们也可以自己建一个站点。

8.9.1 新建站点

选择"文件"→"新建"命令,在如图 8-54 所示的"新建"面板中单击"新建站点"下面的"其他网站模板",弹出如图 8-68 所示的"网站模板"对话框。该对话框中提供了多种类型的网站模板,用户可以根据自己的需要选择一个相近的模板,在模板的基础上进行操作。

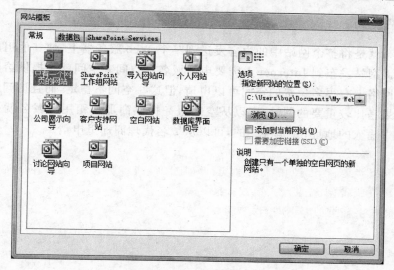

图 8-68 "网站模板"对话框

8.9.2 测试与发布

网站制作好之后,就可以将其发布到网络上去了。为了保证网页上内容的准确性,在发布之前可以先做一下测试。

1. 网站测试

测试网页可以分很多种,可以用 FrontPage 2003 提供的工具进行简单的测试。测试步骤如下:

(1)打开一个网站。

(2)选择"工具"→"拼写检查"命令,弹出"拼写检查"对话框,如图 8-69 所示。

(3)选择整个网站,单击"开始"按钮,FrontPage 2003 便会开始检查并返回检查结果。

(4)记录结果,关闭拼写检查对话框并修改相应网页内容。

(5)预览网页,依次检查各网页中的超链接是否正确。

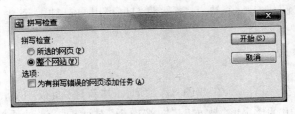

图 8-69 "拼写检查"对话框

2. 网站发布

网站发布就是将整个网站中的内容发送到某个 Web 服务器上,使其他用户也能浏览到网站内容。网站发布到 Internet 上需要申请域名和空间。空间就是提供给用户存放网站的地方。网络上有很多免费的空间可以申请,但这些空间不稳定,而且访问的速度相对比较慢。如果是比较重要的网站,可以从空间服务提供商那里租用。域名就是访问网站时在浏览器中输入的地址,它是唯一的,可以从域名代理商那里申请。

参 考 文 献

1. 冯博琴. 计算机文化基础教程. 第 3 版. [M]. 北京：清华大学出版社,2009.
2. 马九克. PowerPoint 2003 在教学中的深度应用[M].北京：东北师范大学出版社,2009.
3. 周苏等. 新编计算机导论[M]. 北京：机械工业出版社,2008.
4. 郭丽春. 新编计算机应用基础案例教程[M]. 北京：北京大学出版社,2008.
5. 王春进,马强. 计算机文化基础实训指导[M].北京：电子工业出版社,2008.
6. 赵建民 . 大学计算机基础[M]. 浙江：浙江科学技术出版社 ,2007.
7. 毕保祥,匡泰.大学计算机基础[M].北京：中国广播电视出版社,2007.
8. 刘德仁,赵寅生.计算机文化基础教程与实训(非计算机)[M]. 北京：北京大学出版社,2006.
9. 林华.计算机图形艺术设计学[M]. 北京：清华大学出版社,2005.
10. 东方人华. PowerPoint 2003 中文版入门与提高[M].北京：清华大学出版社,2004.
11. 刘燕彬. PowerPoint 2003 中文版入实用教程[M].北京：清华大学出版社,2004.
12. 刘顺涛. PowerPoint 2003 实用教程[M].北京：科学出版社,2004.
13. 2010 年十大移动互联网应用将火山爆发[J/OL].
    http://www.im2m.com.cn/html/Research/cyyj/2010/0301/2174.html.
14. 什么是移动互联网.http://www.430223.com/html/200902/08/ask122423751.htm.
15. 中国物联网核心产业白皮书.http://www.im2m.cn.cn/html/news/ywdd/2010/0413/3129_4.html.
16. 物联网系统流程示意图[J/OL]. 中计报. 2010-02-03.
17. 什么是微波通信系统.http://zhidao.baidu.com/question/7255708.
18. 交换机.http://baike.baidu.com/view/1077.htm? func=retitle.
19. 网关.http://baike.baidu.com/view/807.htm? fr=ala0_1.
20. 冲击波病毒.http://www.pc558.net/down/html/96.html.
21. 认识计算机病毒.http://www.zjgedu.com.cn/school/c-sanz/frontpage/wangye/renshi.htm.
22. 云安全.http://baike.baidu.com/view/1725454.htm? fr=ala0_1_1.
23. 版权：保护计算机软件著作权——权利的类型及其保护范围好.http://www.bokee.net/company/weblog_viewEntry/3735828.html.
24. http://zhidao.baidu.com/question/2434550.html.
25. http://zhidao.baidu.com/question/20379783.html.
26. http://hi.baidu.com/absinthe5318/blog/item/a4896b453e2fbe8ab2b7dc1e.html.
27. http://www.baidu.com/s? tn=leebootool.
28. http://www.cnsb.cn/product/main.asp? info_id=43361.
29. http://product.pcpop.com/000157466/Picture/001138122.html.
30. 物联网：地球的神经元.http://www.internetofthings.net.cn/html/index.php/Index/d/id/50.
31. 徐晓红. 浅谈高职院校计算机专业学生的职业道德教育[J].中国科技信息. 2007 年 11 期.

高等学校计算机基础教育教材精选